长/江/设/计/文/库

水库大坝管理信息化技术

谭界雄　周　启　陈尚法
盛金保　刘　攀　张　煜　　编　著
杨明化　何向阳　张玉炳
黄本忠　宋应玉　杨　光

华中科技大学出版社

中国·武汉

内容简介

本书系统介绍了水库大坝管理信息化的相关技术和最新应用成果,从安全监测、水雨情测报、水库调度管理、大坝风险评估与应急管理、水库大坝日常管理等方面详细阐述了信息化应用的设计内容、实现方法及关键技术等,总结了水库大坝管理信息化系统开发的内容和方法及"水库管理一体化信息系统"的成功应用经验。这些成果和经验来自于编著者长期的工程实践,具有较高的实用价值,对推广水利信息化具有重要意义,可供相关行业人员借鉴。

图书在版编目(CIP)数据

水库大坝管理信息化技术/谭界雄等编著. —武汉:华中科技大学出版社,2017.5(2023.2重印)
ISBN 978-7-5680-2240-8

Ⅰ.①水… Ⅱ.①谭… Ⅲ.①水库-大坝-安全管理-信息化-研究 Ⅳ.①TV698.2

中国版本图书馆 CIP 数据核字(2016)第 235518 号

水库大坝管理信息化技术 谭界雄 周 启 陈尚法 盛金保 等编著
Shuiku Daba Guanli Xinxihua Jishu

策划编辑:俞道凯
责任编辑:戴凤平
封面设计:原色设计
责任校对:祝 菲
责任监印:周治超
出版发行:华中科技大学出版社(中国·武汉)　　电话:(027)81321913
　　　　　武汉市东湖新技术开发区华工科技园　　邮编:430223
录　排:武汉市洪山区佳年华文印部
印　刷:武汉邮科印务有限公司
开　本:787mm×1092mm　1/16
印　张:19.75
字　数:515 千字
版　次:2023 年 2 月第 1 版第 4 次印刷
定　价:88.00 元

前　言

水库大坝管理信息化是充分利用现代化采集、通信、计算机网络等先进技术设备和现代化管理手段,实现水库大坝管理业务的信息采集、传输、存储、处理和服务的网络化与智能化的过程。将水库管理与信息化相结合,为水库大坝的安全管理及综合效能利用提供辅助决策支持服务,有利于全面提高水库大坝的科学管理水平。随着科学技术和社会的发展,信息化技术已成为各行业现代化水平的重要标志,水库大坝管理已由传统管理向现代化管理的方向转变。水库大坝管理信息化是水利管理走向现代化的措施和手段,是水利现代化的重要内容和基本标志。作为水利信息化和现代化建设的重要组成部分,水库大坝管理信息化是党中央提出的防灾减灾科学精准预测预报的必要手段之一,也是水利行业自身发展的迫切需要。

我国是世界上水库大坝最多的国家,水库分布广泛,管理业务复杂,各地区水库大坝管理信息化水平差异较大,信息化系统建设缺少统一的标准。已建信息化系统存在管理业务覆盖不全,因信息化缺乏统一规划、运行环境差别大、集成度低而造成的不兼容、不灵活、不集中等问题,从而导致系统数据难以共享,搭建的应用平台难以维护。目前国内鲜有对水库大坝全业务的管理信息化进行全面总结和介绍的书籍,管理单位和开发单位缺少系统资料。本书以水利部公益性行业科研项目《水库大坝管理与应急响应系统》及国家大坝安全工程技术研究中心科研项目研究成果为基础,经过大量调研,针对我国水库大坝管理信息化现状,结合工程实践,广泛汲取水库管理经验,重点阐述了水库大坝管理的相关业务,信息化采集与管理相关技术以及管理信息化系统的设计、开发与工程应用,以供相关行业人员借鉴。

本书作者长期从事水利水电工程设计、咨询、管理或水利信息化相关技术的开发与实施,经过长期的实践和社会调研,深感有必要对我国水库大坝管理信息化技术与实践进行系统梳理和总结,力求为我国水库大坝信息管理的规范化、标准化、科学化及水利信息化建设尽绵薄之力。

本书由谭界雄负责总体策划,谭界雄、周启、杨明化负责统稿。参加编写的人员及分工:第1章谭界雄、陈尚法,第2章张煜,第3章周启,第4章宋应玉,第5章刘攀、宋应玉、周启,第6章盛金保、杨明化、何向阳,第7章黄本忠,第8章谭界雄、杨明化、张玉炳、何向阳、杨光,第9章周启、张玉炳、张煜、杨光。本书在编写过程中,得到了国家大坝安全工程技术研究中心、水利部水工程安全与病害防治工程技术研究中心、长江勘测规划设计研究院、长江科学院、南京水利水电科学研究院、武汉大学及长江水利委员会陆水试验枢纽管理局等单位的大力支持,同时,还得到了吴晓、张海霞、刘素一、黄少华等人的大力帮助,在此深表感谢!本书中引用的许多成果与实例,有的是业界同仁管理信息化技术开发与实践的结晶,有的是水利部行业公益性科研项目和国家大坝安全工程技术研究中心科研项目的研究成果,在此一并表示感谢!

由于水库大坝管理信息化涉及面广、业务复杂、技术发展迅速,以及作者的实践经验和水平有限,书中难免有疏漏和不妥之处,敬请读者批评指正。书中成果引用难免疏忽,若存在成果引用未标注或有标注缺陷,敬请谅解并与作者联系!

作　者
2016 年 9 月 20 日

目　　录

第1章 概 述

1.1 我国水库大坝管理概况

1.1.1 水库大坝概况

水库是在河道、山谷、低洼地及地下透水层修建挡水坝或堤堰、隔水墙,形成集水的人工湖,具有多方面的功能,如调节河川径流、防洪、供水、灌溉、发电、养殖、航运、旅游、改善环境等,具有重要的社会、经济和生态意义。水库规模通常按库容大小划分,分为大(1)型、大(2)型、中型、小(1)型、小(2)型。水利水电工程分等指标见表1.1.1。

表1.1.1 水利水电工程分等指标表

工程等别	工程规模	水库总库容 /10^8 m³	防洪		治涝	灌溉	供水	发电
			保护城镇及工矿企业的重要性	保护农田 /10^4 亩	治涝面积 /10^4 亩	灌溉面积 /10^4 亩	供水对象重要性	装机容量 /10^4 kW
Ⅰ	大(1)型	≥10	特别重要	≥500	≥200	≥150	特别重要	≥120
Ⅱ	大(2)型	10~1.0	重要	500~100	200~60	150~50	重要	120~30
Ⅲ	中型	1.0~0.10	中等	100~30	60~15	50~5	中等	30~5
Ⅳ	小(1)型	0.10~0.01	一般	30~5	15~3	5~0.5	一般	5~1
Ⅴ	小(2)型	0.01~0.001		<5	<3	<0.5		<1

注:1.水库总库容指水库最高水位以下的静库容;2.治涝面积和灌溉面积均指设计面积。

我国是世界上水库大坝最多的国家,根据水利部和国家统计局2013年发布的《第一次全国水利普查公报》统计资料,我国共有水库98002座,总库容9323.12亿 m³。其中已建水库97246座,总库容8104.10亿 m³,在建水库756座,总库容1219.02亿 m³。从水库规模上划分,全国共有大型水库756座,占比0.8%,其中大(1)型水库127座,大(2)型水库629座;中型水库3938座,占比4.0%;小型水库93308座,占比约95.2%,其中小(1)型水库17949座,小(2)型水库75359座。我国水库按规模统计见图1.1.1。

大坝是挡水建筑物的代表形式,一般分为混凝土重力坝、混凝土拱坝、土石坝等。据不完全统计,截至2008年,我国坝高在30 m以上的水库大坝有5200余座,100 m以上的有142座,其中面板堆石坝45座,重力坝20座,拱坝24座,粘土心墙土石坝24座。近几年,我国水利水电建设和坝工技术更是得到了快速发展,大坝坝型和最大坝高不断发展与更新。目前,我国已建成最高的混凝土面板坝为233 m(水布垭大坝)、混凝土重力坝为181 m(三峡大坝)、混凝土拱坝为305 m(锦屏一级)、碾压混凝土重力坝为216.5 m(龙滩大坝)、碾压混凝土拱坝为167.5 m(万家口子大坝)、土石坝为314 m(双江口大坝,在建)、沥青心墙坝为124.5 m(冶勒大坝),这些工程均代表了当代世界先进的筑坝技术和水平。

水库大坝在防洪、发电、供水、灌溉等方面发挥了巨大的社会效益和经济效益,对国民经济

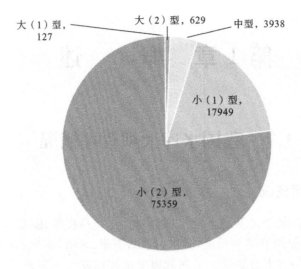

图 1.1.1　我国不同规模水库统计图

发展和社会安定起到了巨大作用。我国水库大多建于 20 世纪 50—70 年代,由于历史原因,大量水库存在病险情和不安全因素,对水库所在地区构成潜在威胁。随着国民经济的持续发展和人口不断增长,水库大坝安全在社会经济和国家安全稳定中的地位越来越突出。近几年,我国对病险水库进行了系统性的除险加固,水库大坝安全保障得到了极大提高,但水库大坝安全管理依然不能掉以轻心。因此,加强水库大坝管理,充分发挥工程效益,防止和减少安全事故发生,保障人民群众生命财产安全,不仅是各级政府部门和水库大坝管理机构至关重要的工作,也是社会公众共同关注的重大公共安全课题。

1.1.2　水库大坝管理概况

水库大坝管理就是采取法律、行政、技术和经济措施,合理组织水库的建设与运行,保证水库安全,满足经济社会发展对水库综合效益的需求。我国水库的管理分为水库工程建设管理和水库大坝运行管理,水库工程建设管理是对水库建设管理工作的总称,包括建设行政管理和建设项目管理。水库大坝运行管理是对建成后水库大坝管理工作的总称。

水库大坝运行管理的基本任务是:保证水库安全运行,防止溃坝;充分发挥水库的综合效益;对工程进行维修养护,防止和减缓工程老化、库区淤积、自然和人为破坏,延长水库使用年限;加强队伍建设,不断提高水库大坝管理水平。水库大坝运行管理目标就是在水库建设、运行与报废全过程中体现安全、效益和质量。

水库大坝管理的发展方向是:实现水库大坝管理的规范化、法制化、智能化和信息化;工程安全监测、水雨情测报、评估与维护等模型不断发展和完善;水库维修养护技术被更广泛应用。

我国十分重视水库大坝管理工作,经过不断的发展,在管理机构、法规制度、管理手段等方面建立了一套适合我国国情并不断完善的水库大坝管理体系。

1)建设管理发展历程

中华人民共和国成立后,水库大坝管理在法规制度、管理手段等方面大致分为以下三个阶段。

（1）重建轻管（20 世纪 50—70 年代）

我国大多数水库均在该阶段建设完成,受当时资金和技术等因素的制约,相当一部分水库未执行基本建设程序,存在防洪标准低、工程质量差等安全隐患问题,加上管理维护不及时等不利因素,致使水库大坝不能安全有效运行,形成了大量的病险水库。

从 1954 年有溃坝记录以来,全国共发生溃坝 3515 座,其中小型水库占 98.8%。我国历史上出现了两次溃坝高峰,一次是 1960 年前后 3 年间,共计溃坝 507 座,另一次在 1973 年前后,1973、1974、1975 年,溃坝数分别达到 554 座、396 座和 291 座。我国溃坝情况见图 1.1.2。

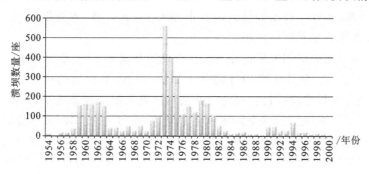

图 1.1.2 1954—2000 年溃坝情况

（2）注重工程安全（20 世纪 80—90 年代）

随着经济发展和社会进步,特别是"75·8 板桥、石漫滩溃坝事故"引起了党中央和国务院对水库安全的高度重视,"工程安全"的理念逐渐发展起来。

一方面,国家有关部门不仅制定了 PMF(probable maximum flood)洪水标准,而且开始进行大坝安全评价和加固。1986 年,原水利电力部确定对第一批 43 座全国重点病险水库进行除险加固,标志着全国病险水库除险加固工作的全面展开。1998 年长江、松花江和嫩江流域特大洪水后,中央加大了资金投入,对大型和重点中型病险水库进行除险加固。

另一方面,国家加强了对水库大坝的管理,逐步建立起覆盖全国的多层级的水利管理组织架构,逐步从行政管理过渡到制度管理,大坝安全法规制度得到不断完善。1988 年 1 月 21日,第六届全国人民代表大会常务委员会第 24 次会议通过了《中华人民共和国水法》,该法律文件是水库大坝管理遵循的最高位法。国务院根据《中华人民共和国水法》,为加强水库大坝安全管理,保障人民生命财产和社会主义建设的安全,于 1991 年 3 月 22 日颁布了《水库大坝安全管理条例》(国务院令第 77 号)。这是大坝安全管理的专门法规,是水库大坝管理法规体系的核心,为水库大坝安全提供了法规保障。为了做好防汛抗洪工作,保障人民生命财产安全和经济建设的顺利进行,国务院于 1991 年 7 月 2 日颁布了《中华人民共和国防汛条例》(国务院令第 86 号)。水利部为了加强水库大坝管理,保证水库的正常运行,充分发挥水库的综合效益,先后制定了《水库工程管理通则》(SLJ 702—1981)、《混凝土坝安全监测技术规范》(SDJ 3336—1989)、《土石坝安全监测技术规范》(SL 60—1994)、《防洪标准》(GB 50201—1994)、《土石坝安全监测资料整编规程》(SL 169—1996)、《水库工程管理设计规范》(SL 106—1996)、《土石坝养护修理规程》(SL 210—1998)、《混凝土坝养护修理规程》(SL 230—1998)等水库大坝管理相关的规程规范,逐步形成了较为完善的规程规范体系。

1995 年 3 月,水利部发布了《水库大坝安全鉴定办法》,此后水库大坝安全鉴定成为规范、严格的病险水库认定方法。据《全国病险水库除险加固专项规划报告》(2001)统计,全国共有病险水库 30433 座,其中水利系统管辖的病险水库 30413 座,约占水利系统管辖水库总座数的

36%。水利系统管辖的病险水库中大型水库 145 座,中型水库 1118 座,小(1)型水库 5410 座,小(2)型水库 23740 座。水库大坝的病险问题大大削弱了水库拦蓄、调配能力,严重影响了水库效益发挥,同时也给下游城镇、交通干线等设施造成严重威胁,一旦失事,将给人民生命财产带来巨大损失,给社会稳定和国民经济发展带来很大的负面影响。

（3）管理信息化（2000 年至今）

进入 21 世纪,我国水库大坝管理信息化实现了飞跃式发展。信息系统除了采用电子测量技术、自动控制技术、计算机网络技术、数据库技术、人工智能、辅助决策、遥感技术、地理信息系统、全球定位系统、多媒体技术等信息技术外,物联网、云计算、大数据和"互联网＋"等最新信息技术逐渐在水库大坝管理中应用。

国家和水利部等相关部门先后在原有法律法规的基础上,进一步制定了《国家信息化发展战略（2006—2020 年）》《中共中央国务院关于加快水利改革发展的决定》（2010 年 12 月 31 日）、《国家电子政务工程建设项目管理暂行办法》（国家发展和改革委员会令第 55 号）、《全国水利信息化发展"十二五"规划》《全国水利信息化发展"十三五"规划》《水利信息化顶层设计》（2010 年）、《水利信息化资源整合共享顶层设计》（2015 年）、《水利部关于加强水库大坝安全监测工作的通知》（水建管［2013］250 号）、《国家突发公共事件总体应急预案》《国家防汛抗旱应急预案》《关于加强水库安全管理工作的通知》（水建管［2006］131 号）等政策规划,加强了水库大坝管理信息化工作。

水利部新编了《水利信息系统可行性研究报告编制规定》（试行）（SL/Z 331—2005）、《水利信息系统项目建议书编制规定》（SL/Z 346—2006）、《水利系统通信运行规程》（SL 306—2004）、《水利信息网运行管理规程》（SL 444—2009）、《水利信息数据库表结构及标识符编制规范》（SL 478—2010）、《水利水电工程水文自动测报系统设计规范》（SL 566—2012）、《大坝安全监测仪器安装标准》（SL 531—2012）、《水利信息化项目验收规范》（SL 588—2013）、《水文监测数据通信规约》（SL 651—2014）、《水利工程建设与管理数据库表结构及标识符》（SL 700—2015）,修订了《土石坝安全监测技术规范》（SL 551—2012）、《混凝土坝安全监测技术规范》（SL 601—2013）等技术规范,进一步完善了信息化方面的要求。

目前,在以人为本的水库大坝管理理念统领下,"工程风险""工程措施与非工程措施相结合""制度化、人文化管理""预防管理""危机管理"等新理念已融入水库大坝管理信息化中来。以云（计算）、物（联网）、大（数据）、智（慧城市）、互（联网＋）为代表的新技术新业态迅速兴起,不断推动全世界、各行业发生深刻变革。

2）管理机构

大坝安全管理实行从中央到地方分级负责的管理体制,管理机构可分为水行政管理、技术管理和运行管理三类。各级防汛抗旱指挥机构参与水库大坝管理相关工作,科研、教学和设计单位为水库大坝管理提供技术支撑服务。

水行政管理机构包括国务院水行政主管部门、流域管理机构、地方各级水行政主管部门,遵照有关法律法规,在满足经济社会发展对水库的需求基础上,根据保障工程、公众、环境等要求,水行政管理机构对水库大坝实施监督管理。各级防汛抗旱指挥机构在汛期组织水库防汛工作,下达调度指令。

技术管理机构指各级水行政主管部门设置的水库大坝管理相关事业单位,受政府委托承担一定的水库大坝管理行政职能,是政府职能的延伸,如各级大坝安全管理中心、水利工程管理总站、水利工程管理局等。

运行管理机构即水库业主(法人)设立的管理单位,负责工程维修养护、执行调度指令和日常运行管理。

我国大部分水库属国家所有,由各级水行政主管部门代表同级人民政府行使业主职责。一部分小型水库为农村集体所有,水库业主为劳动群众集体(村民委员会),一般由其上级主管部门(乡镇人民政府)代行使业主职责。在社会主义市场经济建设过程中,出现了各种经济组织或个人所有的水库,这些水库按照有关法规,由业主(法人)对水库大坝的运行与安全负全面责任。

3）管理制度

水库大坝管理制度包括安全管理、注册登记、调度运用、防汛抢险、风险管理、安全监测、维修养护、安全鉴定、除险加固和降等报废等制度,是《水库大坝安全管理条例》所要求的水库安全管理基本制度。

安全管理按照《水库大坝安全管理条例》规定,水库大坝安全责任制是以地方政府的行政首长负责制为核心,并逐级落实每个水库的同级政府责任人、水库主管部门责任人和水库大坝管理单位责任人,明确各类责任人的具体责任,并实行责任追究制度。

注册登记是《水库大坝注册登记办法》要求的一项基本管理制度,是认定水库社会存在,接受安全监管,明确管理职责,掌握工程情况的根本手段,是水库法制化管理的基础性工作。

调度运用是《综合利用水库调度通则》等有关法规和技术标准要求的一项管理制度,是合理调度运用,充分发挥效益,保障工程安全的重要制度,是实现水库综合效益目标的基本工作。

防汛抢险是水库汛期水情测报、工程检查、防汛调度、抢险救护等安全度汛工作的综合要求,是汛期水库大坝安全防范和处置工作的重点。

风险管理是在防汛抢险应急预案的基础上,按照《国家突发公共事件总体应急预案》、《水库大坝安全管理应急预案编制导则》(SL/Z 720—2015),针对水库突发事件制定的应急预案,是提高应对水库大坝突发事件能力的重要保障。

安全监测是对水库大坝工程实施巡视检查、仪器监测、资料分析、反馈调度的一个重要的安全监控措施,在汛期、洪水、地震、工程存在病险、高水位运用等情况下尤应加强。

维修养护是对水库工程进行日常维护、汛前汛后加固处理、大修岁修的一项工程维护措施,是减缓工程老化、提高工程安全性能、改善工程形象面貌的重要工作。

安全鉴定是《水库大坝安全鉴定办法》(水建管[2003]271 号)要求的大坝安全管理的一项重要制度,是掌握和认定水库安全状况,采取合理调度、控制运用、除险加固或降等报废等措施的主要依据。自 1995 年该办法发布并经 2003 年修订以来,水库大坝安全鉴定工作从试点逐步走向成熟,为水库大坝安全管理和病险水库除险加固工程建设做出了积极贡献。

除险加固是针对病险水库即鉴定结论为三类坝的水库,采取的减除水库病险危害的工程措施,其顺利实施是水库业主的基本职责,也是政府安全监管的重要内容。经过历年特别是1998 年以来的成规模的除险加固工程建设,我国的水库大坝安全总体状况得到了极大改善。

降等报废是在工程老化病险严重,工程效益衰减或丧失,加固处理技术经济不合理等情况下,为保证工程安全,落实安全职责,而对水库大坝工程采取的一项重要的安全监管措施。

4）信息化设施

根据水利部《2014 年全国水利发展统计公报》,全国共有各类水文测站 93617 处,其中国家基本水文测站 3172 处,专用水文测站 1710 处,水位测站 9890 处,雨量测站 46980 处,蒸发测站 21处,墒情测站 1927 处,水质测站 12869 处,地下水监测站 16990 处,试验测站 58 处。全国共有向县级以上防汛指挥部门报送水文信息的各类水文监测站 43539 处,发布预报的各处水文测站

1389 处。已建成水环境监测(分)中心 297 个,水质监测基本覆盖了全国主要江河湖库。

省级以上水利部门水利信息网络的各种类型 PC 数量达到 79551 台,服务器 3511 套;省级以上水利部门已配备的各类在线存储设备存储能力达到 3939380 GB。省级以上水利部门可接收信息的各类水利信息采集点 110152 个,其中自动采集点 78780 个,正常运行的数据库达 858 个,存储的数据量达到 430588 GB。

根据 2012 年水利部、国家电监会、国家能源局、国家安全监督管理总局四部委联合开展的全国大型水库大坝安全调研情况,全国水利行业 311 座大型水库中,平均每座水库有测点 248 个,96%的水库具有监测数据,73%的水库建立了自动化系统,72%的水库建立了监测数据库,大型水库大坝管理信息化工作总体充分。

由于存在水库数量巨大、分布广泛,水库大坝管理业务工作量大、专业性强,管理单位专业技术人员缺乏、运行管理资金有限等制约因素,水库的安全和高效管理面临着巨大挑战,水库的管理水平和效率难以满足水库大坝管理现代化的要求。水库大坝管理单位亟需利用实用的、专业的非工程措施技术手段,实现水库由粗放管理向精细化管理转变,由传统人工管理为主向水利现代化管理为主转变,而信息化技术是实现以上转变的最佳技术方案。为此,有必要对水库大坝管理信息化进行研究,对水利信息化发展进行探讨,对水库大坝管理信息化进行系统的梳理和总结,为我国水库大坝的安全运行尽绵薄之力。

1.2 水库大坝管理业务范畴分类

水库大坝管理按业务范围可分为安全监测、水雨情测报、水库调度管理、风险评估与应急管理、日常运行管理等系统。

1.2.1 安全监测

安全监测为掌握大坝运行性态,指导工程施工、运行,反馈设计,降低大坝风险提供了保障。通过观测仪器和设备,大坝安全监测及时取得反映大坝和基岩性态变化以及环境的各种数据,分析出大坝的安全程度,及时发现异常状态,必要时采取相应的措施以保证大坝的安全运行。

安全监测范围包括坝体、坝基、坝肩、对大坝安全有重大影响的近坝区岸坡以及与大坝安全有直接关系的其他建筑物和设备。监测项目见表 1.2.1。

表 1.2.1 大坝安全监测项目表

监测类别	监测项目	
	混凝土坝	土石坝
现场检查/巡视检查	坝体、坝基、坝肩及近坝库岸	坝体、坝基、坝区、输泄水洞(管)、溢洪道、近坝库岸
环境量	上、下游水位	上、下游水位
	气温、降水量	降水量、气温、库水温
	坝前水温	坝前泥沙淤积及下游冲刷
	气压	冰压力
	冰冻	
	坝前淤积、下游冲淤	

续表

监测类别	监 测 项 目	
	混凝土坝	土石坝
变形	坝体表面位移	坝体表面变形
	坝体内部位移	坝体(基)内部变形
	倾斜	防渗体变形
	接缝变化	界面及接(裂)缝变形
	裂缝变化	近坝岸坡变形
	坝基位移	地下洞室围岩变形
	近坝岸坡变形	
	地下洞室变形	
渗流	渗流量	渗流量
	扬压力	坝基渗流压力
	坝体渗透压力	坝体渗流压力
	绕坝渗流	绕坝渗流
	近坝岸坡渗流	近坝岸坡渗流
	地下洞室渗流	地下洞室渗流
	水质分析	
应力、应变及温度	应力	孔隙水压力
	应变	土压力(应力)
	混凝土温度	混凝土应力应变
	坝基温度	
地震反应监测	地震动加速度	地震反应
	动水压力	
水力学监测	水流流态、水面线	水流
	动水压力	
	流速、泄流量	
	空化空蚀、掺气、下游雾化	
	振动	
	消能及冲刷	

　　自动化安全监测是发展趋势，是水利信息化的结果。水库大坝安全自动监控系统包括在线监控系统和离线监控系统，其智能性的数据处理使大坝安全监控更为有效。自动化监测实现各种监测数据自动采集、整编、分析以及智能评判，及时发现大坝异常状况，以便管理人员及时采取处理措施。自动化监测主要有以下优点：观测成果准确可靠，可避免人为误差；可大量节省用于观测、绘图、计算、维护的人工费用；提高管理效率和水平，在保证大坝安全运行方面的优越性显著。

1.2.2 水雨情测报

水雨情测报内容主要包括:水位、雨量、流量、流速、蒸发、泥沙、冰凌、墒情、水质等。

在20世纪60年代,欧美和日本等国家已经开始进行水情自动测报研究。20世纪70年代,欧美国家开始生产第一代的水雨情自动测报系统,其产品特点是结构复杂、体积大、协同性差,主要是由分立元件组成,但已经能够实现很多基本功能。随着技术不断发展,20世纪70年代末开始研制开发出了体积小、可靠性高的集成电路的第二代水雨情自动测报系统,与此同时通信方式也有了很大发展。20世纪80年代,随着电子信息技术的发展,自动化的水情遥测技术开始广泛使用。进入20世纪90年代,水情测报系统开始采用中心站和远程测站协同工作的方式。国外用于水情自动测报系统的传感器不但技术较先进,而且种类丰富。

20世纪70年代之前,我国的水情测报采用人工方式通过电话或者电报传送水情数据,由于站点数量不多以及地形地貌条件的影响,常常达不到预定的测报要求。而且采用电话或者电报方式传送,会受到气候条件的制约,通信信号受阻、延迟甚至断线等现象时有发生,严重影响了洪水预报的时机,延误了水资源的调度工作。

1977年底,我国开始研发水情自动测报系统,经过五年左右时间,研制出第一批水情自动测报系统,由分立元件组成,技术水平远落后于国外同时期的水平。这些早期的水情测报系统,由于工艺落后,电子元件稳定性较差且维护很不方便,现已全部被淘汰。

20世纪80年代初期,水情自动测报系统不断改进,主要采用大规模集成电路。20世纪80年代末期,我国自主研发的水情自动测报系统的可靠性、稳定性有了很大提高。

随着网络通信技术的飞速发展,水情自动测报系统的通信方式也有了很大发展。20世纪70年代至80年代中期,我国的数据通信主要依靠从国外进口的无线超短波设备。到了20世纪80年代中后期,我国开始自主研发超短波的遥测设备,并广泛应用到水情自动测报系统中。20世纪90年代开始出现卫星通信、PSTN有线通信等多种通信方式。进入21世纪,移动通信技术发展迅速,GSM短消息和GPRS无线传输方式在实际中开始广泛使用。

1.2.3 水库调度管理

水库调度管理是在确保水库安全的前提下,对水库进行合理调度运用,以实现最大综合效益的一种科学管理手段,是水库大坝管理的中心环节[9]。

水库调度包括防洪调度与兴利调度两个方面。目的是在保证水库安全的前提下充分发挥水库效益,实现预定的调度目标。

水库防洪调度是指利用水库的调蓄作用和控制能力,有计划地控制调节洪水,以避免下游防洪区的洪灾损失,并确保水库安全。防汛的主要任务是采取有效防御措施,把洪水灾害损失减少到最小,以最大限度保障经济建设的顺利发展和人民生命财产的安全。水库兴利调度是指对天然来水、用水、水库调蓄水三者之间的关系进行定量分析,以确定合理的蓄水放水方式,达到充分利用水资源、最大限度发挥兴利效益的目的。

水库调度管理的主要内容包括:编制水库调度方案和运行计划,及时掌握、处理、传递水文气象和社会经济及综合利用等基本情况,为水库调度工作提供可靠依据[10]。

水库调度的理论与方法是随着20世纪初国外水库的大量兴建而逐步发展起来的,并逐步实现了综合利用和水库群的水库调度。在调度方法上,1926年,苏联A.A.莫洛佐夫提出水库调配调节的概念,并逐步发展形成了水库调度图,这种图至今仍被广泛应用。20世纪50年代以来,由于现代应用数学、径流调节理论、电子计算机技术的迅速发展,使得以最大经济效益为目标的水库优化调度理论得到迅速发展与应用。随着各种水库调度自动化系统的建立,使水库实时调度达到了较高的水平。

我国大中型水库普遍编制了年度调度计划,部分管理单位还编制了较完善的水库调度规程,研究拟定了适合本水库的调度方式,逐步由单一目标的调度走向综合利用调度,由单独水库调度开始向水库群调度方向发展,考虑水情预报进行的水库预报调度也有不少实践经验,使水库效益得到进一步发挥。对于多沙河流上的水库,为使其能延长使用年限而采取的水沙调度方式已经取得了成果。由于水库的大量兴建,对水库优化调度也在理论与实践上做了探讨。在中国,丹江口水利枢纽、三门峡水利枢纽等水库的调度工作都积累了不少经验。

1.2.4　风险评估与应急管理

水库大坝突发事件是指突然发生的,可能造成重大生命、经济损失和严重社会环境危害,危及公共安全的紧急事件,一般包括:

① 自然灾害类。如洪水、上游水库大坝溃决、地震、地质灾害等。

② 事故灾难类。如因大坝质量问题导致的滑坡、裂缝、渗流破坏而引起的溃坝或重大险情;工程运行调度、工程建设中的事故及管理不当等导致的溃坝或重大险情;影响生产生活、生态环境的水库水污染事件。

③ 社会安全事件类。如战争或恐怖袭击、人为破坏等。

④ 其他水库大坝突发事件。

国外早在 20 世纪 90 年代就开始了对应急管理的研究。为了保护下游地区免受大坝失事或泄水的危害,美国大坝业主和管理部门都要求必须制定简洁明了的应急预案。应急预案作为大坝安全应急管理的核心内容,包括通知流程图,业主和地方政府责任,突发事件的确定、评价和定级,通知顺序,预防措施,淹没图等。美国内务部垦务局曾提出了一项安全预警和应急撤离的实施方案,研究了大坝一旦发生突发事件时的应对策略,提供了风险图和其他技术资料,并帮助地方应急机构制定、修改和落实应急预案。加拿大要求失事可能造成生命损失和预警可以减轻上下游损失的任何大坝都编制、测试、发布并维护应急预案,并明确了大坝业主、运行管理人员、大坝安全机构、当地政府、防汛机构、消防部门、军队、警察等机构或人员的各自责任,以便在危急时刻及时调动和联络。法国特别强调,要求高于 20 m 的大坝或者库容超过 1500 万 m³ 的水库必须制订应急预案,并提交关于溃坝后库水的淹没范围、冲击波到达时间和淹没持续时间的研究报告,制定相应的居民疏散撤离计划。《葡萄牙大坝安全条例》(1990)要求业主必须提交有关溃坝所引起的洪水波传播的研究报告,编制应急处理计划。

我国近年来也开始深入开展应急管理方面的研究。2006 年 3 月,国家防汛抗旱总指挥部办公室在遵循《国家有关部门和单位制定和修订突发公共事件应急预案框架指南》(2004 年,国务院办公厅)和《国家突发公共事件总体应急预案》(2006 年,国务院)的基本原则基础上颁布了《水库防汛抢险应急预案编制大纲》;2015 年 9 月,水利部颁布了《水库大坝安全管理应急预案编制导则》(SL/Z 720—2015)。

水库可能出现的突发险情种类有:超标准洪水和突发性洪水导致的漫坝、溃坝;地震、战争或恐怖事件导致的拦河坝裂缝、渗漏管涌、溃决及溢洪道设施的毁坏。如拦河坝出现裂缝、渗漏管涌,应立即进行抢险处理;如发生漫坝、溃坝及溢洪道设施的毁坏,将直接导致下游人民生命财产的重大损失。为了在水库大坝发生突发安全事件时避免或减少损失,提高水库大坝管理单位及其主管部门应对突发事件的能力,降低水库风险,力保水库工程安全,水库大坝管理单位应及时编制《水库大坝安全管理应急预案》。

1.2.5 日常运行管理

水库大坝日常运行管理工作主要包括工程的维修养护、水库大坝管理考核、安全生产管理、工程档案管理以及办公管理等内容。

（1）维修养护

为了保证大坝等水工建筑物、地下洞室、边坡和监测设施的正常使用,需对它们进行保养和防护。当以上建筑物或设施发生损坏、性能下降以致失效时,为使其恢复到原设计标准或使用功能,需采取各种修补、处理、加固等措施。

养护工作应做到及时消除工程的表面缺陷和存在的工程问题,随时防护可能发生的损坏,保持工程的安全、完整、正常运行。养护分为经常性养护、定期养护和专门性养护。经常性养护是在日常巡视检查、年度检查或特别检查过程中发现缺陷与隐患后,能够及时进行处理的养护。定期养护是为了维持水工建筑物、地下洞室、边坡和设施等安全运行而定期进行的养护,包括年度养护、汛前养护、冬季养护等。专门性养护是为了保证水工建筑物、地下洞室、边坡和设施等某个组成部分所具备的特定功能正常发挥而进行的针对性养护。

修理分为及时性维修、岁修、大修和抢修。岁修是每年有计划地对各个水工建筑物、地下洞室、边坡和设施等进行的修理工作。大修是当水工建筑物、地下洞室、边坡和设施等出现影响使用功能和存在结构安全隐患时,而采取的重大修理措施。抢修是当水工建筑物、地下洞室、边坡和设施等出现重大安全隐患时,必须在尽可能短的时间内暂时性消除隐患而采取的突击性修理措施。

（2）管理考核

2003年5月,为推进水利工程管理规范化、法制化、现代化建设,提高水利工程管理水平,确保水利工程运行安全和充分发挥效益,水利部颁布了《水利工程管理考核办法》(试行)及其考核标准(水建管[2003]208号)。2008年6月,水利部根据需要对该办法进行了修订,颁布了《水利工程管理考核办法》(水建管[2008]187号),为水利工程管理单位(指直接管理水利工程,在财务上实行独立核算的单位,以下简称水管单位)的管理考核提供了标准和依据。

考核内容包括组织管理、安全管理、运行管理和经济管理四类。水利工程管理考核工作按照分级负责的原则进行。水利部负责全国水利工程管理考核工作。县级以上地方各级水行政主管部门负责所管辖的水利工程管理考核工作。流域管理机构负责所属水利工程管理考核工作;部直管水利工程管理考核工作由水利部负责。水利工程管理考核实行千分制。水管单位和各级水行政主管部门依据水利部制定的考核标准对水管单位管理状况进行考核赋分。

水管单位需根据考核标准每年进行自检,并将自检结果报上一级水行政主管部门。上一级水行政主管部门应及时组织考核,并将考核结果反馈给水管单位,水管单位应采取相应措施,加强整改,努力提高管理水平。

此外,日常运行管理还包括安全生产管理、工程档案管理以及办公管理等内容。因此,为推动水库安全管理行业技术进步,提升水库大坝管理水平,有必要将水库日常运行业务进行管理信息化。

1.3 水库大坝管理信息化的作用与意义

大力推进水库大坝管理信息化，广泛采用现代信息技术，可以实现工情、水情的在线监测、实时传输和智能评价，有效提高水库工程运行管理的信息化水平，极大地提高水库工程运行管理的效率和效能。

基于水文、水工、大坝安全评价等现代水利工程专业知识，采用电子、自动控制、计算机网络、信息管理等现代技术手段，建立功能实用、技术先进、性能可靠、结构开放、系统安全与高度整合的水库大坝管理系统，是水库大坝管理信息化、现代化的基础和重要标志，同时为提高水库安全管理效率与效能、优化水库水资源配置、提升水库安全预测预警及应对突发事件的能力、提高防灾减灾能力，有效保障工程安全、饮水安全、粮食安全与公众安全起到重要技术支撑作用。

随着时代发展，信息化和可持续发展成为中国水利工程的发展趋势。水库大坝管理信息化即是将水库大坝的基本信息，水情、雨情、安全监测、天气状况、出入库流量、视频、闸门开度等实时信息自动化采集到一体化的信息平台，通过成熟稳定的管理系统对信息进行全面整编分析和专业的模型分析预报，在可监视、可控制的条件下对水库调度运行和管理做出最优化决策，最大限度地发挥出水库的综合效益，合理利用水资源。水库大坝管理信息化主要有以下方面的作用。

（1）信息资源共享

实现管理信息化的根本与基础，就是建立统一的公用信息平台，实现信息资源的共享。这就需要实现水利信息的自动化采集和传输，建立统一的信息接口，有机整合各类信息资源，进行集中共享发布，避免"信息孤岛"的存在，实现信息资源利用的有效、及时、准确、完整。

（2）信息管理与决策支持

以信息技术为手段，科学地对水库大坝安全性态进行分析、统计和评估，可为各级管理单位的决策提供支持，提高管理水平、效益以及决策的科学性，做到及时完成各类信息的采集、处理和存储管理。以数字、图、文、音像等方式快速灵活地提供雨量、水位、安全监测和流量的实时数据和历史背景资料，以及有关资料的深层挖掘和信息服务，可提高水文预报的精度，延长水文预报的预见期，改善防洪调度手段，提高模拟分析能力，优化水库调度。

（3）提高管理效率和水平

水利信息化建设采用科学的管理理念，制定标准规范的业务流程和明确的岗位职责，使职能分工制度变为合作与协调，便于科学决策，提高管理效益，可更快捷地提高各级管理人员的综合素质、管理效率和水平。

现行水利信息化系统的开发方式以定制性开发为主，开发的信息化系统种类较多，且价格昂贵、操作复杂、通用性差，对相关软硬件环境以及运行维护人员要求较高。而我国大部分中小型水库信息化系统不完善或缺失，存在信息化水平相对落后，运行维护人员水平有限，运行维护经费少等问题。随着水利现代化建设的快速发展，水库大坝管理单位对信息化系统的需求将越来越迫切。

水库大坝管理信息化发展的目标是管理的规范化、标准化、流程化、一体化，具体表现是：按照水库大坝管理的法律规章制度、技术规范进行管理；将水库大坝管理的内容和要求进行细分并确定相应管理标准,便于对管理业务的评价;在水库日常管理中突出流程管理,注重过程效率,实现简洁化和高效化;通过信息管理系统将水库的主要管理业务进行有机的整合,实现统一的集中管理。为实现以上目标,可通过开发水库大坝管理一体化信息系统,推进水利信息化建设,加快"互联网+"的智慧水利建设。

1.4 水库大坝管理信息化发展与应用现状

1.4.1 国内水库大坝管理信息系统开发、应用现状

过去十几年中,在水库大坝信息管理、安全监测、洪水预报及应急指挥平台建设等方面,国内一些水利专业单位及 IT 公司,采用数据库、网络、GIS 以及虚拟仿真等信息技术,开展了很多有益的研究与探索,并建立了一些业务应用系统,如水库大坝信息管理系统、安全监测信息管理系统、远程管理系统、大坝安全监测资料分析系统、水雨情测报系统、水文预报和水库调度管理系统、水资源与水生态监测系统、暴雨产汇流预报和水库泄洪调度的三维模拟系统、水资源综合信息管理系统等。2007—2008 年,长江水利委员会有关部门建立了长江流域水库情况调查信息收集系统;水利部建设了国家防汛抗旱指挥系统和水资源管理信息系统;国家应急办组织实施了国家应急平台体系建设等。

水库大坝管理相关信息系统在水库监管及运行管理单位的应用已较为广泛。水库大坝管理的不同层级根据各自的业务需求,分别应用了各类专业管理软件。在水库运行管理单位中,大中型水库大坝管理单位基本都建设了水雨情测报系统、大坝安全监测信息采集及管理系统、视频监控系统、闸门自动控制系统以及信息发布系统,部分水库大坝管理单位建设了水文预报、洪水调度系统以及发电调度系统等。相对而言,中小型水库大坝管理单位的管理软件应用较落后,多数水库仅建设了水雨情、视频监控系统。在水库主管单位,建设了面向流域、区域,或者所属的多个水库的管理软件,主要有水雨情、安全监测、洪水预报、综合调度、山洪灾害等系统。

水利信息化整体水平与国家信息化总体要求相比,与水利改革发展需求相比,与信息技术日新月异的进步相比,仍存在明显差距。主要表现在:水利信息化发展水平与交通、电力等其他基础设施行业相比差距较大;区域发展不平衡,东部地区发展较快,西部地区进展较慢;水利信息化仍然存在低水平重复建设,整合力度不够,信息资源共享困难,系统使用效率不高等问题;水利业务与信息技术融合程度不深,业务协同不够,整体优势和规模效益难以充分发挥;安全防护能力不足,保障体系尚不健全,与水利信息化发展要求不相适应。因此,面对以大数据、云计算、"互联网+"等为代表的新一轮信息技术革命浪潮,水利信息化工作任重而道远,水库大坝管理信息化工作任务十分繁重。

1.4.2 国外水库大坝管理信息系统开发、应用现状

在发达国家,水库大坝的开发已基本完成,水利行业的工作重心已由工程建设转变为工程运行管理,确保已有水利基础设施的安全运行和效益发挥成为重点工作。因此,为提高水库大坝管理的管理水平和工程效益,国外诸多水工程管理机构普遍将地理信息、计算机仿真等技术手段应用于洪水预防与调度、大坝监测、流域规划、工程安全等领域。典型的应用如加拿大紧急事务管理局以 ArcView GIS 技术为基础,集成多种成像技术,建立了洪水应急遥感信息系

统(FESIT);澳大利亚国立大学基于 GIS 技术平台开发的洪水损失评估系统(ANUFLOOD),主要应用于对水资源和相关环境影响的研究;意大利和法国较早开展大坝安全监控系统的研发,先后开发了大坝监测数据处理系统和 MIDAS 系统;美国田纳西流域管理局将 GIS 技术广泛应用于流域各种空间和地理数据的技术处理,建立了全流域的可视化信息系统,并结合各种流域管理和规划方案,提供了面向政府、社会的决策支持服务。

1) 美国大坝管理实践

美国在大坝信息化建设方面做出了很多努力,现有的各种工具主要集中在对大坝安全计划执行过程中的管理和评估,有很多基于数据报表、电子报告、数据库的成熟软件系统,功能主要面向信息的采集和传递,典型系统软件如下。

(1) 国家大坝名录(NID)

该名录是由陆军工程师团开发的数据库系统,用于跟踪全国水利设施、土地管理、滩地管理、风险管理和应急行动计划等信息。系统信息来自 51 个州和 16 个联邦机构,是一个动态在线数据库,定期接收参与用户的更新信息。该系统提供基于万维网络的信息查询服务,并利用一套地理信息接口系统来显示和分析数据。目前,NID 系统已收集了全美近 84000 座大坝的各类数据信息。

(2) 大坝安全计划管理工具(DSPMT)

DSPMT 是一个信息采集和管理系统,旨在为联邦和各州的大坝安全管理者提供信息化工具,帮助其获取准确的大坝和大坝安全计划执行信息,判断计划执行的状态和是否存在需要改进的工作流程。系统由三个交互软件工具构成:大坝安全计划绩效考核工具;NID 电子提交流程工具;大坝安全计划报告工具(报国家监管机构)。

大坝安全计划绩效考核工具用来评估大坝安全计划和执行机构的效率,考核内容包括大坝安全员工的经验、巡检和评估、病险坝识别和修复、工程响应准备、机构和公众响应准备等,程序由各种详细的电子数据表格支持,配以直观的图表显示,让各机构更好地洞察其综合管理能力和面临的问题。

NID 电子提交流程工具是 NID 系统的自然衍生。联邦和各州的大坝管理者、所有者和数据管理者通过该系统向 NID 提交大坝数据信息,保证能够不断向 NID 提交准确的数据。

大坝安全计划报告工具利用 DSPMT 中收集的大坝安全计划执行情况的信息数据,生成和传输电子报告。每年联邦和各州的大坝管理机构使用该工具向国家大坝安全审查委员会提交大坝安全计划执行绩效考核报告。

(3) 国家大坝职能系统(NPDP)

该系统总站位于斯坦福大学,用来检索、存档和发布美国大坝信息和运行状态,系统运行的数据库和电子图书馆为众多大坝安全专业人士提供信息资源,系统还记录联邦和各州大坝发生的各类事件(如结构损坏和运行异常等)。

2) 西班牙水利基础设施和水资源管理

西班牙拥有各类大坝 1300 多座,目前国内已基本完成了水电资源的开发,水利行业工作重心在于确保已有水利基础设施的安全运行。在水库大坝管理信息化方面,西班牙做出了较多尝试。

(1) 水库大坝名录

西班牙已建立高效地图显示的"水库大坝名录"系统,成为大坝管理的重要工具,可以对水库大坝相关的大量数据进行操作和设置,使用户和管理机构迅速获取信息并进行协调、互动。

（2）水资源信息集成系统

该系统通过对水资源信息的收集、整合和处理，对水资源信息加以使用、分析、监控和发布。该系统由西班牙环境部主持建立，包含 4 个子信息系统工具，各自拥有特定的用途，成功实现了公众参与。

（3）全国洪水风险区域映射系统（SNCZI）

该系统将全国范围内的潜在洪水风险区域（ARPSIS）映射在 GIS 地图中，实现洪水区域定位、划界，并与各流域管理机构已部署的"自动水文信息系统（SAIH）"连接，实现信息互通。该系统作为免费的公共信息资源，允许行政主管部门、流域管理机构、社会组织等各利益相关方访问、查询，有利于为空间规划、洪水管理等主管部门提供决策支持，并可以让公众了解潜在的洪水危险。

1.4.3 国内水库大坝管理信息系统存在的问题

目前，国内水库管理信息化系统的开发、应用存在一些共性问题，一定程度上制约了系统作用的发挥和信息技术的应用，主要表现如下。

① 由于历史原因，工程管理单位的自动化软件系统建设前期未能按照统一规划、分步分阶段实施的原则进行。系统开发是根据业务需要独立进行的，各部门的业务系统分散建设，已开发的系统由于开发厂家、部署时期，以及所采用的开发环境、开发接口、数据存储结构不同，使得各个业务系统相互独立，数据不能共享，无法有效融合，管理人员往往需要访问多个系统才能获取重点关注的信息，"信息孤岛"现象较为普遍。

② 大部分工程管理软件系统是结合具体水库的特定业务定制开发的，功能比较单一，只为单一工程的独立管理业务服务，仅满足某一项具体管理功能需要，各个独立的系统之间未能形成良好的联动、协调，致使现有的软件系统多为独立运行，效力有限。另外，单一管理部门部署的管理软件系统未与上级管理部门的管理系统相连接，缺乏区域或流域管理中有效的互联互通和信息传递。由于没有全面考虑水库各个管理层级以及水库大坝管理的业务全面性，水库管理缺乏面向多层级的、覆盖多业务的一体化管理平台。

③ 开发的信息化系统主要针对水雨情测报和大坝安全监测的信息采集、管理以及后续的查询、展示，更接近于信息查询管理系统。大多系统是基于某些具体的业务需求而开发的，主要用于数据查询与展示，而对监测数据的整编分析、预警预报、水库运行管理报告的编写以及日常管理业务等专业需求考虑较少。这导致现在开发的系统往往只有"看"的功能，而不能满足水库大坝管理真正需要"做"的业务。

④ 随着信息化技术的不断发展，水库大坝管理的实际需求也随之变化，如移动巡检、随时随地查询水库的运行情况、对原有实施的系统进行集成等。由于水库大坝管理人员数量有限、缺乏信息化等专业人员以及水库的运行经费限制等因素，亟需信息化系统为其提供专业化的技术支持，对水库大坝安全性态进行分析评估。目前的水库大坝管理软件已无法有效地满足管理单位的需求。

⑤ 多数支持业务的软件系统对信息安全、数据存储安全、网络安全以及操作系统安全等问题考虑不周全，系统的开发、部署以及运行维护没有统一的对内、对外安全控制机制，系统的数据未进行加密处理、分级审计及管理。

1.5　水库大坝管理信息化发展趋势

目前,软件系统体系结构已从 C/S 模式向 B/S 模式转变,当今流行的 SOA 架构、Web-Service 服务、移动互联网、三维仿真、GIS 技术、云计算等先进技术正在逐步应用,而这些新技术在水库大坝管理方面应用有限。

水库大坝管理是一项技术性很强的综合性工作,涉及公共安全,得到各国政府、行政管理机构、企业部门或单位等的重点关注。2011 年中央一号文件明确提出在未来的 5～10 年中,健全水利科技创新体系,强化基础条件平台建设,加大技术引进和推广应用力度,推进水利信息化建设,以水利信息化带动水利现代化。2014 年,党中央提出了"节水优先、空间均衡、系统治理、两手发力"的 16 字治水思路,赋予新时期治水的新内涵、新要求、新任务。转变思路,深化改革,推动水利实现跨越式发展,是当前水利工作的核心问题,《水利部关于深化水利改革的指导意见》提出"加强实用技术推广和高新技术应用,推动信息化与水利现代化深度融合","必须依靠科技创新,驱动水利改革发展";水利发展"十三五"规划思路也明确"将深化改革摆在突出位置,将水安全提至国家战略高度,将强化水利管理、进一步提升水治理和水管理能力作为重要方向"。治水方略的重大调整对水利信息化提出了更高要求。

水库大坝安全管理信息化的发展战略逐步明确为:构建与水库大坝安全管理现代化建设相适应的信息化标准体系、安全体系、建设管理、运行管理、资源与信息共享、资金投入和人才队伍培养等 6 大保障体系;建立和完善水库大坝信息采集及通信设施、信息网、数据中心等 4 大基础设施;建设功能比较完备的防汛抗旱、行政资源管理、水资源管理决策、水质监测与评价、水土保持监测与管理、工程建设与管理、水电及电气化管理、信息公众服务、规划设计管理和电子政务等 10 大类应用工程,实现信息的集中管理和联合调度决策。

近年来,信息化手段的发展亦是日新月异,新思路、新形式和新技术的不断涌现给水库大坝的信息化提供了更多的实现途径和更好的展现方式。物联网技术(internet of things)、遥感技术(remote sensing)、虚拟现实技术(virtual reality)、地理信息技术(GIS)、网络技术(network)、数据库管理系统(DBMS)等技术快速发展,为水库大坝管理信息化工作提供了新的技术手段和方法。系统可以为行业行政主管部门和专业单位提供可视化三维场景、统一作业平台、高效智能化的决策支持,以此提高水利行业管理的科学性和有效性,提升我国水库大坝安全管理水平。水库大坝管理信息化发展主要有以下趋势。

(1)集成化管理平台

以通信和计算机网络系统为基础,形成集水资源调度、防汛抗旱、指挥决策、工程管理等多功能和多任务为一体的水利信息网络和集成化管理系统平台是当前水库大坝管理信息化的总体趋势。按照"总体规划、分步实施、逐步完善"的策略推行信息化进程,通过统一的平台为各级水行政主管部门和生产单位提供准确、及时、有效的信息服务,为科学管理和决策提供支持。

(2)移动智能终端

随着智能手机的普及和各种移动终端性能的不断提高,水利信息化建设过程中对于移动终端应用的需求也日益迫切。移动终端系统和计算机终端系统的整合逐步推广开来,使水库大坝管理人员能够随时随地掌握水库大坝各类信息,为防洪抗灾、现场指挥等决策部署提供科学依据。

（3）遥感技术

遥感技术正在进入一个全新的飞速发展阶段，正在朝着遥感数据多元化、遥感信息定量化、遥感应用动态化、遥感技术产业化、遥感产业网络化等诸多新的方向发展。遥感已经成为水利信息化建设不可分割的一个重要组成部分，其作用将会越来越重要，应用的前景将更加广阔和深入。水利是遥感技术应用范围最为广泛的一个行业，其发展前景将呈现全方位、定量化和业务化。虽然遥感水利应用近年来仍在快速发展，但与水利行业业务本身对遥感技术的巨大需求形成较大落差。遥感技术在水利行业的应用潜力巨大，可推动水利信息化建设的深入发展。

（4）地理信息系统

GIS 即地理信息应用系统，其作用就是全球定位、遥感、处理地理信息等。GIS 是在日常生产生活应用当中使用比较广泛的一种信息系统。该技术的使用使人们在面对自然灾害以及处理地理信息问题方面都得到了有效信息处理能力的提升，也帮助人们在面临地质危害的时候得到准确的位置信息，为处理问题提供相关的信息支持。GIS 对空间数据具有强大的处理能力，在水利信息化建设中得到越来越广泛的应用，如防洪减灾、水资源管理、水土保持和水利水电工程建设与管理等方面。

（5）物联网技术

我国水利行业已经具备物联网广泛应用的有利条件。一方面水利传感器终端发展较快，已涉及防汛抗旱、灾害预警、水文水质、水土保持等多个领域，另一方面水利部门基本建成覆盖全国的实时水情计算机广域网、水利信息骨干网等通信网络，为物联网的发展奠定了坚实基础。

物联网技术与水利行业的深入结合将能够有效促进水利信息化建设，扩大信息采集终端的网络覆盖范围，提升信息处理、决策和响应能力。此外，物联网可以打破目前水利系统主要局限在各部门内部应用、缺乏业务协同的现状，提高信息的共享化程度，更好地满足民生水利发展和政府管理职能的需求。

（6）虚拟现实技术

随着多媒体技术、计算机可视化、传感技术的发展，计算机模拟外界环境对人的感官刺激开始成为可能。把虚拟现实技术引入系统模拟仿真的各个阶段，可使人沉浸其中，对所需解决的问题有清晰的认识，而不必单纯被动地去观察仿真的结果，使模型的建立和验证更加方便。

虚拟仿真系统为水利工程规划设计提供了一个全新的研究平台，具有安全、经济、可控、便于观察、便于参与、实用、无破坏性、可多次重复、整体性等特点，可以对各种决策的效果与作用进行分析比较，以做出科学合理的选择，为宏观决策和项目管理提供快速、系统、准确的信息与技术支持，大大提高各项工作的及时反应能力和决策水平。

当今时代，信息化进步前所未有，云计算、物联网、移动互联、大数据等新兴信息技术正在深入影响着社会各行业的发展。通过泛在感知，识别、定位、跟踪、监控和管理更加智能化；通过虚拟化资源，资源扩展、配置、利用、运行、维护、管理更加便捷化和集约化；通过知识化处理，管理、决策、评估、监督更有科学依据；通过互联网，信息共享更为便利。这些新技术日益成为创新驱动发展的先导力量，逐步改变着人们的生产生活，深入影响着经济社会的发展，也将促使水利信息化发生新的变革。

基于以上背景，通过调研国内水库的管理现状和实际需求，亟需采用统一系统架构和平台，大力开展面向各级水管单位的、可辅助于水库安全运行管理和决策的水库大坝管理信息化系统的研发和应用。实现水库各类信息资源的数字化、网络化、集成化、智能化,提高水库的安全运行管理能力、科学调度水平以及综合决策能力,可缓解我国水库现场运行管理中存在的运行维护资金有限、管理人员技术水平参差不齐等问题,为各级水库大坝管理单位提供一套经济实用、自动化程度高、专业性强、覆盖面广、集成度高的一体化解决方案,从而形成"互联网+水利"的水库大坝管理信息化新形态。

　　为此,本书根据我国水库大坝管理的现状和实际业务需求,结合水库大坝管理信息化的实践,对水库大坝管理信息化进行总结和研究,以供读者借鉴。

本章参考文献

[1] 中华人民共和国水利部.中国水库名称代码:SL 259—2000[S].北京:中国水利水电出版社,2001.

[2] 中华人民共和国水利部.第一次全国水利普查公报[R].北京:中国水利水电出版社,2013.

[3] 谭界雄,王秘学,蔡伟,等.水库大坝水下加固技术[M].武汉:长江出版社,2015.

[4] 佘雁翎,万玉秋,钱新,等.从媒体价值取向的演变分析我国水库大坝管理理念的发展[J].中国农村水利水电,2009(6):117-120.

[5] 杨正华.我国的水库大坝安全管理[R].南京:第五届全国水利工程渗流学术研讨会,2006.

[6] 中华人民共和国水利部.2014 年全国水利发展统计公报[R].北京:中国水利水电出版社,2014.

[7] 中华人民共和国水利部.土石坝安全监测技术规范:SL 551—2012[S].北京:中国水利水电出版社,2012.

[8] 中华人民共和国水利部.混凝土坝安全监测技术规范:SL 601—2013[S].北京:中国水利水电出版社,2013.

[9] 谢伟魏,李保健,王森,等.我国水库调度管理存在的问题及对策[J].水电能源科学,2012(9):59-62.

[10] 国家质量技术监督局.大中型水电站水库调度规范:GB 17621—1998[S].北京:中国标准出版社,1998.

[11] 中华人民共和国水利部.水利部关于深化水利改革的指导意见[J].水利发展研究,2014,14(2):1-5.

第2章 水库大坝管理信息化的主要技术

水库大坝管理信息化是将现代信息技术应用于大坝管理,实现大坝管理信息在水利行业内共享和社会范围内有限共享,使大坝管理最大限度地造福社会的持续过程,是水利信息化的重要内容之一。

近年来,随着信息技术、通信、网络等技术和硬件设备的迅猛发展,信息化在水库大坝运行管理中的优点越来越明显,水库大坝管理信息化主要有以下技术。

2.1 数据采集技术

2.1.1 数据采集基本概念

为了实现对雨量、水位、流量、渗流、变形、应力等物理量的观测以及视频信息采集,需要先通过传感器把上述物理量转换成能模拟物理量的电信号(即模拟电信号),再将模拟电信号经过处理转换成计算机能识别的数字量,这就是数据采集。用于数据采集的成套设备称为数据采集系统(DAS,data acquisition system)。

信息化总离不开数据采集。数据采集是电子测量过程中了解被控对象的一种必要手段。数据采集系统已广泛应用于国民经济和国防建设的各个领域,并且随着科学技术的发展尤其是信息化技术的广泛应用,数据采集技术将有更广阔的发展前景。

数据采集的主要技术指标是采集速度和精度。采集速度主要与采样频率、A/D转换速度等因素有关,而采集精度主要与 A/D 转换器的位数有关。对任何物理量而言,为了使测试有意义,都要求有一定的精确度。在管理信息化系统中要根据具体的需要,兼顾采集速度和精度,提高工作效率和水平。

2.1.2 数据采集系统基本组成

数据采集系统包括硬件和软件两大部分。硬件部分又可分为模拟部分和数字部分[2],硬件基本组成见图2.1.1。

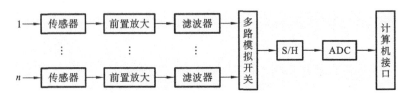

图 2.1.1 采集系统硬件基本组成示意图

数据传感器是按一定规律将被检测数据转换成便于进一步处理的物理量(一般为电压、电流、电脉冲或电阻)的器件。理想的传感器能把非电的物理量转变成模拟电量(如电压、电流或频率),例如使用热电耦、热电阻可以获得随温度变化的电压;转速传感器常把转速转换为电脉冲等。通常把传感器输出到 A/D 转换器输出的这一段信号通道称为模拟通道。

放大器的作用是放大和缓冲输入信号。由于传感器输出的信号较小，例如常用的热电耦输出变化往往在几毫伏到几十毫伏之间；电阻应变片输出电压变化只有几毫伏；人体生物电信号仅是微伏量级。而 A/D 转换器满量程一般为几伏，如 5 V 或 10 V，为了有效利用 A/D 转换器的最大分辨率，需要将低电平信号进行放大，起这种放大作用的放大器叫电平放大器或数据放大器。此外，还要求放大器能抑制干扰和降低噪声并满足响应时间的要求。由于各类传感器输出信号的情况各不相同，所以放大器的种类也很繁杂。例如为了减少输入信号的共模分量，就产生了各种差分放大器、仪用放大器和隔离放大器；为了使不同数量级的输入电压都具有最佳变换，就有量程可以变换的程控放大器；为了减少放大器输出的漂移，则有斩波稳零和激光修正的精密放大器。

传感器和电路中的器件常会产生噪声，人为的发射源也可以通过各种耦合渠道使信号通道染上噪声，例如工频信号可以成为一种人为的干扰源。这种噪声可以用滤波器来衰减，以提高模拟输入信号的信噪比。

在数据采集系统中，往往要对多个物理量进行采集，即多路巡回检测，这可通过多路模拟开关来实现。多路模拟开关(MUX)的作用是将各通道输入的模拟电压信号，依次接到放大器和 A/D 转换器上进行采样，所以也叫采样器。多路模拟开关可以使许多输入通道共用一套低电平放大器，从而降低系统的成本。多路模拟开关可以分时选通来自多个输入通道的某一路信号，因此在多路开关后的单元电路(如采样/保持电路、A/D 转换电路及处理器电路等)只需一套即可，从而节省成本和缩小体积。但多路模拟开关仅仅在物理量变化比较缓慢、变化周期在数十至数百毫秒之间的情况下较合适，因为这时可以使用普通的数十微秒 A/D 转换器从容地分时处理这些信号。当分时通道较多时，必须注意泄漏及逻辑安排等问题；当信号频率较高时，使用多路分路开关后，对 A/D 转换器的转换速率要求也随之上升。在信号频率超出 40 Hz~50 kHz 范围时，一般不再使用分时的多路开关技术。模拟多路开关有时也可以安排在放大器之前，但当输入的信号电平较低时则要注意其类型。

模拟通道的转换部分位于模拟开关之后，包括采样/保持电路和 A/D 转换电路。采样/保持电路能够快速获取模拟多路开关输出的采样脉冲，并保持幅值恒定，以提高 A/D 转换器的转换精度。若要实现对瞬时信号进行同时采样，可以把采样/保持电路放在模拟多路开关之前(每道一个)。

将采样/保持器输出的信号传送至 A/D 转换器，A/D 转换器是模拟输入通道的关键电路。由于输入信号变化速度不同，系统对分辨率、精度、转换速率及成本的要求也不同，所以 A/D 转换器的种类也较多。早期的采样/保持器和 A/D 转换器需要数据采集系统设计人员自行设计，目前普遍采用单片集成电路，有的单片 A/D 转换器内部还包含有采样/保持电路、基准电源和接口电路，为系统设计提供了方便。

A/D 转换的结果传送给计算机的方式有并行码输出及串行码输出。其中，使用串行码输出结果的方式对长距离传输和需要光电隔离的场合较为有利。

2.1.3　数据采集技术在信息化系统的应用

水库大坝管理基础数据的采集分空间数据采集和属性数据采集两部分。

空间数据采集根据实际需求和目的进行。对于相对较为小型的、覆盖流域面积小且工况较为简单的水库大坝，可以直接使用高分辨率卫星影像与 1：50000 DEM 结合工程地形图等资料，通过空间数据的整理入库，形成基础的空间数据库。对于大中型或重点监测的水库大坝,由于涉及流域及大坝上下游受影响面积大,水库大坝控制系统及设施复杂,对其进行监测管理的流程较多、面积和范围也较广,可采用最新的航拍数据。一般而言,采用近年较为流行的无人机航拍方式可以较低成本快速获取整个水库大坝流域的空间信息。在地面控制的基础上,结合已有的部分工程资料,能满足大中型水库的较高空间信息采集要求。另外,在要求不高以及条件允许的情况下,也可以使用当前流行的网络地图引擎(GOOGLEMAP、天地图等)作为基础空间信息的底图,以在线或下载本地方式使用。

水库大坝属性数据包括基本数据和监测数据,基本数据包括流域和社会经济概况、工程和水文概况、水情和工情监测系统概况以及历次病险及处置情况。

水库大坝基础数据采集涵盖了多种不同的数据源,包括地形地貌数据、监测数据、交通、基础设施等。但一个基本的特点是,大部分数据都具备地理位置的概念,因此必须通过统一的位置坐标将这些多源数据整合到一个框架或场景下,便于查询、统计和分析。

根据数据结构的差异可以将地形三维显示的数据分为栅格数据与矢量数据,其中栅格数据主要是数字高程模型(DEM)与纹理图像数据,矢量数据主要有等高线、地形特征点以及相关要素数据(如河流、道路等)。DEM 是地形三维显示中最重要的数据,可以通过等高线、地形特征点等矢量数据生成,纹理图像数据主要是各种数字遥感图像。

1)DEM 数据获取方法

目前,DEM 数据的主要获取方法有以下 4 种。

(1)地面直接测量

该方法适用于大比例尺、精度要求高、采集面积范围较小的情况。数据是通过使用自动记录的测距经纬仪(如全站经纬仪)在野外实测获得的。虽然利用地面直接测量可以获得精度较高的 DEM 数据,但是在实际操作中,工作强度大,且范围小。

(2)已有地图数字化

该方法是利用手扶跟踪数字化仪或扫描数字化仪对现有的空间地理信息(如等高线等)进行数字化处理。随着采集技术的不断发展,扫描数字化仪已逐渐取代了手扶跟踪数字化仪,不仅采集速度较快,且易于进行大批量作业。

(3)空间传感器

该方法是利用全球定位系统 GPS,结合雷达与激光测高仪进行数据采集,如 SAR/InSAR 技术(合成孔径雷达与合成孔径雷达干涉技术)。

(4)数字摄影测量方法

数字摄影测量是通过使用立体测图仪及解析测图仪等自动化或半自动化的测量系统来获取 DEM 数据的。但是,利用该方法获取数据成本较高,且需要专业设备与专业操作人员。

2)数字正射影像(DOM)采集

DOM 的采集方法主要有以下 2 种。

(1)卫星影像

对于高精度的卫星影像,可采用已有的存档数据,通过购买方式获取。精度较低的可以通过互联网开放资源直接下载。

(2)数字摄影测量方法

与 DEM 数据采集方式一样,在通过摄影测量方式获取 DEM 的同时获取正射影像。

3）影像数据标准化整合方法

影像数据标准化的主要内容是对水库大坝所属流域栅格源数据中的栅格数据如卫片、航片等遥感类型进行数据处理，包括进行一系列的影像处理操作，如几何校正、投影转换等，最终形成符合要求的大坝监控所需的影像数据。影像数据标准化整合流程见图 2.1.2。

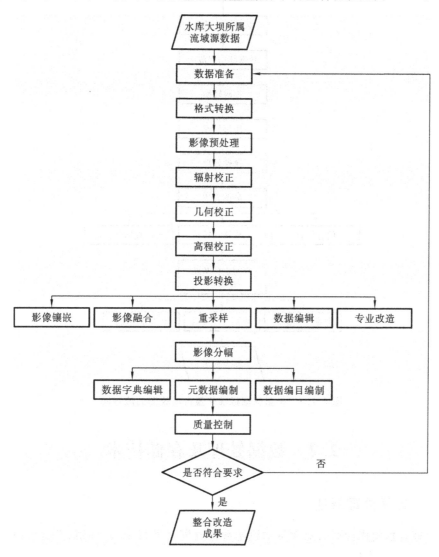

图 2.1.2　影像数据标准化整合流程图

4）矢量数据标准化整合方法

矢量数据标准化包括从水库大坝所属流域矢量数据源的获取，数据格式及编码转化到后期数据入库管理，最终形成矢量数据字典、数据目录、矢量元数据库。矢量数据标准化整合与改造的流程见图 2.1.3。

对于各种水文数据的采集，可通过在水库大坝上布设一定量的雨量计、水位计和测速仪，实现对水库大坝及所在上游库区的降雨量、水库的上下游水位、出入库流量等物理量的自动采集。对于各种监测数据可通过布设测量机器人、渗压计、应变计，实现对表面变形、渗压、应力等物理量的自动采集。闸门开度则可通过布设闸门开度仪来监测。

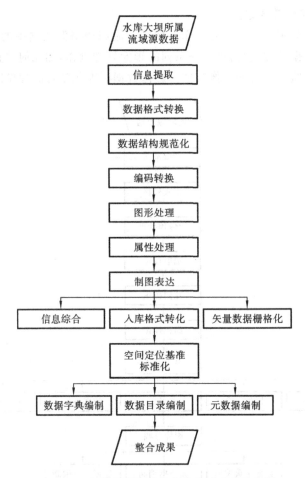

图 2.1.3　矢量数据标准化整合与改造的流程图

2.2　数据处理及存储技术

2.2.1　数据处理概述

数据处理是指使用计算机对大量的原始数据或资料进行录入、编辑、汇总、计算、分析、预测、存储管理等的操作过程。

数据处理的基本内容如下：

① 对所需的数据进行收集整理，按一定的格式输入，并保存在存储介质上。

② 在输入数据过程中，对原始数据进行检查、逻辑判断、查错、修改和简单的算术运算。

③ 对录入的数据进行分类、合并、逻辑校正、插入、更新、排序检索等操作。

④ 对数据汇总、分析、制表打印、存档等。

⑤ 建立信息数据库，便于今后使用。

数据处理的硬件平台为计算机和终端设备等，而软件平台包含操作系统和数据库两方面。目前，常用的操作系统有 Microsoft 系列操作系统和 Unix/Linux 操作系统，常用的数据库系统有 Oracle、SQL Server、Sybase、Informix、Visual FoxPro 等。

2.2.2　数据处理在信息化系统的应用

在水库大坝管理信息化系统中,数据经现地采集终端采集,并通过有线/无线传输方式传送到监控中心后,按照一定的数据处理方式汇编、存储、输出打印等。

系统的数据库包括基础数据库(地理信息、水库基本信息、社会经济信息、监测测点考证信息等)、监测数据库(气象数据、水雨情数据、大坝安全监测数据、巡检数据、视频数据、灾情数据等)、模型方法库(相关分析、回归分析、资料整编分析、洪水预报调度模型等)、知识库(规程规范、管理法规、专业决策分析标准及预案等)、综合数据库(水库维修养护、水库大坝管理考核、系统用户等)。

数据库系统上配置独立于操作系统的用户管理和权限管理,只有授权的用户才可以访问数据库,用户对数据表的访问(如查看、修改、维护等)也受权限的严格制约。

各系统的业务数据能定期或不定期地对数据资源进行增量备份或完备备份,并提供人工备份的功能,以保障数据的安全存储。

需要着重指出的是信息管理系统中的数据组织方式。由于采用数字地球方式对水库大坝所属流域地理数据进行组织,在高分辨率地形和影像数据支持下,空间数据常达几百 GB,对于面积较大的流域甚至达 TB 级的容量。在网络环境下实现如此庞大的数据量传输,并满足实时绘制要求,对数据的组织与检索效率提出了很高的要求,因此,靠单幅图处理已难以实现,需要对区域空间数据进行分割,使用分幅的概念来管理海量数据。通常采用经纬线分幅或规则矩形分幅两种方法来组织海量数据。这种利用计算机对空间数据实施分层、分块的组织方法常称为四叉树结构或金字塔数据结构,处理算法主要包括四相邻高程点合一的金字塔技术与高斯金字塔算法。通过建立空间数据金字塔模型,不同的区域可以调用不同分辨率纹理影像数据与 DEM 数据,实现动态交互绘制三维地形图,既保证了地形显示精度要求,又保证了高效的显示速度。瓦片金字塔模型通过使用不同的分辨率或细节层次数据来描绘场景中的各类物体,目前已发展到使用多个不同层次细节模型来构造数字地球的表面地形,即多分辨率 LOD。在同一个三维场景下,当采用不同的层次数据来展示地形时,显示区域与视点的距离关系决定了 LOD 级别,且随视点的移动会自动匹配对应的级别。空间数据的瓦片金字塔模型即是通过逐级放大的方法,构建了一个多级多分辨率的层次模型。模型中各个层次的地图分辨率以 2 的倍数从顶向下依次扩大。可见,原始空间数据对应着一张栅格图像,作为金字塔的顶层,也即是第 0 层的瓦片数据。随后在第 0 层的基础上,按 2×2 网格逐级细分,直到生成需要的层数为止,即构成了空间数据瓦片金字塔。对空间数据进行分块的原则一般从左上角开始,遵循由左向右、从上到下的顺序;对瓦片的编码应同步于空间数据分层、分块过程,依次从第 0 层开始;对每一层的每一块进行编码,一般也是按照"由左向右,从上到下"的原则。由于第 0 层只有一块瓦片,其编号为 0,其余瓦片的编号逐个递增。针对水库大坝流域的瓦片金字塔模型构建过程可以分为入库前与入库后两阶段,入库前是整理流域涉及的所有几何空间地理图层,统一投影坐标及选定显示比例,其中,选择合适的比例尺范围是实现地图在各个比例级别条件下都具备良好显示效果的关键。同时,在构建流域数据瓦片金字塔时要特别注意分级比例尺、图块大小与显示精度 DPI 的控制,其中分级比例尺最为关键。如果比例太少,会造成信息不全或较差的显示效果,但是过多或添加不必要的比例,则会增加瓦片金字塔的创建时间,且加重数据传输负担。此外,完成后的瓦片地图数据,除非重建或更新金字塔模型,否则无法更改地图数据。

多分辨率模型通常采用树形结构来构建,考虑到四叉树节点可以保存对应的瓦片层号与编码信息,在数据动态调入和释放时内存开销较小,因此对海量空间数据的索引采用四叉树结构实现。四叉树是一种具有严格层次结构的树形组织,其每个非叶子节点最多只有四个分支。瓦片金字塔模型与四叉树结构之间具有很多相似之处,容易相互转换,并且使用四叉树表示地形,可以通过子节点的省略达到压缩数据的目的。在构建线性四叉树瓦片索引时,应注意必须同瓦片金字塔模型相对应,并且始终保持瓦片编码与四叉树节点编码的一致性。此外,四叉树的每个节点都代表瓦片金字塔中的一块瓦片数据,即一张图片。父节点由四个子节点的图片合并而成,表示同一区域图片,但是父节点的图片分辨率要小于四个子节点的图片分辨率,通常为子节点图片分辨率的一半。因此,当需要调用不同分辨率的空间数据时,只需要确定对应层次的节点编码即可实现。基本的数据组织方式和结构见图 2.2.1。

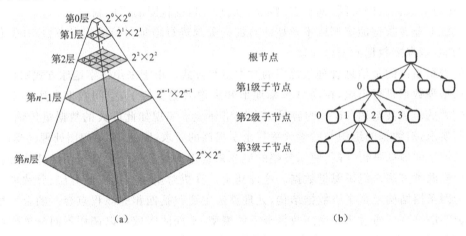

图 2.2.1　海量栅格数据组织方式

(a) 数据分层分块组织;(b) 四叉树结构

针对实时数据,可通过后台配置的业务规则判断数据是否越限,对超出预设范围的数据进行预警提示,并通知相应水库的责任人,由其核实并处理,关闭警告或上报。基于采集的数据,可通过各功能模块实现实时数据监测、实时状态报警、运行状态预警、历史过程查询、专业分析诊断、调度决策支持、图形图表绘制、报表自定义和整编报告生成等功能。

2.3　数据通信技术

2.3.1　定义

所谓数据通信是指操作员利用终端设备,通过线路与远端计算机交换信息的过程,或者计算机之间交换信息的过程。数据通信可以采用数字信道和载波信道传输。数字传输是为各种通信业务(电报、电话、数据、传真等)提供的一种与模拟传输不同的传输形式。

数据通信中的信号传输过程一般需要有数/模转换装置与模/数转换装置。在远距离传输前进行编码,然后在计算机或数据通信机接收前进行译码,输入为模拟信号(连续性信号),接收或输出信号也为模拟信号。数据传输的基本原理见图 2.3.1。

数据通信系统主要有三大部分:数据终端设备、数据传输设备和数据处理设备。

数据通信网络由三部分组成:发送端、介质和接收端。发送端是发送信息的设备,又称发

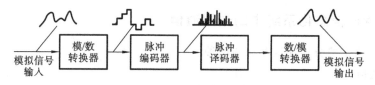

图 2.3.1　数据传输原理

送器;介质用于传送数据,连接发送端和接收端,介质可以是铜线缆、光缆或无线电波;接收端是接收信息的设备。

2.3.2　通信技术的发展

20 世纪 80 年代后期,微电子技术的发展,使得计算机技术和网络技术迅猛发展,同时也与通信技术迅速融合,基于计算机及数字处理的监测系统得到了广泛的应用。远程监测系统通常采用超短波通信、数字微波通信或租用卫星信号等方法实现监测终端与监测中心的通信。由于技术成熟,这些方法在当时具备良好通信效果,不过,也存有许多的局限性,如采用超短波通信、数字微波通信都需要架设中继站,不仅前期投资费用高且后期不易维护,而且随着社会的发展,还存在着频率资源不足等缺陷;采用卫星通信虽能有较广的覆盖面,但存在着对卫星的依赖问题,投资也很大,同时还容易受到其他各方面因素的影响。

近年来我国移动通信系统得到了飞速发展,现在已经进入 4G 时代。虽然 4G 网络覆盖还不完善,但介于传统通信技术与 4G 时代之间的 GPRS 技术已经成熟,在这种环境下基于 GPRS 的监测系统就应运而生了。将 GPRS 技术引入到无线监测系统中,可通过 GPRS 网络实现数据的传输。使用成熟的移动网络进行数据传输,可以节省建网初期的巨额投资,且运营期间无须进行网络维护,运营成本低廉。新的 EDGE 无线协议设计的策略是尽可能地利用 GPRS 的现有协议,以减少对新协议的需求,在 GSM 网络的基础上,完成更高比特率的接近于 3G 性能的数据传输。EDGE 是一种从 GSM 到 3G 的过渡技术,每个符号所包含的信息是原来的 4 倍。EDGE 技术在 GPRS 的射频部分进行改进,支持 20～384 Kb/s 的更高速度传输,并能够与 WCDMA 制式共存,即可以与 3G/4G 系统无缝对接。基于 GPRS(EDGE) 的远程监测系统适合当前移动通信的发展趋势,具有良好的经济性与实用性。几种常用通信方式的优缺点见表 2.3.1。

表 2.3.1　几种常用通信方式优缺点对比表

通信方式	优点	缺点
超短波通信	技术上比较成熟,信号传输质量较好,具有一定的绕射能力	通信距离较短,受地形影响大。当通过丛林地带和建筑物时,会被吸收或阻碍,造成通信困难或中断
PSTN	组网能力强,价格便宜,使用方便	通信实时性差,收发数据间隔时间长
GSM	投资小,组网简单;受地形影响小,抗破坏能力强	通信质量差,受气候影响大,稳定性差
GPRS	利用公网,无须自建和维护通信网;信道使用不受限制,不受地形地貌限制;拓展方便,抗干扰能力强,功耗小,费用低	实际传输速率比理论值低

2.3.3 管理信息化系统中的数据通信

数据通信方式主要分为无线和有线两种。

（1）无线通信

20世纪70年代中期至80年代中期，数据主要采用国外进口的无线超短波设备进行传输。80年代中期后，水利部开始鼓励国内研究所和高校自行研发超短波遥测设备。90年代开始应用超短波、卫星、PSTN有线公网等传输数据，但超短波传输一直扮演非常重要的角色。90年代末期开始，陆续利用INTERNET网络技术和GSM短信方式进行数据传输，但并没有进行大规模推广。

2002年5月，中国移动正式推出了商用的GPRS移动互联网技术，引发了一场新的革命。GPRS是一种基于GSM系统的无线分组交换技术，能提供端到端的广域的无线IP连接。使用者可以通过无处不在的全球移动通信系统，以无线连接的方式，方便、快捷地接入现有的固定IP网络。相对原来GSM拨号方式的电路交换数据传送方式，GPRS通信具有实时和稳定的优点。

（2）有线通信

数据采集单元将采集的各种参数的原始测量值变换成电信号输出，再由RTU/MCU将测得的状态或信号转换成可在通信设备上发送的数据格式。通过GSM/GPRS、卫星通信等方式将转换的数据按设定的传输机制传输到信息接收终端，再通过通信控制软件实时完成遥测信息的接收处理，包括编/解码、差错控制、数据处理，并存入数据库。

对于多个层级间的网络，在预算充足的情况下，可选择租用通信运营商提供的VPN专线网络或建立基于互联网的VPN网络。前者网络质量有保障，可按照网络使用需求申请带宽；后者网络质量难以保障，应按照网络使用需求的2~3倍申请带宽。

2.4 可视化监控技术

2.4.1 概述

视频监控也称图像监控，是利用摄像机进行即时的场景采集，然后通过传输介质传输到远端的监控中心，同时通过在视频采集点配备机械传动装置和电控可变镜头实现对远端场景全方位的观察，达到远程实时监控的目的。图像监控技术主要应用在安全、防卫行业。随着近年来电力企业向无人值班（少人值守）不断推进，图像监控技术在大坝、泄洪洞、溢洪道等各关键水利设施上也得到了广泛应用。图像监控技术已经成为水库管理信息化系统的重要组成部分。

2.4.2 视频编码技术

监控中主要采用MJPEG、MPEG-1/2、MPEG-4(SP/ASP)、H.264/AVC、VC-1、RealVideo等几种视频编码技术。主要指标有清晰度、存储量（带宽）、稳定性及价格等。

（1）MJPEG

MJPEG(MotionJPEG)压缩技术，主要是基于静态视频压缩发展起来的技术，其主要特点是基本不考虑视频流中不同帧之间的变化，只单独对某一帧进行压缩。

MJPEG 压缩技术可以获取清晰度很高的视频图像,可以动态调整帧率、分辨率。但由于没有考虑到帧间变化,造成大量冗余信息被重复存储,因此单帧视频的占用空间较大。流行的 MJPEG 技术监控与视频编码最好的也只能做到 3 KB/帧,通常要 8 KB～20 KB。

(2) MPEG-1/2

MPEG-1 技术主要针对 SIF 标准分辨率(NTSC 制为 352×240;PAL 制为 352×288)的图像进行压缩。压缩位率主要目标为 1.5 Mb/s。较 MJPEG 技术,MPEG-1 在实时压缩、每帧数据量、处理速度上有显著的提高。其缺点是:存储容量过大、清晰度不够高和网络传输困难。

MPEG-2 在 MPEG-1 基础上进行了扩充和提升,和 MPEG-1 向下兼容,主要针对存储媒体、数字电视、高清晰度等应用领域,分辨率为:低(352×288),中(720×480),次高(1440×1080),高(1920×1080)。MPEG-2 视频相对 MPEG-1 提升了分辨率,满足了用户高清晰度的要求,但由于压缩性能没有多少提高,存储容量还是太大,也不适合网络传输。

(3) MPEG-4

MPEG-4 视频压缩算法相对于 MPEG-1/2 在低比特率压缩上有着显著提高。在 CIF(352×288)或者更高清晰度(768×576)情况下,MPEG-4 视频压缩无论从清晰度还是从存储量上都比 MPEG-1 具有更大的优势,也更适合网络传输。另外 MPEG-4 可以方便地动态调整帧率、比特率,以降低存储量。

由于 MPEG-4 设计过于复杂,MPEG-4 难以完全兼容,很难在视频会议、可视电话等领域实现;另外对于中国企业来说还要面临高昂的专利费问题。

(4) H.264/AVC

H.264 是一种视频编码技术,与微软的 WMV9 属于同一种技术,也就是压缩动态图像数据的“编解码器”程序。

一般来说,如果动态图像数据未经压缩就使用的话,数据量非常大,容易造成通信线路故障及数据存储容量紧张。因此,在发送动态图像、把影像内容保存在 DVD 上、使用存储介质容量较小的数码相机或手机相机拍摄影像时,就必须使用编解码器。虽然编解码器有许多种类,但 DVD-Video 与微波数字电视等使用的主要是 MPEG-2,数码相机等摄像时主要使用 MPEG-4。

H.264 最大的作用是对视频进行压缩。H.264 集中了以往标准的优点,在许多领域都得到突破性进展,因此其获得了比以往标准好得多的整体性能:

① 与 H.263＋和 MPEG-4 SP 相比最多可节省 50% 的码率,使存储容量大大降低。

② H.264 在不同分辨率、不同码率下都能提供较高的视频质量。

③ 采用“网络友善”的结构和语法,更有利于网络传输。

H.264 采用简洁设计,使其比 MPEG-4 更容易推广,更容易在视频会议、视频电话中实现,更容易实现互联互通。此外,H.264 可以简便地和 G.729 等低比特率语音压缩组成一个完整的系统。

2.4.3　分辨率

监控行业中主要使用以下分辨率:SQCIF、QCIF、CIF、4CIF、2CIF。各分辨率优缺点如下:

① SQCIF 和 QCIF 的优点是存储量低,可以在窄带中使用,使用这种分辨率的产品价格低廉;缺点是图像质量往往很差,难以被用户所接受。

② CIF 是监控行业的主流分辨率,优点是存储量较低,能在普通宽带网络中传输,价格也相对低廉,图像质量较好,被大部分用户所接受。缺点是图像质量不能满足高清晰度的要求。

③ 4CIF 是标清分辨率,优点是图像清晰。缺点是存储量高,网络传输带宽要求很高,价格也较高。

④ 2CIF(704×288)已被部分产品采用,用来解决 CIF 清晰度不够高和 4CIF 存储量高、价格高昂的问题。但由于 704×288 只是水平分辨率的提升,图像质量提高不是特别明显。

目前,已经研发出 2CIF 分辨率 528×384,比 704×288 能更好解决 CIF、4CIF 的问题。特别是在 512 Kb/s～1 Mb/s 码率之间,2CIF 能获得稳定的高质量图像,满足用户较高图像质量的要求。这一分辨率已被许多网络多媒体广播所采用,被广大用户所接受。

2.4.4　监控系统的组成

视频监控系统是以计算机为中心,数字视频处理技术为基础,利用图像数据压缩的国际标准(JPEG、MPEG-1 或 MPEG-4),综合利用图像传感器、计算机网络、自动控制和人工智能等技术的系统。目前,普遍采用的是数字视频监控系统。数字视频监控是将摄像机获得的模拟电视信号转变为数字视频信号以便于计算机处理,或者由数字摄像机直接输出数字视频信号。在计算机显示器上显示多路活动图像的同时,可将各路信号分别存储于计算机的硬盘内或在网络上进行传输。在实时情况下,每路信号在监视、记录、回放时都能达到最大为 25 帧/s 的活动图像的效果。

数字视频监控系统除了具有传统闭路电视监视系统的所有功能外,还具有远程视频传输与回放、自动异常检测与报警、结构化的视频数据存储等功能。与数字视频监控系统相关的主要技术有视频数据压缩、视频的分析与理解、视频流的传输与质量控制等。

数字视频监控系统输入模拟视频信号,数字化后进行图像压缩,然后进行存储、传输及相关控制处理。数字视频监控系统将视频图像保存在硬盘里存储的功能就是 DVR(digital video recorder,数字视频录像),这种设备被称为数字视频录像机或硬盘录像机。数字视频监控系统将图像通过网络传输到远方的其他计算机终端的功能就是 DVS(digital video servers,数字视频服务器)。数字视频监控系统将控制指令送往受控设备,如控制云台的上下左右,摄像机的聚焦、远近和变焦,摄像机雨刷、红外、开关等,这些功能就是 DVC(digital video control,数字视频控制)。

(1) 视频采集点

视频采集点由前端采集设备组成,最基本的配置为摄像机、镜头、防护罩等。活动视频采集点还需要云台、解码器,同时镜头需要具备可变功能。根据所处位置,室外防护罩还应具备恒温控制装置及雨刷。

(2) 视频中继点

视频中继点是视频采集点的接入装置,能够对视频采集点实现云台、镜头及辅助设备的远程控制,集视频切换矩阵、画面处理器、音视频编解码器、硬盘录像机、网络通信接口等多种设备功能。通过以太网接口把汇集到不同视频中继点的视频采集点形成逻辑上的一个整体视频系统,可突破视频电缆 500 m 传输瓶颈,有效地拓展视频监控范围。

(3) 监控中心点

监控中心点包括监控中心服务器和监控工作站。监控中心服务器一般为一台服务器,安装了服务器端软件,通过设置系统策略实现对视频监控系统的存储、查询、录像回放等功能。

监控工作站为网络内的任何一台计算机,通过运行客户端软件对用户安全进行认证并对各视频采集点进行监控。

2.4.5　可视化监控在大坝管理信息化中的应用

大坝管理信息化系统中,视频监控模块依托水库大坝管理规章制度及管理体系,利用监控技术与信息技术的优化结合,基于现场测控网络、计算机局域网和互联网三级网络,形成水库大坝运行管理单位与水库主管部门间互联互通的大坝安全保卫体系。

视频监控点是系统的眼睛,无论在日常运行管理,还是在应急响应中都具有至关重要的作用。目前,很多水库大坝已建有视频监控系统,在枢纽区、管理区、库区布设了监控点,配备了可旋转云台,实现了对大坝各个场景的全方位监控。

在水库大坝管理中,视频监控的功能主要包括:

① 生产监控。用于监控工程的实时状况、生产情况等,例如水工建筑物、闸门启闭机运行情况监控等。

② 安保监控。用于水库大坝周界安全防范的监控。

③ 视频会商。应急情况下,不同层级间,同层级不同部门间,同部门不同人员间采用视频共同协商应对问题。

视频监控模块主要实现对水库的实时图像监控,以实现对水库的动态管理和快速反应。在硬件设备支持的前提下,系统也可以获取视频终端录制的历史视频进行在线点播。视频监控功能模块结构见图 2.4.1。

（1）实时监控

该功能用于查看当前水库的各视频监测点的实时图像信息。通过实时监控信息的综合集成展示,管理人员能以最便捷、最直观的方式掌握水库大坝的运行状态。

（2）历史查询

对于支持录像或保存图片的视频监控系统,该功能主要用于查询本地视频监控录像资料。如在闸门监控中,可查看闸门开关的历史操作记录,便于追踪开闸放水的情况。

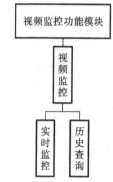

图 2.4.1　视频监控功能
模块结构图

2.5　空间信息技术

2.5.1　GIS 技术概述

地理信息系统(geographic information system,GIS)是融合计算机图形和数据库于一体,用来存储和处理空间信息的高新技术。GIS 把地理位置和相关属性有机地结合起来,能根据用户的需要将空间信息及其属性信息准确真实、图文并茂地输出给用户,满足城市建设、企业管理、居民生活对空间信息的需求。用户可借助 GIS 独有的空间分析功能和可视化表达功能,进行各种辅助决策。

GIS 能够帮助人们将电子表格和数据库中无法看到的,数据之间的模式和发展趋势以图形的形式清晰直观地表现出来,进行空间可视化分析,实现数据可视化、地理分析与主流应用的有机集成,从而满足管理决策多维性的需求。GIS可以将晦涩抽象的数据表格变为清晰简明的彩色地图,以便进行科学决策和调度。

GIS作为计算机科学、地理学、测量学、地图学等多门学科综合的一种边缘性学科,近年来发展迅速,已广泛应用在国内外的大坝监测领域。典型的应用如:加拿大紧急事务管理局以ArcView GIS技术为基础,集成多种成像技术,建立了洪水应急遥感信息系统(FESIT);澳大利亚国立大学基于GIS技术平台开发的洪水损失评估系统(ANUFLOOD),主要应用于对水资源和相关环境影响的研究;意大利和法国较早开展了大坝安全监控系统的研发,先后开发了大坝监测数据处理系统和MIDAS系统;美国田纳西流域管理局将GIS技术广泛应用于流域各种空间和地理数据的技术处理,建立了全流域的可视化信息系统,并结合各种流域管理和规划方案,提供了面向政府、社会的决策支持服务。

2.5.2 GIS在大坝信息化系统中的应用

在大坝信息化系统中,借助于地理信息系统,结合水库大坝管理的实际业务,实现了基于地理信息的快速、直观地查询、展示水库的地理位置、各建筑物的分布、各类监测点及断面的布设情况等功能。借助地图的直观性、全局性,水库的超限报警、水雨情、安全监测、闸门信息等水库大坝管理重点关注的实时信息可在地图上叠加展示。

(1)地图浏览

地图浏览主要提供地图漫游、定位、图层管理、信息标注、几何量测、地图查询等功能。

(2)基础地理信息查询

将水库的基础要素如主副坝、灌区、各类测点、摄像头等在地图上进行标记,并将各要素的属性信息以弹出窗口的形式进行展示,以便水库大坝管理人员快速的查找、查看。

(3)测点信息查询

针对水库的水雨情、安全监测、水质、闸门、出入库流量等实时信息,通过测点信息查询,在地图上可将其实时值进行标识显示,并根据其测值的颜色标识为正常、异常、报警等状态。

(4)报警信息

在预警分析结果的基础上,预警发布面向更广泛的管理人员,在一定规则支持下,通过短信和邮件方式进行内部预警。将水库的雨量报警信息、水位超限信息、灾情信息、巡检检查问题以及安全监测测点超限等各类报警,在地图上以红色辐射状直观提示管理人员进行处置。

2.6 物联网和云技术

2.6.1 物联网技术的定义及应用

物联网[9]是通过各种信息传感设备及系统(传感器、射频识别系统、红外感应器、激光扫描器等)、条码与二维码、全球定位系统,按约定的通信协议,将物与物、人与物、人与人连接起来,通过各种接入网、互联网进行信息交换,以实现智能化识别、定位、跟踪、监控和管理的一种信息网络。

物联网可通过接口与各种无线接入网相连,进而连入互联网,从而给物体赋予智能,可以实现人与物体的沟通和对话,也可以实现物体与物体相互间的沟通和对话。该信息网络对物体具有全面感知能力,对数据具有可靠传送和智能处理能力。

物联网被很多国家称为信息技术革命的第三次浪潮,有专家预言,未来 10 年间,物联网一定会像现在互联网一样高度普及。物联网的产业链大致可分为三个层次,首先是传感网络,以二维码、RFID、传感器为主,实现"物"的识别;其次是传输网络,通过现有的互联网、广电网络、通信网络或者未来的 NGN(next generation network,下一代网络),实现数据的传输与计算;最后是应用网络,即输入输出控制终端,可基于现有的手机、PC 等终端进行。

物联网用途广泛,遍及智能交通、环境保护、政府工作、公共安全、平安家居、智能消防、工业监测、农业管理、老人护理、个人健康等多个领域。在国家大力推动工业化与信息化两化融合的大背景下,物联网将是工业乃至更多行业信息化过程中一个比较现实的突破口。目前,物联网已经在行业信息化、家庭保健、城市安防等方面有实际应用。

2.6.2　云技术

云技术是指在广域网或局域网内将硬件、软件、网络等系列资源统一起来,实现数据的计算、储存、处理和共享的一种托管技术。云技术(cloud technology)是基于云计算商业模式应用的网络技术、信息技术、整合技术、管理平台技术、应用技术等的总称,可以组成资源池,按需选用,灵活便利。

云计算技术将变成重要支撑。技术网络系统的后台服务需要大量的计算、存储资源,如视频网站、图片类网站和更多的门户网站。伴随着物联网行业的高度发展和应用,将来每个物品都有可能存在自己的识别标志,都需要传输到后台系统进行逻辑处理,不同程度级别的数据将会分开处理,各类行业数据皆需要强大的系统后盾支撑,这些只能通过智能云计算来实现。

最简单的云计算技术在网络服务中已经随处可见,例如搜寻引擎、网络信箱等,使用者只要输入简单指令即能得到大量信息。

2.6.3　云计算与物联网的关系

云计算和物联网之间的关系可以用一个形象的比喻来说明:"云计算"是"互联网"中的神经系统的雏形,"物联网"是"互联网"正在出现的末梢神经系统的萌芽。

物联网就是物物相连的互联网。物联网的核心和基础仍然是互联网,是在互联网基础上延伸和扩展的网络;其用户端延伸和扩展到了任何物品与物品之间的信息交换和通信。

物联网的两种业务模式:

① MAI(M2M application integration),内部 MaaS。

② MaaS(M2M as a service),MMO,Multi-Tenants(多租户模型)。

随着物联网业务量的增加,对数据存储和计算量的需求将带来对"云计算"能力的要求:

① 从计算中心到数据中心在物联网的初级阶段,POP 即可满足需求。

② 在物联网高级阶段,可能出现 MVNO/MMO 营运商(国外已存在多年),需要虚拟化云计算技术,通过 SOA 等技术的结合来实现互联网的泛在服务——TaaS(everyTHING as a service)。

物联网就是无线射频传感器组成的网络,使用的是无线传输技术,包括 NFC,RFID 等技术,目前各个国家有不同的标准。云计算用于信息存储和计算的设备,将来会和物联网整合,成为一个整体,数据的采集和调用由物联网内的各个设备完成,数据存储在云端,并由物联网手机调用。

随着物联网技术的不断成熟,可以说在未来几年,物联网将是极具突破性发展的一个市场。大数据和传感器技术的突飞猛进将引领互联网设备和家庭自动化设备的发展,而云计算技术被应用于大数据的处理上,更是让物联网如虎添翼。

在现在的很多真实物联网方案当中,分布式的云计算应用模式能够有效地将信息进行整合,从而实现用户访问的高可用性。流服务可能是原始传感器信息的来源,是一个对保存在其中的传感器信息进行非实时分析的数据库的输入。

基于物联网的分析云平台是将很多有效数据进行关联,从而为用户提供更为全面的服务,就好像用于交通管理和控制应急车辆信号的物联网模式,都是利用控制传感器数据进行信号控制的。从本质上来说,物联网分析云就是 SaaS(software as a service),可被用作面向服务架构的进程或 REST 资源。也可类似地使用控制云组件,而所有的数据库管理服务也能以 REST 的方式进行建模。

无论是物联网还是云计算,用户对数据需求量的增加已经成为了现在 IT 行业的一大趋势。然而对于企业来说,基于物联网和云平台的服务模式已经在企业内部逐渐扩张,未来的云平台与物联网模式之间的联系也将变得更加紧密。

2.7 网络及系统安全技术

系统通过数据同步服务采集了水库的水位、雨量、渗流、渗压、变形等大量监测信息,系统本身也产生大量的信息(如巡检记录、维修养护、上报情况等)。若遭受偶然的或恶意的破坏、更改,系统将无法连续可靠正常地运行,不能发挥安全管理的功能,甚至危及水库大坝的安全。因此,为保障系统的安全和稳定运行,系统的设计、实施必须充分考虑硬件系统、操作系统、数据库以及网络的安全性以及可靠性,并针对可能出现的问题采用相对应的预防措施进行安全性防护[10]。

2.7.1 系统安全机制

系统应具有拒绝非授权用户访问、合法用户只能访问授权的功能模块等安全机制,并具有完善的日志文件来记录用户操作,包括用户登录,用户添加、删除、修改数据,上传、下载文件等。

(1)用户和权限管理

对不同的用户按照层级和角色配置权限。用户需正确输入用户名和口令才能进入应用系统。若在一段时间内多次输入错误口令,用户将被锁定,除非管理员解锁,否则用户即使再次输入正确口令也将被拒绝登录。部分应用提供锁定功能,当用户在一段时间内无操作,系统将自动为用户锁住屏幕,当用户操作时需再次输入正确的口令。

(2)程序资源访问控制

用户登录后,应用系统根据用户的权限,设置客户端软件的界面。界面上呈现出所有的菜单、操作按钮和导航树等,但只有与该用户权限相符的才可用,其他的均不可用(显示为灰色的菜单项或操作按钮)。

(3)功能性安全

用户在应用系统上操作时,将根据业务流程对操作记录做校验和审核。

(4)运行监控

应用系统对服务器端的服务进行监控,若某些服务停止工作,监控系统会向管理员发出警告,以及时修复,保障应用系统的正常运行。

（5）日志与审计

系统内置日志功能,用户在应用系统上的每个有效操作,将被记录在日志中,并加盖时间戳。这些日志保存期较长,且不能人为修改。在操作期间和操作完成后,具备权限的用户可对日志进行审计,以及时发现安全问题并整改。

2.7.2　数据存储及使用安全

各系统的业务数据能定期或不定期地对数据资源进行增量备份或完备备份,并提供人工备份的功能,以保障数据的安全存储。

数据库系统上配置独立于操作系统的用户管理和权限管理,只有授权的用户才可以访问数据库,用户对数据表的访问（如查看、修改、维护等）也受权限的严格制约。

对访问数据库的用户和访问过程实施监控,建立完善的分级授权访问控制体系,保障信息使用安全。

若需要将监测数据传输至上级管理部门或其他单位,需采用 VPN 专用网络传输,保障数据传输安全。

2.8　移动终端采集与显示技术

2.8.1　移动终端采集技术及应用

移动数据采集终端（portable data terminal,PDT）,也称为便携式数据采集器或手持终端（hand-hold terminal,HT）,是集数据采集、数据处理、数据通信等功能于一体的高科技产品,相当于一台小型计算机。其硬件上具有计算机设备的基本配置——CPU、内存和各种外设接口；软件上具有计算机运行的基本要求——操作系统、应用程序等。该设备支持手动录入数据信息或扫码录入,可将采集到的数据传送并导入到信息管理系统的数据库中。作为计算机网络的功能延伸,该设备可满足人们对各种数据和信息移动采集或处理的要求。

在大坝管理方面,传统巡视检查主要使用手工记录的方式执行,水库巡检人员通过填写纸质表格记录巡检情况。此方式主要存在以下问题：一是巡检记录不能及时上报、分析,效率比较低；二是不能考核巡检人员是否按时、按规定路线执行巡检；三是不支持图像、录像、录音等多种记录方式,难以适应现代管理的需求。随着技术的发展,智能手机和智能平板等移动终端不断升级,已具有支持文字输入、拍照、录像、GPS 定位和无线传输的能力,并且便于携带,能够很好地胜任日常数据录入、巡视、查询等基本任务。

利用移动终端设备即可完成数据的采集、处理、发送,无须另配计算机和软件；使用 AT 指令控制 GSM（全球移动通信系统）无线模块发送短信,GSM 模块以无线方式与短信服务中心通信,从而将短信发送至用户移动终端。移动终端设备安装有关应用软件后可实现以下功能。

（1）根据规范要求的路线、频次检查项目

大坝现场工作人员携带移动终端（如智能手机、智能平板）开展巡视检查工作,将巡检当天的水位、人员、天气等基础信息,以及各巡检项目的检查情况录入管理信息化系统,内容包括文字描述、图像、视频以及音频等,并可自动生成巡检报告。工作人员可通过移动终端对巡检检查记录进行条件查询,条件包括起止时间、是否存在异常等,巡检报告包括巡查时间、人员、位置、现场照片、巡检问题等。

（2）应用移动终端执行巡检，进行精细化管理

通过移动巡检应用可实现巡查任务的无纸化办公、实时监控和精细化管理。巡检人员使用移动客户端能轻松完成日常巡检工作；使用内置的巡检模板，执行标准化流程，可自动生成巡检报告；充分利用移动客户端的相机功能拍摄现场照片和视频，作为报告的一部分上呈，更具直观性；外业的巡检人员发现可疑情况时，可通过移动客户端迅速创建事件并上传到服务器请求处理。

（3）GPS与条形码技术并用，确保按时、到位执行巡检任务

为确保水库工作人员能够按照相关规范要求的频次、巡视检查路线以及关键巡视检查项目，按时、到位执行巡视检查任务，使水库大坝管理人员能掌握巡视检查的实际执行情况，获取水库的运行管理状态，在移动巡检应用开发中，引入了GPS技术以及条形码技术，实现了对巡查人员任务执行情况的跟踪与考查。如果水库大坝现场有GPS和无线网络覆盖，通过移动巡检应用来记录该移动终端的位置点，可实现对巡检位置和路线的跟踪；对于水库大坝无法使用GPS进行定位的情况，可在水库大坝现场巡视路线关键位置布设一定量的条形码，水库巡检人员通过移动终端扫描相应条形码，识别条形码后，从数据库取出该条形码对应的地理位置点，并记录巡视地理位置点到行动路线中，根据该地理位置点，自动过滤并显示该点比对的测点项和其他目测项，以确保巡视到位。

2.8.2　移动终端显示技术及应用

移动终端显示技术依托不同管理层级系统，通过共用数据库实现与不同管理层级系统的互联互通、实时交互。通过开发一定的应用程序，用户可以摆脱时间和空间局限，随时查看、掌握所需要的信息。如在大坝管理信息化系统中，利用移动终端，可随时查询水库的工程基础信息、实时水雨情信息、实时闸门信息、实时大坝安全监测信息、视频监控、安全预警等信息；为水库安全管理、防汛指挥调度提供辅助决策支持。

水库大坝管理人员利用移动终端实时、动态掌控大坝安全运行与管理状态，为工程管理人员与决策部门提供完备的工程管理与决策信息，大大提高了水库管理信息化水平。

2.9　系统集成技术

2.9.1　定义

所谓系统集成，就是通过结构化的综合布线系统和计算机网络技术，将各个分离的设备（如个人计算机）、功能和信息等集成到相互关联的、统一协调的系统之中，使资源得以充分共享，实现集中、高效、便利的管理。系统集成应采用功能集成、网络集成、软件界面集成等多种集成技术。系统集成是一个多厂商、多协议和面向各种应用的体系结构，其实现的关键在于解决系统之间的互联和互操作性问题。

2.9.2　系统集成技术在大坝管理系统中的应用

根据对国内不同规模的典型水库管理单位的调研分析，为提高自动化水平和效率，大部分水库大坝管理单位建设了水雨情遥测系统、大坝安全监测采集系统、闸门远程控制系统、视频

监控系统等自动化子系统。为实现各系统之间有效的共享数据及互联互通,便于水库的运行管理,有必要对各子系统进行数据与业务整合以及系统综合集成,形成一个统一的水库一体化管理平台。此平台为各类子系统界定统一入口,通过权限控制,水库大坝管理人员在各自权限范围内,可快速掌握所关注的各类业务数据和成果信息,无须登录多个系统去获得所需信息。系统集成主要包含以下几个方面。

（1）数据集成

数据集成是最常用的一种方式,通过数据同步服务程序,对水库原有不同厂家各类信息化系统数据进行集成,实现数据共享。其中,数据同步服务程序不仅可以解决各业务系统之间的数据交换需求,还能实现对数据格式转换的统一控制、数据处理流程的监控、数据交换日志的管理以及消息路由的管理等。

通过建立共享数据库,定义需共享的信息模型,可实现不同应用之间的数据共享。共享数据库可使用新建独立的数据库,也可使用现有数据库的只读视图。共享数据库可以依靠数据抽取整合工具从各个业务系统中抽取出数据,再经过数据转换规则后,形成标准的信息编码,存入核心数据库中。其他业务系统通过数据访问服务,按照定义的权限使用共享数据库中的各种数据资源。

由于自动化系统中存在非标准数据库表,而且各实施单位的数据库表结构及字段意义各异,因此综合信息化系统的集成,需要已建成的各自动化系统实施单位的相关资料、技术支持以及配合。此外,系统还支持通过人工录入、Excel 批量导入等方式进行数据集成。

（2）Web 服务集成

Web Service 是一种面向服务的架构技术,通过标准的 Web 协议提供服务,目的是保证不同平台的应用服务可以互操作,它是应用程序组件,使用开放协议进行通信,可被其他应用程序使用。

通过采用 Web Service 可解决内外部不同体系数据管理系统间的服务交流问题,克服传统的信息集成技术（如 DOCM、CORBA 等）对网络环境依赖性过强、必须通过特定端口进行通信、扩张性不强等缺点,并可以通过这种分布式的计算技术,在 Internet 或者 Intranet 上通过标准的 XML 协议和信息格式来发布和访问商业应用服务。

Web 服务的体系结构是基于 Web 服务提供者、Web 服务请求者、Web 服务中介者三个角色和发布、发现、绑定三个动作构建的,见图 2.9.1。其中,Web 服务提供者是 Web 服务的拥有者,为其他服务和用户提供自己已有的功能;Web 服务请求者是 Web 服务功能的使用者,利用 SOAP 消息向 Web 服务提供者发送请求以获得服务;Web 服务中介者充当管理者的角色,把一个 Web 服务请求者与合适的 Web 服务提供者联系在一起,一般是 UDDI。

Web Service 的主要目标是实现跨平台的可互操作性。为了实现这一目标,Web Service 完全基于 XML（可扩展标记语言）、XSD（XML Schema）等独立于平台、独立于软件供应商的标准,创建可互操作的、分布式应用程序的新平台。因此,通过 Web Service 可以实现跨防火墙的通信,实现企业级的用不同语言编写的、在不

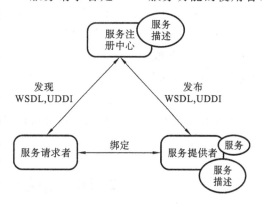

图 2.9.1　Web Service 的体系结构

同平台上运行的各种应用程序综合集成等。

（3）Web 应用融合

若原有应用是符合标准的 Web 应用，可考虑采用 Web 应用融合的方式，即在现有系统的界面内嵌入原有 Web 应用界面，或采用超链接的方式激活原有 Web 应用界面。该技术可以应用到各子系统与"水库大坝管理与应急响应系统"的集成，保障该系统界面的统一性。

（4）数据集成开发专用接口

为保证项目的扩展性和兼容性，需考虑到市场上已经在运用的各种不同类型的大坝类管理软件，采用比较灵活的接口方式，避免开发系统成为"信息孤岛"。

数据库接口方式的接口包括"触发器实现"和"时间戳实现"两种具体实现方式。

数据库"触发器实现"方式的接口内容包括：

① 用于存放应用系统业务数据的标准化交换数据库。

② 用于存放获取应用系统业务数据的索引信息的交换目录，此方式为中间表。

③ 用于监控标准化数据库数据表内容变化（新增、更新）的触发器。

④ 用于将标准化数据库数据表变化内容的主要相关信息存放到中间表中的存储过程。

数据库触发器方式的应用系统接口如图 2.9.2 所示。

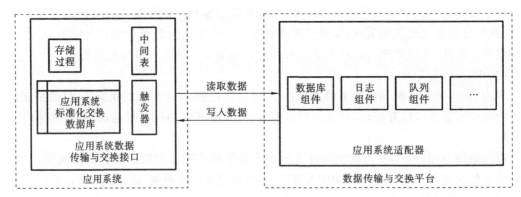

图 2.9.2　数据库触发器方式的应用系统接口

数据库"触发器实现"方式的工作原理，是对应用系统标准化交换数据库中的业务应用数据表添加监控操作的触发器（新增、更新），当业务应用数据表中的记录新增、更新成功后，就会触发相应的触发器将该数据信息插入到指定的访问接口中间表中，然后适配器从访问接口中间表中获得业务数据内容的变更情况，从而达到实时的数据库增量访问效果。

数据库"时间戳实现"方式的接口内容包括：用于存放应用系统业务数据的标准化交换数据库，用于比较获取标准化交换数据库中数据变化内容的时间戳字段，即对标准化交换数据库中所有数据表添加两个时间戳字段 Create_Time 和 Update_Time。

（5）调用原有应用或功能

若原有系统不开放 API，只提供可执行程序及输入输出参数，可采用直接调用原有应用或功能的方式集成。

2.10　系统远程控制与显示

计算机远程控制是指管理人员在异地通过计算机网络异地拨号或双方都接入 Internet 等

手段,连通需被控制的计算机,将被控计算机的桌面环境显示到自己的计算机上,通过本地计算机对远方计算机进行配置、软件安装、程序修改等工作。其技术原理如下。

① 远程控制是在网络上由一台计算机(主控端 Remote/客户端)远距离去控制另一台计算机(被控端 Host/服务器端)的技术,主要通过远程控制软件实现。

② 远程控制软件一般分客户端程序(client)和服务器端程序(server)两部分,通常将客户端程序安装到主控端的计算机上,将服务器端程序安装到被控端的计算机上。

③ 使用时客户端程序向被控端计算机中的服务器端程序发出信号,建立一个特殊的远程服务,通过远程服务,使用各种远程控制功能发送远程控制命令,控制被控端计算机中的各种应用程序运行。

采用 B/S 方式用户可以随时随地通过 Internet/Intranet 实现远程监控,而远程客户端可通过 IE 浏览器获得与软件系统相同的监控画面。水库局域网内部如办公室的计算机可通过浏览器实时浏览画面,监控各种数据,与水库局域网相连的任何一台计算机均可实现相同的功能。

本章参考文献

[1] 葛从兵,陈剑. 大坝安全管理信息化[J]. 中国水利,2008(20):56.

[2] 任家富,庹先国,陶永莉,等. 数据采集与总线技术[M]. 北京:北京航空航天大学出版社,2008.

[3] 柳福庆. 管理信息系统[M]. 大连:大连海运学院出版社,1989.

[4] 谢利,卡西曼,希尔. 数据通讯教程[M]. 程相利,等译. 北京:电子工业出版社,1998.

[5] 谢云敏. 水电站计算机监控技术[M]. 北京:中国水利水电出版社,2006.

[6] 李爱迪,易胜果. 基于 Web GIS 的土地房屋勘测信息应用模式初探[R]. 重庆:地籍与房产测绘 2007 年重庆年会,2007.

[7] 李爱迪,易胜果. 城乡建设中的现代测绘高新技术研究与应用[M]. 成都:西南交通大学出版社,2008.

[8] 李永平. 数据处理方法与技术[M]. 北京:国防工业出版社,2009.

[9] 李蔚田,杨俊,杨锐征,等. 物联网基础与应用[M]. 北京:北京大学出版社,2012.

[10] 秦超. 网络与系统安全实用指南[M]. 北京:北京航空航天大学出版社,2002.

第3章　安全监测信息化

3.1　概　　述

3.1.1　大坝安全监测的定义

大坝安全监测即对水利水电工程主体结构、地基基础、两岸边坡、相关设施以及周围环境等对象按一定频次进行的定期或不定期的直观检查和仪器探查。通过观测仪器和设备,可及时取得反映大坝和基岩性态变化以及环境对大坝作用的各种数据和资料,以便分析评估大坝的安全程度,及时采取措施,保证大坝安全运行。

3.1.2　大坝安全监测的作用及意义

大坝是重要的水工建筑物,其安全性直接影响水库设计效益的发挥,同时也关系到下游人民群众的生命财产安全、社会经济建设和生态环境等。

然而,很多大坝建成年代较早,结构老化,且后期管理维护欠缺,导致病险水库数量大、安全隐患多。20世纪20年代以来,国际上相继发生了意大利瓦依昂拱坝、法国马尔巴塞坝、美国的圣弗朗西斯和提堂坝等著名的垮坝事件,国内先后发生了河南驻马店地区板桥、石漫滩两座大型水库垮坝溃决,青海沟后水库渗流溃坝等事件。这些溃决事件,给相关国家和人民带来巨大的经济损失和惨重的灾难,同时也引起了各国政府和坝工领域专家对大坝安全监测的高度重视。

为了确保大坝建筑物安全稳定地运行,必须建立有效的大坝安全监测管理系统,以对大坝进行全面的安全监测,及时分析观测资料,实时评判建筑物工作的性态,及时采取有效的措施确保大坝安全。

大坝安全监测系统利用各种监测设备及仪器,监测大坝的坝体、周岸及相关设施的各种性态参数,并运用相关技术理论分析与处理这些观测数据,从而掌握大坝运行规律及工作状态,分析大坝安全状况及发展趋势,及时发现隐患,采取相应措施,避免或降低危险发生概率,延长大坝运行时间,提高大坝综合效益;并为水利水电工程项目的设计、坝工理论技术的发展及大坝运行管理和维护提供科学依据。

在20世纪90年代以前,我国的大坝监测主要依靠传统的人工监测,即通过眼睛观察测量仪器仪表,手工抄录,然后整理汇总资料并进行计算分析,这种方法实时性差,工作量大且周期长。随着现代科学技术的飞速发展,尤其是电子计算机的广泛应用,大坝监测已经从人工监测过渡为依靠先进管理系统进行监测和分析,即实现了安全监测的管理信息化。这种现代化的信息管理系统的数据采集精度高、运算速度快、存储量大,能够高速处理大量的数据,特别是可以通过Internet/Intranet及时向人们提供准确的管理信息,为科学调度提供依据。

3.1.3　大坝安全监测的业务范畴

大坝安全监测的内容主要包括:巡视检查、变形监测、渗流监测、应力(压力)监测、环境因子监测、地震反应监测以及水力学监测等。

1）巡视检查

巡视检查分为日常巡视检查、年度巡视检查和特别巡视检查三类。巡视检查应根据工程的具体情况和特点，制定切实可行的检查制度，规定具体巡视的时间、部位、内容和方法，确定路线和顺序，并由有经验的技术人员负责进行。检查项目有：坝体、坝基、坝区、溢洪道、输泄水洞（管）、近坝岸坡等。

2）变形监测

大坝在运行中，由于自身的重力、水和泥沙的压力、应力、温度等因素的影响，坝体本身及其上下游一定范围内的地壳都会产生某些程度的变形，若变形超出了允许的极限范围，就会产生安全隐患，影响大坝的安全性态。因此，必须对坝体进行变形监测，确定测点在某一时刻的空间位置或特定方向的位移，以便随时掌握大坝在各种荷载作用和有关因素影响下的变形是否正常。

3）渗流监测

大坝建成运行后，由于受到上下游库水压力、坝体混凝土温度、时效等因素的影响，不可避免地会出现坝体、坝基、坝肩渗流现象。渗流要素一旦超过允许值，就会威胁大坝安全，造成大坝破坏和失事。

4）应力监测

应力监测是大坝安全监测的主要项目之一，主要观测内容有混凝土应力观测，坝体、坝基渗压力观测等，应与变形、渗流监测项目相结合布置。测量大坝的应力状态，应合理布置测点，使观测成果能反映结构应力分布及应力大小、方向。

应力监测的主要仪器有：钢弦式应力计、电阻式应力计、差动式（卡尔逊式）应力计等，其中差动电阻式仪器在我国应用最为广泛。

5）环境因子监测

（1）水位监测

水库水面的高程称为水位，大坝蓄水之后，上下游水位的落差会导致坝体、坝基出现渗流现象。水位不仅能反映出水库蓄水量的多少，也是推算水库出流量的重要依据，并且对大坝的变形、应力存在一定的影响。因此水位观测对于综合分析大坝的安全性状是不可缺少的。水位观测常用的仪器有：水尺和水位计等。

（2）温度监测

为了获取大坝及其基础内的温度分布及变化规律，分析温度变化对大坝变形分量的影响强弱以及应力状态的变化规律，必须建立大坝及其基础的温度测量系统。温度观测主要分为气温、水温、混凝土温度等。

（3）降水量监测

降水是地表水和地下水的根本来源，因此，掌握流域内的降水情况，不仅是了解水情必不可少的因素，也是进行水库洪水预报、径流预报必不可少的因素，必须对降水量进行观测。常用的仪器有雨量器和雨量计。

6）地震反应监测

对于设计等级较高的大坝，应设置地震反应监测系统，以记录强震动加速度时程。如对于设计地震烈度为 7 度及以上的 1 级土石坝、8 度及以上的 2 级土石坝，应设置结构反应台阵。对于设计地震烈度为 8 度及以上的 1 级土石坝，在蓄水前应设置场地效应台阵。

7）水力学监测

水力学监测项目包括：水流流态、水面线（水位）、波浪、动水压强、水流流速、流量、消能（率）、冲刷（淤）变化、通气量、掺气浓度、空化噪声、过流面磨蚀、泄洪雾化、冰清等。

3.1.4　大坝安全监测的管理现状

随着现代科学技术的飞速发展，尤其是电子计算机的广泛应用，世界各国在大坝安全监测方面的研究取得了很大进展。国外开展大坝监测自动化设备研制始于 20 世纪 60 年代末。意大利自 20 世纪 70 年代以来一直处于国际领先地位，推出了微机辅助监测系统，实现了大坝安全监测的自动化。法国、葡萄牙注重监测资料管理的自动化，而管理自动化加部分采集自动化是西班牙等国家大坝监测的特点。随着专家系统的开发和发展，俄罗斯、意大利等国和我国一样在现阶段均致力于大坝安全监测专家系统的发展，进展很快。

目前，国际上有代表性的系统有美国 CampbellScientific 公司的 CR-IO 系统，澳大利亚 Datataker 公司的数据采集仪，美国 Oeomation 公司的 2380 系统，意大利 ISMES 研究所的 GPDAS 系统。其中，CR-IO 系统的测量单元机芯被世界大多数监测仪器制造商（包括基康、SINCO、ROCTEST 等）用作自动化系统的采集单元。

进入 21 世纪来，我国在大坝安全监测技术方面得到了迅速发展，主要表现在：安全监测仪器产品质量的提高和新产品、新技术的不断出现；数据采集和数据传输技术已经接近世界先进水平；观测资料分析已经进入软件化阶段，直接服务于大坝安全；建立在大坝安全监测自动化系统之上的各种信息系统也已出现。

我国大坝安全监测自动化系统研究工作是从 20 世纪 80 年代初起步的。近年来，随着科学技术的发展，大坝安全监测自动化系统也得到了长足的发展，国内大部分系统的共同特点如下。

（1）分布式体系结构

采用分布式结构，测量控制单元可以安装在靠近传感器的地方，传感器的信号不需要传输较远的距离，信号的衰减和外界的干扰可以大大减轻。该结构既适合于传感器分布广、分布不均匀、数量多、种类多、总线距离长的大中型工程自动化监测系统，也适合于传感器数量少的小型工程自动化监测系统。

（2）通信方式多样化

通信方式一般包括有线、无线、卫星、电话线、光纤等。一般系统提供两种或两种以上的通信方式，为系统的组网提供了较大便利。目前很多工程采用光纤通信，不仅提高了通信速率，也提高了系统抗电磁干扰能力和抗雷击能力。

（3）供电方式多样化

系统致力于提高性能，设计了各种电源管理电路，可以利用交流电、直流电、蓄电池、太阳能等供电。在土石坝方面，目前更倾向于采用太阳能供电，摆脱交流电带来的各种干扰，因此必须进一步降低系统功耗。

（4）防雷抗干扰能力增强

自动化系统建设初期，很多系统工作不稳定、易损坏，甚至瘫痪，都是由于抗干扰能力不过关，防雷击性能不够造成的。通过近几年研究和经验的积累，系统从设计、结构、布局、元器件的筛选、通信、电源、电缆埋设等多个方面得到了改善，系统的可靠性得到了提高。

目前，我国开发的大坝安全监测系统虽然有了较大的提高，某些方面达到了国际先进水平,但是系统总体性能和国际先进产品相比,还存在一定的差距,特别是在可靠性和长期稳定性方面有待进一步提高。2001 年 6 月,水利部发布了《大坝安全自动监测系统设备基本技术条件》,这是我国大坝安全监测领域中对监测数据采集系统的第一个行业标准,于 2001 年 12 月实施。从此大坝安全监测数据采集系统逐步走上标准化、规范化的发展轨道。

据调研,目前我国大中型水库基本上都配备了大坝安全监测设施,实现了对大坝实时状况的监测,但这些系统基本上是定制开发,通用性较差,而且价格昂贵,功能方面注重数据采集、分析以及图表、报表的生成,缺少运行管理报告自动生成的功能。按水利现代化管理要求,各管理单位对定期上报的安全运行管理报告的要求越来越高,越来越规范。而对于中小型水库,由于资金等多种因素限制,许多水库没有配备安全监测自动化系统或者配备了相应系统但功能有限,主要靠人工进行观测、整理以及计算等工作。由于工作量大、管理人员水平有限,对现有观测资料难以做出合理性分析,因此中小型水库对安全运行管理方面的软件需求更迫切。

鉴于此,针对中小型水库大坝管理需求,开发价格合理、对运行环境要求较低、实用性较强、通用性较好的水库大坝安全监测及日常运行管理软件,提供数据采集、安全监测数据分析、安全信息管理以及运行管理报告生成等功能,不仅具有广阔的市场应用前景,而且对于掌握水库(特别是中小型水库)大坝的安全运行状态及发展态势,提高水库的现代化管理水平和效率都有重要的意义。

3.2　安全监测的功能需求

3.2.1　系统功能需求

(1)数据采集控制功能

作为自动化监测系统,必须具有能够控制智能测控单元(MCU)的功能。此功能应能对 MCU 进行状态查询,对测量起始时间、测量周期、采集方式进行设置,为用户提供一个与前端监测仪器进行对话的界面环境[5]。

(2)在线异常值诊断处理功能

在线实时提示预警是大坝安全监测自动化系统一个很重要的功能。根据监控模型提供的监控信息,对一些变化异常的数值做出判别,以分辨是外界干扰还是大坝安全出现异常。进行相应的处理后,必要时做出提示报警,以引起管理人员的注意。这种功能也称为在线快速校核与预警功能。

(3)数据预处理功能

经过在线异常值的诊断处理,入库后的监测数据仍有可能含有粗差,必须经过可靠性检验和统计学处理,使其成为反映水工结构性状的可靠信息。只有根据可靠的观测数据和资料,才能正确地对大坝性状做出解释和进行安全评价。这些数据处理工作统称为数据预处理。

(4)模型生成与应用

监测效应量的变化并不是独立的,与环境量的变化有一定的关系。分析两者的数据得出反映环境量和效应量之间最佳关系的回归函数式,作为该测点单点的监控或预报模型。系统软件要能够生成监控或预报模型,并且随着时间的积累,能重新建立模型。用户还可以凭借自己的经验从所建立的模型中选择一个合适的监控模型,根据测得的水位等环境数据得出监测信息或对监测效应量做出趋势预报。

（5）图表分析功能

按照大坝监测相关标准和规范对监测数据整编的要求，系统软件应提供绘图分析和制表功能，以辅助水库大坝管理人员进行监测数据的直观分析。

（6）数据输入和管理功能

除了能进行自动化采集入库的观测量，还有人工观测量，为对所有观测项目进行统一的资料管理，系统软件应具有人工录入的接口，即数据输入功能。数据管理还包括数据浏览、数据查询等。

（7）数据输出功能

大坝安全监测信息，不论是原始资料还是计算分析成果，应均可按规范格式输出到不同的外部设备上，即图形和表格信息既可输出到屏幕，也可由打印获得，以满足资料整编以及上级主管部门的不同要求。

（8）其他功能

考虑到功能完整性和安全性，系统中还应包含工程信息介绍、数据远程传输、数据库备份恢复和用户管理等功能。

3.2.2 系统架构

目前，我国的安全监测系统中，多采取客户机/服务器（C/S）模式。基于 C/S 模式的系统包括服务器端和客户端，服务器通常采用高性能的 PC 或工作站等，并使用大型的数据库系统，如 Oracle、sybase、informix；客户机需要安装特定的客户端软件。基于这种模式的软件系统充分发挥了客户端 PC 的计算处理能力，客户端可以处理部分工作，之后再提交给服务器。这种方式提高了客户端的响应速度和系统运行效率，增强了系统的健壮性，并部分实现了分布计算功能。但是，这种模式具有以下限制。

① 只适用于局域网。远程访问需要专门技术，同时要对系统进行特定的设计用以处理分布式数据。

② 工作量大、维护升级成本高。每台客户机均需要安装专用客户端软件，增大了工作量；而且当系统软件出现问题或者需要升级时，每一台客户机都需要重新安装或维护升级，维护和升级成本非常高。

③ 可移植性差。对客户端操作系统有限制，操作系统兼容性差。

随着 Internet 技术飞速发展及网络的普及应用，产生了一种全新的软件系统构造技术——浏览器/服务器（B/S）模式。基于 B/S 模式的系统具有以下优点。

（1）应用范围广

只要有网络的地方，任何时间都可以通过系统管理员分配的用户名和密码使用服务。

（2）维护升级方便

只需要在服务器端安装系统软件、部署应用环境，客户端只要有浏览器，就可以通过 Web 协议（HTTP 协议、SMTP 协议和 FTP 协议等）与服务器通信，使用强大的系统服务。因此，当系统需要维护升级时，只需要在服务器端进行维护升级，大大降低了维护升级成本。

（3）移植性强

因为应用系统只需要安装在服务器端，对客户端没有任何限制，客户端可以在 Windows 下使用服务，也可以在 Linux、Unix 下使用。

目前，国内外实现的基于 B/S 模式的 Web 应用系统，具有代表性的两大技术为：由 SUN

和 IBM 等联合提出的 Java EE 框架和由 Microsoft 公司提出的.NET 框架。其中,.NET 框架技术仅在 Windows 平台下得到实现,在其他系统平台,如 Linux,该框架正处于开发研究阶段。与.NET 比较,Java EE 框架的开源性、跨平台可移植性等优势,使得 Java EE 框架及其相关产品快速发展,并得到了广泛的应用。

3.2.3　系统数据库结构

数据库的构建是系统的基础。一切操作均是建立在数据库之上的。在大坝安全监测逐渐走向自动化、智能化、网络化的过程中,采用更强大的数据库访问技术是一种必然趋势。ADO(ActiveX Data Object)技术是一种较好的选择。

在确定数据关系之前要先理清所有数据的实体、实体属性以及实体之间的关系。E-R 图(Entity Relationship Diagram)是用来表示实体、实体属性以及实体之间关系的直观方法。设计的方法通常是首先画出每一数据信息的实体与实体属性的 E-R 图,然后再将所得到的 E-R 图转化成关系模式。设备地址是其他实体的公共属性,因而基本信息、测量信息及其他设置信息由该属性唯一确定。

实现 Visual C++ 访问数据库的接口技术有以下几种:

① ODBC(Open DataBase Connectivity):开放式数据库连接。

② MFC ODBC(Microsoft Foundation Classes ODBC):MFC 开放式数据库连接。

③ DAO(Data Access Object):数据访问接口。

④ OLE DB(Object Link and Embedding DataBase):对象连接与嵌入。

⑤ ADO(ActiveX Data Object):ActiveX 数据对象。

数据库接口对比见表 3.2.1。

表 3.2.1　数据库接口对比

访问接口	易用性	运行能力	可扩展性	技术层次	突出特点
ODBC	差	较高	差	底层	可进行底层控制
MFC ODBC	好	较高	一般	高层	通用标准,应用广泛
DAO	好	较高	一般	高层	访问 JET 性能最好
OLE DB	很难	高	好	底层	可访问非关系数据库
ADO	最好	高	好	高层	多种编程接口,可访问非关系数据库

在大坝安全监测中,要对大量的监测资料进行快速、准确的分析,要能够对各种监测资料做出迅速反馈,以评价大坝安全状况。采用良好的数据库访问技术,不仅能提高工作效率,而且能提高数据库的安全性。

3.3　巡视检查标准化管理

3.3.1　巡视检查的目的及工作内容

巡视检查是与仪器监测同等重要的工作,是评估大坝安全的必要手段。巡视检查分为定期开展的日常巡视检查、年度巡视检查以及特别巡视检查三类。在工程施工期、初蓄期和运行期均应进行巡视检查。巡检应根据工程的具体情况,规定巡视的时间、频次、部位、内容和方法,并确定其路线和顺序。

(1)日常巡视检查

水库大坝管理单位应对建筑物各部位、闸门及启闭机械、动力设备、通信设施、水流形态和库区岸坡等进行正常的检查观测,高水位期应增加检查观测频次。巡检应由专职人员负责进行,并做好检查记录。

(2)年度巡视检查

每年汛前汛后,冰冻较严重地区在冰冻期和融冰期,要按照规定的检查项目,进行全面或专门的巡视检查。年度检查由管理单位负责人组织领导,对水库工程进行全面或专项检查。定期检查应结合观测工作及有关分析资料进行。

(3)特别巡视检查

特别巡视检查在坝区遇到大洪水、大暴雨、有感地震、库水位骤变、高水位运行以及其他影响大坝安全运行的特殊情况时进行,必要时应组织专人对可能出现险情的部位进行连续监视。管理单位负责人应及时组织力量进行检查,必要时报请上级主管部门及有关单位会同检查。

工程巡检的项目和内容应根据坝型,如土石坝、混凝土坝等,和工程的实际情况确定,一般巡检内容应包括坝体、坝区(坝基、坝肩),各类泄洪、输水设施,如输水涵洞(管)、溢洪道、闸门等方面。巡检的重点是大坝上游水面附近,上、下游坝面,坝脚及附近范围,涵洞进出口部位,病险水库的隐患部位等。

每次巡检均应按规范要求的格式做好详细的现场记录。巡视检查的记录与报告要满足以下要求:

① 每次巡视检查应做好现场记录,有关人员签名。如发现异常情况,则应详细记录,记录内容包括时间(月、日、时)、部位(尽可能具体)、险情描述(必要时绘出草图)、库水位、气象、值班检查人员和记录人员,有关人员均应签名。

② 现场记录必须及时整理,并将本次巡视检查结果与以往巡视检查结果进行比较分析,如有问题或异常现象,应立即进行复查,以保证记录的准确性。

③ 汛期巡视检查中发现异常现象,应立即采取应急措施,并向上级报告。

④ 汛期巡视检查的记录、图件和报告等均应整理归档,以备查考。

3.3.2 巡视检查常用设备和方法

(1)安全检查方法

① 常规方法。采用眼看、耳听、手摸、鼻嗅、脚踩等直接方法或辅以锤、钎、钢卷尺、放大镜、石蕊试纸等简单工具,对工程表面和异常现象进行检查。

② 特殊方法。采用挖探坑(或槽)、探井、钻孔取样或孔内电视、向孔内注水试验、投放化学试剂、潜水员摸探或水下电视、水下摄影或者录像等方法,对工程内部、水下部位或坝基进行检查。

(2)巡视检查要求

① 日常巡视检查人员应相对固定,熟悉水库工程情况,检查时应带必要的辅助工具和记录笔、簿以及照相机、录像机等设备。

② 汛期高水位情况下对大坝表面(包括坝脚、镇压层)进行检查时,宜有数人列队进行拉网式检查,防止疏漏。

③ 年度巡视检查和特别巡视检查,均须制定详细、切实可行的检查工作计划,并做好如下准备工作:

(a) 安排好水库调度,为检查输水、泄水建筑物或进行水下检查创造条件。

(b) 做好电力安排,为检查工作提供必要的动力和照明。

(c) 排干检查部位的积水,清除检查部位的堆积物。

(d) 安装或搭建临时交通设施,便于检查人员行动或接近检查部位。

(e) 采取安全防范措施,确保工程、设备及检查人员的安全。

(f) 准备好工具、设备、车辆或船只,做好测量、记录、绘草图、照相、录像等准备。

(3) 安全检查内容

以土石坝为例,安全检查内容如下。

① 大坝。检查坝体有无纵横向裂缝、塌坑、滑坡、隆起、蚁鼠洞穴等现象,坝顶防浪墙有无开裂、变形现象,上游坝坡护坡有无风浪淘刷、风化现象,下游坝坡有无散浸及集中渗漏现象,两岸坝肩有无绕渗现象,坝趾(脚)有无管涌、流土迹象,排水沟是否通畅,下游排水棱体有无沉陷、坍塌现象,表面变形观测标点墩、测压管运行状况等。

② 泄洪设施、输水设施等混凝土建筑物。检查其有无裂缝、渗漏、剥蚀、冲刷、磨损、气蚀及脱碱等现象,混凝土伸缩缝有无损坏现象,填充物有无流失现象。

③ 闸门、启闭设施、电源等金属结构。检查溢洪道、输水涵洞等水工建筑物的闸门各部位有无扭曲变形、锈蚀现象,门槽有无堵塞现象,止水设施有无老化、漏水现象,启闭机运转是否正常,有无不正常声响及振动现象,启闭机机械转动部分润滑油是否充足,电源、备用电源是否正常,机电安全保护设施是否完好。

④ 水流形态。检查泄洪设施、输水设施等建筑物的进口段水流是否平顺,闸后水流形态是否正常,跃后水流是否平稳,有无不正常流态、冲刷淤积等现象。

⑤ 附属工程。检查管理用房及办公设施、交通道路、安全防护设施、消防设施、避雷设施等是否完好,交通车辆、通信、水雨情观测、报警等设施是否正常。

(4) 检查判断标准

良好——指建筑物性态和运行性能良好,能按设计条件运行。

正常——指建筑物性态和运行性能正常,基本能按设计条件运行,但需要维修。

较差——指建筑物性态和运行性能可能达不到设计条件,必须修理。

很差——指建筑物质量无法达到设计条件。

(5) 检查报告

检查完成后要填写或生成检查报告,并填入相应的表格。土石坝巡视检查记录见表 3.3.1,水库巡视检查报告格式见表 3.3.2。检查报告的要求如下:

① 必须在各项检查记录的基础上,对大坝、泄洪设施、输水设施等水工建筑物(含金属结构、监测设施)的工程性态以及管理设施、其他设施的运行状况提出总体判断结论。

② 必须从管理上、技术上对大坝、泄洪设施、输水设施等水工建筑物(含金属结构、监测设施)的工程性态以及管理设施、其他设施的运行状况提出检查意见和建议。

表 3.3.1 土石坝巡视检查记录表

工程名称：　　　　日期：　　年　　月　　日　库水位：　　　　m　　　　天气：

安全检查部位		损坏或异常情况	备注
坝体	坝顶		
	防浪墙		
	迎水坡/面板		
	背水坡		
	坝趾		
	排水系统		
	导流降压设施		
坝基和坝区	坝基		
	基础廊道		
	两岸坝肩		
	坝址近区		
	坝端岸坡		
	上游铺盖		
输、泄水洞（管）	引水段		
	进水口		
	进水塔（竖井）		
	出水口		
	消能工		
	闸门		
	动力及启闭机		
	工作桥		
溢洪道	进水段（引渠）		
	内外侧边坡		
	堰顶或闸室		
	溢流面		
	消能工		
	闸门		
	动力及启闭机		
	工作（交通）桥		
	下游河床及岸坡		
近坝岸坡	坡面		
	护坡及支护结构		
	排水系统		
其他（包括备用电源等情况）			

表 3.3.2　水库巡视检查报告

现场检查情况简述	包括人员组成、检查时间、检查内容、现场基本情况等	
现场检查发现存在的主要问题、隐患和不安全因素	大坝：	
	泄洪设施：	
	输水设施：	
	安全监测设施(测压管、变形测点)：	
	管理设施：	
	其他设施：	
大坝安全管理需要进一步改进的主要问题		
现场检查结论和建议	结论： 建议： 检查组组长： 年　月　日	
建议落实情况	是否根据检查组意见整改？做了哪些改进？采取了哪些措施？遗留问题？ 填写人： 年　月　日	

3.3.3　标准化巡视检查设计

制作形式和文件报告的素材必须满足"标准化"的要求。"标准化"是指各种输出应界面美观，布置合理，线形、字体、刻度、主副标题、单位等选择得体，具有完善的动态化功能，可以提供高质量的标准化输出成果。为此，用到的数据处理方法和整编图表报告的制作方法，一般是从方法库的数据预处理和图表常规分析方法中直接引用的，或以其为基础经过二次开发的，继承了原有的"标准化"和"模块化"的属性，能够满足输出高质量、标准化的各类图形、表格和文件等输出要求。

3.3.4　巡视检查管理信息化

在大坝管理信息化系统中，巡视检查管理也全部实现信息化，主要包括巡检模板定制、巡检记录录入、巡检记录上报、巡检记录的统计查询等功能模块。其中巡检记录内容包括巡检时间、巡检人员、上下游水位、巡检部位的现场照片、巡视检查问题描述等信息。

（1）巡检计划管理

安全巡检计划管理是为巡检人员制定巡检对象、巡检路线等巡检计划信息，并通过系统进行提醒。巡检计划由拥有权限的管理人员制订，方便管理者查看巡检计划执行情况等。

（2）巡检人员管理

巡检人员管理是为了对巡检人员的日常巡检工作进行监管及考核。通过对巡检人员信息的浏览、查询、汇总及分布状况显示，实现相关管理人员分管范围的地图定位、单个或多个属性的查询及分布状况实时显示。

（3）巡检记录录入

巡检记录录入是为巡检人员提供的巡检相关信息的录入窗口，主要是方便没有配置移动巡检终端的水库大坝管理单位，将巡检的基础信息、发现的问题以及相应的照片、录像上传到系统中,进行电子归档。同时,巡检记录也为系统报告生成提供基础信息。巡检记录录入界面见图 3.3.1。

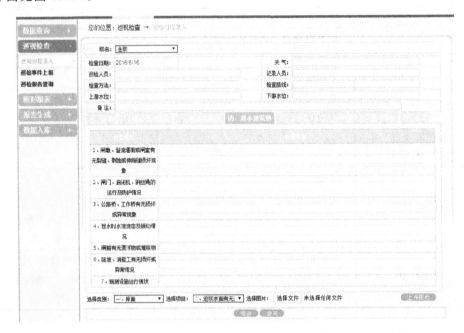

图 3.3.1　巡检记录录入界面

（4）巡检记录上报

针对巡检发现的异常和问题,水库巡检人员应将该条记录上报给相关责任人进行处理。当具有权限的管理人员登录系统时,可以查看该条记录的详细信息,包括巡检时间、巡检人员以及巡检发现的问题,并对该记录进行处置。巡检记录上报界面见图 3.3.2。

图 3.3.2　巡检记录上报界面

（5）巡检报告查询

用户可通过系统对巡视检查记录进行条件查询，条件包括起止时间、是否存在异常等，巡检报告包括巡检时间、人员、位置、现场照片、巡检问题等。同时，该功能可以兼容配备了智能移动巡检终端的用户通过移动巡检上报的记录。

（6）巡检项目管理

可根据水库大坝的实际情况，配置水库大坝巡视检查的具体项目，即可自定义巡检的模板，以适应我国各种坝型、规模的水库大坝。此功能需要水库运行管理人员具有相应权限。对巡检项目进行管理，包括巡检项目的增加、删除、修改等。

3.4　大坝安全监测信息的采集与处理

（1）现场实时自动采集

现场实时自动采集系统安装在现场监测管理站的数据采集工作站上，系统通过与枢纽安装的自动化测量控制单元（MCU）进行数据通信，完成数据采集工作。

现场实时自动采集系统的主要功能：

① 即时、定时自动化数据采集；

② 物理量转换；

③ 实时数据存储；

④ 数据可靠性检查；

⑤ 批量导入；

⑥ 协助远程监测管理中心站完成远程控制自动采集任务。

（2）远程控制自动采集

远程控制自动采集系统是目前国内及国际上自动化监测系统研发的重点，是以计算机网络控制与 MCU 自动化控制为基础实施的一种自动化数据采集方式。该系统实施后可极大地增强大坝整体自动化监测系统的可控性，降低技术人员工作强度，提高大坝自动化监测系统的技术水平，为大坝自动化安全监测系统无人值守或少人值守创造了条件。

系统通过 TCP/IP 协议与现场监测管理站的采集工作站通信，通过向现场监测管理站的采集工作站发送相应的控制命令完成远程数据采集工作。

远程控制自动采集系统的主要功能：

① 依照设置的间隔时间和采集次数向现场监测管理站采集工作站发送观测命令，进行联网仪器观测数据的自动采集；

② 接收返回的观测数据，存入原始数据库；

③ 物理量转换，存入整编数据库；

④ 数据可靠性检查，并可发出技术报警信息。

（3）自动采集在线监控方法

① 调用数据管理子系统中的报表及图形功能模块，对采集的数据进行时序及相关性检验（需要人工交互）。

② 调用数据分析子系统中的观测资料分析模块，对采集的数据进行回归分析，根据该测点的监测指标评判准则对数据进行评判。

(4) 安全监测数据处理分析

水工建筑物的物理量大致归纳为两大类:第一类为荷载集,如水压力、泥沙压力、温度(包括气温、水温、坝体混凝土和坝基的温度)、地震荷载等;第二类为荷载效应集,如变形、裂缝开度、应力、应变、扬压力或孔隙水压力、渗流量等。通常荷载集称为自变量或预报因子,荷载效应集称为因变量或预报量。

在坝工实际问题中,影响一个事物的因素往往是复杂的。在寻找预报量与预报因子之间的关系式时,不可避免地要涉及许多因素,找出各个因素对某一预报量的影响,建立数学表达式,即数学模型,借此推算某一组荷载集的预报量,并与实测值比较,以判别建筑物的工作状况。同时,分离方程中的各个分量,用其变化规律分析和估计建筑物的结构性态。对测控软件采集到的原始数据,必须经过一系列分析、过滤、转换等处理,通过事先建立好的数学模型进行分析计算,同时考虑到有关的安全监测规范,最终将分析结果转换成各种曲线、图表等易于被人理解的形式输出,从而反映出被监测对象的真实状态。这就是安全监测数据处理分析的主要功能。

对监测数据进行处理分析的方法很多,系统主要提供最基本的常规分析,包括图表综合分析(含数据统计)、线性相关分析、曲线拟合分析和统计模型分析(即逐步回归分析),以及初步的结构化推理功能。

3.5 大坝安全监测资料整编分析

3.5.1 监测数据质量评判与误差处理

异常数据处理通过以下三种方法识别,并对其进行标记。

(1) 上下限法

数据超过正常值上限或下限即为异常值。对于渗流压力水位,一般上限为管口或孔口高程,下限为管底高程或仪器设置高程以下 0.5 m。

(2) 尖峰识别

数据 x_t、x_{t+1}、x_{t+2},当 $x_{t+1}-x_t>B$ 且 $x_{t+1}-x_{t+2}>B$ 或 $x_{t+1}-x_t<B$ 且 $x_{t+1}-x_{t+2}<B$ 时(B 为变化允许范围),则 x_{t+1} 为异常值。

(3) 统计模型法

当统计模型复相关系数较大时,可用统计模型识别异常数据。若 s 为统计模型剩余标准差,$x_{统计}$ 为统计模型预测值,$x_{实测}$ 为实测值,当 $|x_{统计}-x_{实测}|>3s$ 时,$x_{实测}$ 为异常值。

3.5.2 大坝安全监测资料整编方法

每次仪器监测或现场检查后应对原始记录加以检查和整理,并应及时做出初步分析。每年应进行一次监测资料整编。在整理和整编的基础上,应定期进行资料分析。

(1) 监测资料整理和整编基本要求

① 在每次仪器监测完成后,应及时检查各监测项目原始监测数据的准确性、可靠性和完整性,如有漏测、误读或异常,应及时复测确认或更正,并记录有关情况。

② 应及时进行各监测物理量的计算,绘制过程线图,检查和判断测值的变化趋势,如有异常,应及时分析原因。当确认测值异常并对工程安全有影响时,应及时上报主管部门,并附文

字说明。

③ 随时补充或修正有关监测系统及监测设施的变动或检验资料,以及各种考证图表等,确保资料的衔接与连续性。

（2）资料定期整编基本要求

① 在施工期和初蓄期,整编时段视工程施工和蓄水进程而定,最长不宜超过 1 年。在运行期,每年汛前应将上一年度的监测资料整编完毕。

② 监测资料的收集工作应包括以下主要内容:第一次整编时应完整收集工程基本资料、监测设施和仪器设备考证资料等,并单独刊印成册,以后每年应根据变动情况及时补充或修正;收集有关物理量设计值和经分析后确定的技术警戒值。

③ 收集整编时段内各项日常整理后的资料,包括所有监测数据、文字和图表。

④ 在收集有关资料的基础上,应对整编时段内各项监测物理量按时序进行列表统计和校对。如发现可疑数据,不宜删改,应标注记号,并加注说明。应校绘各监测物理量过程线图,绘制能表示各监测物理量在时间和空间上的分布特征图和与之有关因素的相关图。在此基础上,应分析各监测物理量的变化规律及其对工程安全的影响,并对影响工程安全的问题提出处理意见。

⑤ 整编资料的主要内容和编排顺序为:封面、目录、整编说明、工程基本资料及监测仪器设施考证资料（第一次整编时）、监测项目汇总总表、巡检检查资料、监测资料、分析成果、监测资料图表和封底。其中监测资料图表（如巡检和仪器监测）的排版顺序可按规范中监测项目的编排次序编印,规范中未包含的项目接续其后。每个项目中,统计表在前,整编图在后。各项监测物理量的统计表格式应符合规范要求。

⑥ 刊印成册的整编资料应生成标准格式电子文档。

3.5.3　监测资料分析与成果应用

运行期监测资料分析分为经常性监测资料分析和长期监测资料分析。

经常性监测资料分析,可结合日常资料整理、年度资料整编及大坝安全年度详查进行。发现异常情况应及时分析、判断,对确有问题的,应及时上报。长期监测资料分析一般每隔 5 年进行 1 次,也可结合大坝安全鉴定评价工作进行。长期监测资料分析应满足下列要求:揭示主要监测量的分布规律及变化规律;评价大坝工作性态;提出主要的大坝安全运行监控指标。

监测资料分析分为初步分析和系统分析。初步分析是在对资料进行整理后,采用绘制过程线、分布图、相关图及测值比较等方法对资料进行分析与检查。系统分析是在初步分析的基础上,采用各种方法进行定性、定量以及综合性的分析,并对工作状态做出评价。

在对监测资料进行分析时,应对由于测量因素（包括仪器故障、人工测读及输入错误等）产生的异常测值进行处理（删除或修改）,以保证分析的有效性和可靠性。

监测资料分析可用的方法有比较法、作图法、特征值统计法及数学模型法等,具体如下:

① 比较法。包括监测值与技术警戒值相比较、监测物理量之间的对比、监测成果与理论值或试验成果（或曲线）相对照等方式。

② 作图法。包括各监测物理量的过程线,特征原因量（如水库水位等）下的效应量（如变形量、渗流量）过程线图,各效应量的平面或剖面分布图,以及各效应量与原因量的相关图等。

③ 特征值统计法。对物理量的历年最大值、最小值（包括出现时间）、变幅、周期、年平均

值及年变化趋势等进行统计分析。

④ 数学模型法。建立效应量(如位移、渗流量等)与原因量(如水库水位等)之间的定量关系,可分为统计模型、确定性模型以及混合模型。使用数学模型法做定量分析时,应同时用其他方法进行定性分析,加以验证。

监测资料分析报告主要是根据监测资料的分析成果,对大坝当前的工作状态(包括整体安全性和局部存在问题)做出评估,并为进一步追查原因加强安全管理和监测,以及采取防范措施提出指导意见。报告的基本内容应有工程概况、仪器安装埋设、监测和巡视工作情况说明、主要成果资料分析内容和主要结论。

3.6 监测信息发布

3.6.1 信息发布系统的功能需求

信息发布系统应具备以下功能。

① 系统基于网络浏览器方式运行,形成面向公众的网站,信息可通过互联网对大众进行发布。

② 系统具备地图展示功能,以兴趣点(POI)方式展示重点部位、监测点等信息,兴趣点相关位置和属性信息通过水库大坝基础信息数据库读取。图层信息可切换、叠加。图层上提供特定的诸如量测、查询等操作功能。

③ 系统提供数据/图形的多种分析、查询手段;可以做到图形与数据的联合查询,能够生成相应的数据报表或者图形;系统能按用户需求指定多种形式的数据分析功能,并提供比较通用的分析工具;各种分析结果应表格化,如果适合图形化,则将之图形化表示。

④ 系统具备预警信息发布功能。预警发布分为内部预警和外部预警发布,即根据分析计算获得的预警结果,按照预先设定的发送等级与发送规则,将灾害点的实时灾情信息以手机短信或电子邮件的方式发送给相关部门和监测人员,以提前启动相关应急预案,最大限度地保护人民群众的生命财产安全。

⑤ 系统整合多种多媒体信息(相关知识、政策法规和影音、图片文件),并提供灵活的浏览功能;系统允许用户按一定的分类和结构浏览提供的相关知识、政策法规和影音、图片文件;系统也允许这些信息提供者方便地更新和维护数据。

⑥ 系统对不同的用户约定相应的操作权限和浏览范围;系统使用前就需要约定不同操作人员的权限;这些权限涉及可以操作的功能权限、修改权限、维护权限、查询与报表权限等。

3.6.2 信息发布系统的数据需求

水库大坝监测预警信息发布的核心数据来自大坝水情工情数据库,主要用于展现当前水库大坝实时监测数据和工作情况,根据预警等级启动预警发布流程,发布相关预警信息,提供水库大坝历史灾情、工程和水文信息查询,并面向公众进行相关政策法规普及。所需数据主要为以下几种:

① 水库大坝水情工情数据库。通过读取水情工情数据库显示当前水库大坝的主要监测指标,包括环境量、水文气象、变形、应力应变、渗流、设备工作现状等大坝监测数据。

② 地理信息数据。用于地图浏览、查询、定位、几何量测、影像浏览、地形查看等,涉及数

据包括水库大坝所在流域内的栅格影像、地形、河流、道路、居民点、水系等。

③ 预警信息。相关数据来源于水库大坝监测预警平台所属的与预警规则、预警人员、预警结果相关的数据库。

④ 与水库大坝相关的知识库、水库大坝病史、相关政策法规。

3.6.3　水库大坝信息发布方案

水库大坝信息发布要考虑面向大众,宜用 B/S 结构。由于涉及流域、位置等地理概念,因此地图功能是必不可少的。所以,水库大坝信息发布系统应是一个 B/S 风格的且具备地图服务功能的网络应用系统,其基本结构见图 3.6.1。

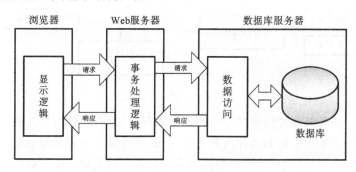

图 3.6.1　信息发布系统结构图

系统采用的方案是当前较为流行的 SOA 架构。系统采用 Flex＋ArcGIS API for Flex 作为客户端,服务器端采用 ArcGIS Server。系统开发使用 ArcGIS Server 的 REST 风格的 Web 服务,因此,同传统 WebGIS 系统结构的设计相比,以 Flex 技术构建的客户端 WebGIS 系统结构的设计发生了变化。基于 Flex 和 ArcGIS Server 的 REST 风格架构的 WebGIS 系统只由 ArcGIS Server 服务端和客户端浏览器两部分组成,可见其结构非常简洁。其中,客户端 Flex 后台使用 ArcGIS API for Flex 来调用 ArcGIS Server 服务端发布的服务资源。此外,考虑到数据发布所涉及的问题,系统采用了谷歌地图或天地图等网络地图作为地图资源,为信息发布系统提供备选的地图。引入网络地图资源极大地丰富了基础空间数据。预警发布作为后台程序运行于服务器端,直接负责数据库数据读取、预警规则判断、预警发布等功能,其设置和预警信息查询都由前端系统进行交互。

3.7　大坝安全监控与预警预报

预警发布分为预警发布管理和后台发布程序两部分,由具备系统管理权限的人进行操作。预警发布管理在客户端运行,主要用于短信和邮件预警信息发布的状态管理,人工手动预警信息发布,预警发布内容和应对措施等发布信息管理,发布优先级管理等。预警发布流程见图 3.7.1。

作为 B/S 架构的软件,信息发布系统可方便用户访问,轻松实现地图漫游,直观地了解水库大坝监测点基本信息与预警结果等信息,方便用户对属性数据和其他相关预警信息的查看与管理。预警发布为信息发布的重要功能,但基于 B/S 架构的请求-响应的工作模式,不可避免地导致不同用户对同一灾害点的预警结果的反复请求。因此,预警信息根据实际需要分为两种情况,即内部预警信息发布和外部预警信息发布。内部预警信息发布以自动方式为主,设

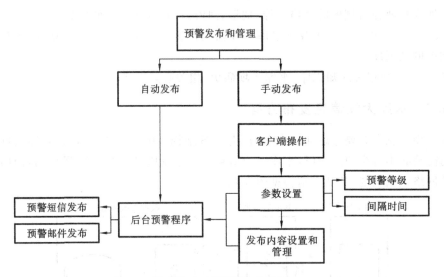

图 3.7.1　预警发布流程图

计为后台服务程序。外部预警信息发布由决策会商等方式确定,发布形式多样。

　　预警信息的发布通过短信和邮件两种方式实现,发布操作通过系统后台运行的形式存在,由系统调用,定时启动。系统从水库大坝监测预警信息系统数据库中读取监测预警结果,结合当前险情(由水库大坝监测预警信息系统分析获得)、监测数据、历史发送情况、系统设定的发送等级等多种因素,按照相关的发送规则,确定发送对象,由系统自动安排发送。系统发送规则的设定和修改、发送对象对应的发送等级等发送参数,通过预警信息系统的相关页面进行设置。预警信息的内容包括预警结果的等级、险情信息、监测数据、影响范围、建议措施等信息。预警信息发布系统(后台服务程序)的组织结构见图 3.7.2。

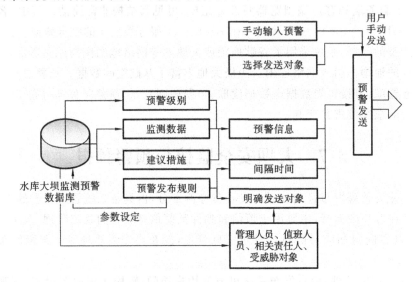

图 3.7.2　预警信息发布系统(后台服务程序)的组织结构图

　　预警信息发布系统根据分析计算获得的预警结果,按照预先设定的发送等级与发送规则,将灾害点的实时灾情信息以手机短信或电子邮件方式发送给相关部门和监测人员,以提前启动相关应急预案,最大限度地保护人民群众的生命财产安全。预警信息的发布分为系统自动发布和手动发布两种方式。系统自动发布即根据预警分析后台服务程序的预警结果,按照预警信息发布规则和发布流程,自动启动预警信息发布。手动发布作为自动预警信息发布的补充,主要是用户通过查看监测预警信息系统的监测数据曲线、预警结果展示页面等相关信息,结合自己的分析判断,手动发送预警信息。预警信息发布后台服务程序由操作系统调用,定时启动,作为预警信息系统的重要组成部分,是相关部门迅速启动应急预案的重要参考信息。

（1）短信信息发布优化方法

使用 AT 指令控制 GSM（全球移动通信系统）无线模块来发送短信,GSM 模块以无线的方式与短信服务中心通信,从而将短信发送至用户移动终端。这种方式对硬件要求不高,实现简单,而且通过设置状态报告,还能够获知用户移动终端是否接收到了短信。GSM 模块包含了完整的 MCU 控制电路和通信接口电路,将 AT 指令集直接封装到控制模块中,一般可以使用厂家对用户提供的统一接口进行调用,即通过引用动态链接库的方式进行调用。

为了提高短信发送的效率和可靠性,采用多线程和批量发送的方式。将每一次短信发送过程视为一个独立线程任务,通过系统管理线程池中的一个线程进行短信发送操作,因此,一个线程和待发送的短信就构成了一个任务单元。在每一个任务单元中,独立地包含连接、发送、状态回写、断开连接等操作步骤,在发送线程执行发送操作期间,主程序执行空操作,等待发送线程发送完成再执行后续操作,以协调 GSM 模块与计算机 CPU 之间存在的硬件速率差异。采用独立线程的操作方式可增加 GSM 模块连接的有效性,有效地克服 GSM 模块的"假死"和连接失效等弊端,提高发送的成功率和稳定性。短信发送线程见图 3.7.3。

短信发送线程中包含大批量的待发短信时,就会造成大量的短信拥堵在 GSM 模块通道内,从而造成 GSM 模块死机。分批批量发送方式是每次从数据库中只读出一批的待发短信,每批的短信条数由 GSM 模块的性能决定,从一个线程创建到结束,发送线程只承担相应数量的短信发送任务,以此提高大批量预警短信发送导致的拥堵问题。

（2）短信生成与发送

预警信息短信发送程序根据水库大坝监测预警程序的预警结果,结合预警短信发送规则,生成预警信息和确定短信发送对象,利用预警短信发送平台,及时、有序地将预警短信发送到目标手机。预警结果信息由水库大坝监测预警信息系统发出,针对这些预警结果,需要根据实际,综合考虑预警级别、影响范围、发展趋势、气象信息等多种因素,以当前形势、发展趋势为依据,以满足人们日常思维习惯为基本准则,制定详细的发送规则,保证发送的预警信息能对灾害点的预警产生直接的、积极的效果。预警短信发送流程见图 3.7.4。

预警信息发布系统在监测到水库大坝监测预警信息系统数据库中预警分析结果发生变化时,及时告知相关监测责任人和管理部门,根据需要加强或减除应急响应。若预警结果没有发生变化,则需要考虑设置一定的时间间隔,在时间间隔内,不再向相关人员发送短信,减少系统误报。通过读取 GSM 模块返回的发送标志位置信息跟踪短信发送状态,对于发送失败的预警短信,系统通过设置相关的发送状态予以标记,并在本次发送任务完成后写回数据库,在下一次启动发送任务时,优先发送上次发送失败的短信。由于自动化预警的需要,预警短信由系统根据预警分析结果动态生成。预警短信的内容遵从简明扼要、清晰明了的基本原则。预警短信的内容由大坝监测灾害点位置信息、灾害类型、预警等级、监测数据信息、措施与建议等基本信息组成。预警等级可参考各省或县水利部门制定的大坝突发事件应急预案,一般分为四个等级:一般(Ⅳ级)、较重(Ⅲ级)、严重(Ⅱ级)、特别严重(Ⅰ级),依次用蓝色、黄色、橙色、红色表示。

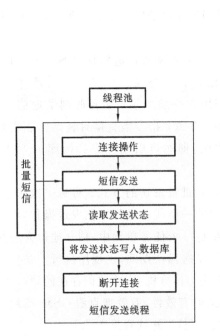

图 3.7.3　短信发送线程

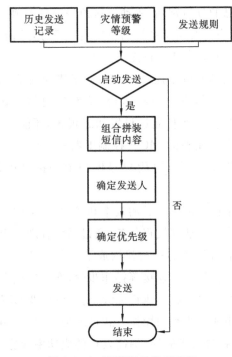

图 3.7.4　预警短信发送流程

Ⅰ级:水库大坝出现可能导致溃坝的险情。

Ⅱ级:大型水库、重点中型水库大坝出现危及工程安全的险情。

Ⅲ级:一般中型水库、重点小(1)型水库大坝出现危及工程安全的险情。

Ⅳ级:一般小(1)型水库、小(2)型水库大坝出现危及工程安全的险情。

预警信息发布系统通过检索基础信息库,获取不同预警级别对应的预警措施。预警短信的内容和格式应当保持相对的固定,如需修改可由数据库管理人员通过访问水库大坝基础数据库对其进行修改。

(3)短信发送对象选择和优先级确定

发送对象分为政府、水利厅和水库大坝相关管理部门、大坝安全监测责任人、威胁对象等类型,这些对象的发送等级根据职责与分工的不同而有所不同。具体而言,管理部门的每一个发送对象都对应一个发送等级,只有当预警等级达到或超过其对应的预警等级,系统才会对其发送预警短信;对于监测责任人和威胁对象类型,系统统一对其设置了发送等级,当当前预警等级达到或超过设定的预警等级时,系统通过搜索监测责任人数据表和威胁对象数据表,将与预警相关的责任人和威胁对象选中,提取其手机号码写入预警短信中,为发送做好准备。在实际应用中,管理部门的设定发送等级一般会高于监测责任人和威胁对象类型。由于 GSM 模块在短信发送过程中表现出来的性能相对较低,发送一条短信平均耗时 5 s,以至于在待发短信较多时,出现较长时间的延时。为保证重要、紧急信息优先发送,在写入短信的时候应当确定待发短信的优先级,系统按照短信的优先级安排发送。短信的优先级由预警结果的优先级和发送对象的优先级两部分构成,预警信息发布系统将检索优先级别表单获取相关信息。预警短信发布选择的基本流程见图 3.7.5。

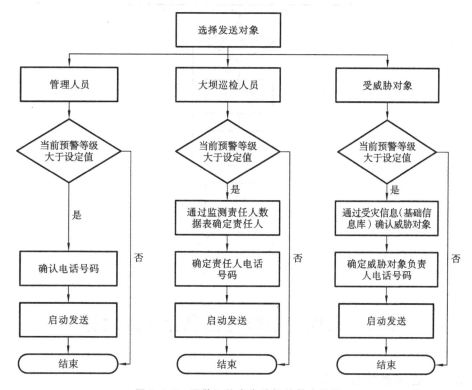

图 3.7.5　预警短信发布选择的基本流程

(4) 预警邮件发送

预警信息电子邮件发送平台作为预警信息短信发送平台的补充,主要为用户提供更为详细、具体的灾害点实时监测信息与预警分析结果。邮件发送平台以邮件服务提供商提供的邮箱系统为依托,通过调用 SMTP 协议提供的接口和功能函数,实现对邮件的自动发送。SMTP(simple mail transfer protocol)即简单的邮件传输协议,是一种 RCF821 标准支持的数据传输协议,主要用来在互联网上进行电子邮件的传输业务,是一种基于 TCP/IP 协议之上的应用层协议。SMTP 协议规定的传输范围包括从客户端到服务器端的数据传输和从服务器端到客户端的数据传输业务。SMTP 协议与 POP3 等协议一起,共同构成邮件服务体系。利用开发平台提供的和通信协议无关的公共类,可直接调用相应的函数供接口完成邮件的发送。

根据水库大坝监测预警系统的预警分析结果,结合预警信息发送规则和历史发送情况,确定本次预警结果是否需要发送,若不需要发送,则直接结束;若需要发送本次预警结果,则根据预警结果、监测点信息、监测数据信息等信息生成预警邮件的发送内容,同时根据监测点编号和预警结果确定发送对象,并从数据库中读出邮箱地址和服务器信息,最后通过调用相关的发送函数完成预警邮件的发送操作。由于邮件发送系统延时相对较低,且在网络正常的情况下,不存在发送失败或发送错误的问题,因此无须考虑邮件预警信息的发送优先级问题。预警信息邮件的发送流程见图 3.7.6。

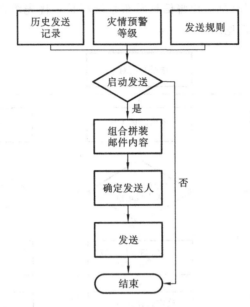

图 3.7.6　预警信息邮件的发送流程

3.8　大坝安全监控信息化功能设计

3.8.1　监控系统设计原则

（1）开放性与标准化原则

开放性与标准化原则是一个系统赖以生存发展的基础。只有开放的系统,才能充分发挥计算机的能力,体现良好的低投入高产出的投资收益。只有坚持标准化的系统,才能保护用户的投资,体现良好的可扩展性和互操作能力。

（2）可扩展性原则

在设计中,采用系统结构模块化,软硬件平台可以积木式拼装。

（3）高效实用性原则

实用性永远放在第一位,是系统赖以生存的基础。

（4）先进性原则

先进性是系统赖以生存发展的条件。只有先进的系统,才能充分发挥计算机的能力。先进性如不能保证,则会在系统的使用阶段出现后期投资追加过大,系统维护费用加大等问题。

（5）可管理性和可维护性原则

所选产品和应用系统应具有良好的可管理性和可维护性。

（6）可靠性和安全性原则

采用可靠性设计,力求系统安全、可靠、稳定地运行。系统的安全性是保证整个系统正常运转的前提条件和基础,也是系统的重要要求之一。

（7）业务规范化原则

在系统建设过程中,伴随着业务的规范化,系统要确保与真实业务相一致。

3.8.2　安全监测功能模块设计

安全监测是掌控大坝运行状态的重要手段。安全监测模块包括数据查询、巡视检查、图形报表、报告生成和数据入库等功能（见图 3.8.1），可实现对渗流、变形、压力等监测数据的采集、整编、分析、查询、下载和展示，巡视检查结果上传及上报，以及安全监测报告自动生成等，为大坝安全运行等提供支撑。

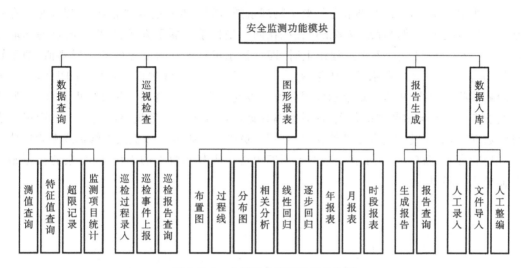

图 3.8.1　大坝安全监测功能结构图

（1）数据查询

数据查询提供了测值查询、特征值查询和超限记录查询等功能。首先系统提供了整编库和原始库两种数据库。整编库是利用软件提供的分析工具，利用专业知识对原始监测数据进行整编、分析，剔除不合理数据和偶然误差，并进行合理修正后所得到的数据，是对原始数据加工的结果。为了保证数据的真实性，避免因整编人员受水平限制而对数据进行不合理的修改，原始库中保存的是采集的第一手数据，不允许做任何修改，确保了数据的安全。

数据查询的分类和设置完全按规范要求执行，可以很方便地选择所需要查询的任何仪器的监测数据。通过添加或删除，可以进行单个或批量监测数据查询。通过输入起止时间，可以查询所在时间段的数据，并可导出 Excel 文件格式。数据查询提供了非常方便的排序功能，只要点击列标题，就可按升序或降序显示数据，便于极值的查找。

特征值是判断大坝安全运行的重要指标，亦是资料整编的统计分析方法。特征值查询功能支持查询一支或多支仪器在年、月、季及任意时段的最大值、最小值、平均值等特征值，并可导出。

超限记录是对某个监测项目或某支传感器，根据设计或理论计算所确定的安全运行时仪器监测数据不能超过的最大值、最小值、最大变幅或最大变化速率等。当该传感器监测数据超过预设值后，系统将自动预警，数据自动录入到该菜单并通过短信发送到指定人员，提醒其进行处置。这便于管理人员集中查阅、处理并及时做出反馈，准确掌握大坝安全状态。

（2）巡视检查

用户可通过系统对巡检记录进行条件查询，条件包括起止时间、是否存在异常等，巡检报告包括巡检时间、人员、位置、现场照片、巡检问题等。同时，该功能可以兼容配备智能移动巡检终端的用户通过移动巡检上报的记录。详细功能已在3.3节描述,本节不再赘述。

(3) 图形报表

图形报表的功能根据现行大坝安全监测技术规范中的相关要求,为监测物理量提供时空分析方法,对水库的运行状态做出评价,主要包括过程线、分布图、布置图以及测值比较、各类报表生成等功能,在此基础上采用各种方法进行定性、定量以及综合分析,并对工作状态做出评价。

过程线主要用于检查、判断和分析监测物理量随时间而变化的规律和趋势,以及是否存在异常。过程线提供了单过程线或多条过程线在同一坐标系的展示方式、过程线测点的选取方式及数据查询。当将鼠标置于过程线上时,即可显示鼠标所在时间点的各仪器测值,便于查询、对比分析。图3.8.2所示是一体化信息系统图形报表过程线界面,通过点击图例,可以显示或隐藏某些过程线,更直观地显示仪器测值的变化过程,便于资料分析和判断。此外,鉴于过程线能直观显示异常数据的特点,针对整编数据库设计了相应数据整编功能。当用鼠标点击异常数据时,页面跳转到数据整编窗口,管理人员可以根据专业知识人工修正或删除这些数据。该功能直观、简单,避免了在繁杂的数据库中进行查找和整编的工作,使复杂的数据整编工作简单化、高效化。

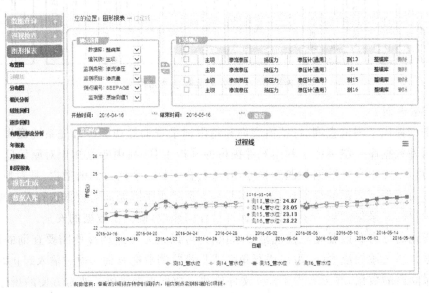

图3.8.2 图形报表过程线界面

分布图用于分析监测物理量随空间而变化的情况,侧重于同一部位不同时间,或同一部位不同监测量相互对比,以分析各变化量的大小、规律是否一致。分布图可以直观、形象地显示某个测量值在建筑物的分布情况。如图3.8.3所示,分布图形象地展示了渗流在坝体内部的分布情况,图上标示了每支仪器的测值,同时在数据显示区亦显示各测点的值。为了便于分析和判断坝体的安全性态变化情况,分布图还提供了对比分析功能,可同时将多个比较时段的分布曲线展示出来。

定量分析主要用于建立效应量(如位移、渗流压力等)与原因量(如上游水位、降雨量、气温等)之间的关系模型。本功能模块提供了相关分析、多元回归分析、逐步回归分析等定量分析方法,可计算出相关系数、回归方程,并绘制相关图,以满足资料计算分析的要求。

其中,相关分析主要用于两个监测项目的相关性分析,适用于监测项目受单一因素影响或

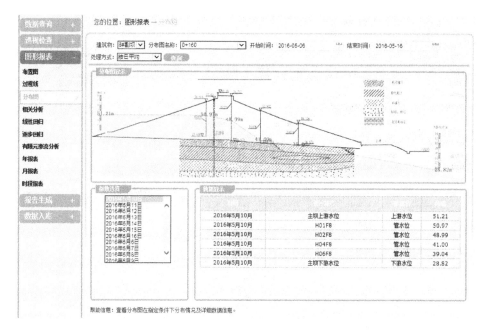

图 3.8.3 图形报表分布图界面

主要受单一因素影响的计算分析,支持自定义选择原因量和效应量以及分析的时段,分析的结果包括相关方程、相关系数以及相关图等,见图 3.8.4。

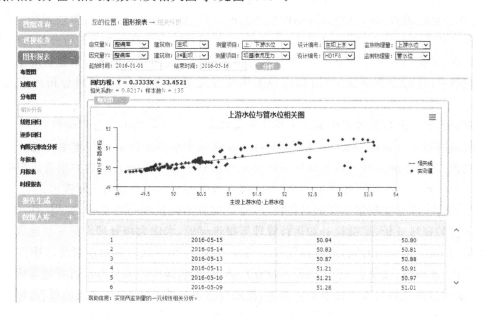

图 3.8.4 图形报表相关分析界面

多元回归分析和逐步回归分析主要用于一个监测量受多重因素影响的回归分析,可以找出不同因素对监测物理量的影响程度。支持自定义选择原因量和效应量以及分析的时段,分析的结果包括相关方程、回归方程以及相关图,见图 3.8.5。

(4) 报告生成

根据安全监测技术规范要求,水库大坝管理单位应及时对监测资料进行整理、整编和分

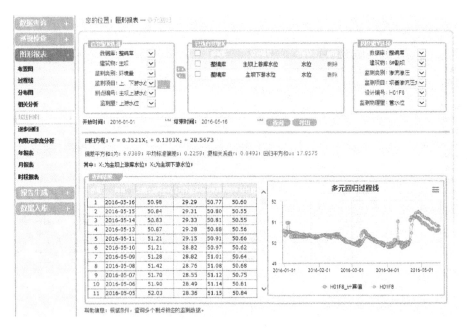

图 3.8.5　图形报表多元回归分析界面

析,编写整编分析报告。资料整理与整编的主要内容包括每次监测完成后,及时检查各监测项目原始监测数据的准确性、可靠性和完整性,进行各监测物理量的计算,绘制监测物理量的过程线,检查变化趋势;每次巡检完成,随即整理巡视检查记录,并按时序进行整理编排。资料分析是在资料整理的基础上,采用过程线、分布图、相关图及测值比较等方法进行分析和检查,然后进行定性、定量以及综合性分析,对工作状态做出评价。监测资料整编分析报告的基本内容包括工程概况、仪器安装埋设、监测和巡视工作情况说明及主要成果、资料分析内容和主要结论。

　　监测资料整编分析报告要求编写人员应具备较丰富的专业知识和管理经验,这样才能编写质量较高的报告。而许多水库大坝管理单位,尤其是中小型水库大坝管理单位相关人才配备尚不完善,致使不能及时对监测资料进行合理整编分析并形成较为科学的报告。根据监测成果自动科学地分析和编写报告的功能,将能解决水库大坝管理单位的实际需求。

　　整编报告生成功能根据水库的具体特点,通过配置不同整编报告模板,如周、月、季、年及任意时间段的资料分析、巡视检查和运行管理等报告模板,水库大坝管理人员只要选取需要的报告模板,并输入相应的时间,即可预览报告内容,并保存和下载。该功能可将水库涉及的水库基本信息、水雨情、安全监测(包括巡视检查)、防洪、兴利调度以及日常运行管理等所有的数据,根据需要自动从数据库中抽取至报告内,按照规程规范的要求,生成各类的报告,例如安全监测整编报告、分析报告、运行管理报告、综合报告等。报告包括分布图、数据表、特征值、巡检记录、监测成果、主要结论等,可为管理人员提供决策依据。该功能可大大提高工作效率,减轻劳动强度,提高报告质量。整编报告自动生成界面见图 3.8.6。

　　(5) 数据入库

　　数据入库包括两种方式,分别为自动化采集入库和人工监测数据入库,其中自动化采集入库通过配套的数据同步软件自动转入,人工监测数据入库主要包括逐条录入和按标准 Excel 模板批量导入。数据入库的同时,会进行监测成果计算以及数据检验。

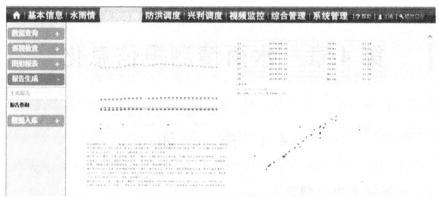

图 3.8.6　整编报告自动生成界面

3.8.3　功能设计特点

大坝安全监控信息化功能设计具有以下特点。

① 根据《土石坝安全监测技术规范》(SL 551—2012)、《混凝土坝安全监测技术规范》(SL 601—2013)等现行标准进行开发。

② 可集成水库大坝管理单位现有已实施的不同厂家生产的数据采集系统,并提供了人工观测数据的批量入库功能,实现安全监测数据的统一整合、管理和共享。

③ 打破人工编写水库运行管理报告的传统,按照规程规范要求编制报告模板,生成内容齐备并符合规程规范要求的工程管理报告,可提高工作效率和管理水平。定时自动生成报告报表,自定义时间规则,自定义报告报表种类,随时查看、调用、打印和下载报告报表,让工作更加简便轻松。

④ 资料自动整编。系统自动整编功能为安全监测资料整编提供了专业分析手段,极大地弥补了管理单位专业人员技术能力不足的缺陷,让分析人员从烦琐的整编工作中解脱出来,突破了专业上的限制。

⑤ 具有特征值统计、过程线及分布图的自定义绘制、相关分析、多元回归分析等功能,为监测资料整编提供了多种定性分析以及定量分析手段,并具备各时段标准报表自动生成功能,可大大减轻管理人员工作强度。

⑥ 具有实时预警功能。当监测值超过警戒值或设计值以及历史极大(小)值时,系统自动报警,并同时以短信、邮件等方式通知相关责任人进行处置。

本章参考文献

[1] 徐鑫.大坝安全监测系统设计及数据分析[D].武汉:华中科技大学,2011.

[2] 黄志强,修延霞.大坝安全监测的组合式监测系统[J].科技创新导报,2009(26):78.

[3] 石芳.大坝安全监测自动化管理信息系统的研究与开发[D].西安:西安电子科技大学,2006.

[4] 席秋义.册田大坝安全监测系统软件的研究与开发[D].太原:太原理工大学,2003.

[5] 沈海尧,王玉洁,吕永宁.水电站大坝监测自动化的现状与展望[J].浙江水利科技,2004 (2):23-25.

第4章　水雨情测报信息化

4.1　概　　述

4.1.1　水雨情测报的概念

水雨情测报是指对江河、湖泊、水库等水体的水文要素实时情况的监测报告以及对未来情况的预报,涉及防洪、抗旱、水资源综合利用与管理以及水生态环境保护等多个领域,与经济社会发展密不可分,是水文工作中的重要组成部分。广义上讲,一切围绕水雨情测报所展开的专业工作和管理活动,都称之为水雨情测报工作,简称"水雨情"。

水雨情测报是水库大坝管理的一项基本工作,是掌握水库水文资料、采取防汛措施、做好用水计划、进行科学调度和验证水库设计的依据。有了水文测报,才能做到心中有数,为确保水库的安全度汛和充分发挥工程效益创造条件。

很多水库是在短缺水文资料的情况下修建的,设计时的参数计算是否符合实际,需要在管理运用中,通过水库本身的观测资料进行验证。因此,不论是为了科学地进行水库调度,还是为了更有把握地进行水库工程的扩建或改建,都需要在管理运用过程中积累水库本身的水文观测资料。

对于在上下游、干支流修有多座水库的河流,一方面可联合调度、综合运用,更有利于工程效益的发挥;另一方面若有一座水库调度管理不善,就会影响到其他水库的安全,甚至一旦失事,将会造成巨大的生命财产损失。因此,为了对人民负责,确保水库安全度汛,尤其需要搞好水文测报工作。

概括来讲,水雨情测报工作的重要意义主要体现在:为防汛抗旱提供重要支撑和保障;为突发公共水事件提供预测分析;为水资源的优化配置、高效利用提供基础依据;为生态建设提供基础信息;为水利工程建设和运行奠定坚实基础;为经济社会发展和人民群众生产生活提供全面服务。

水雨情测报信息化,就是有效地利用现代传感和遥测技术、计算机技术和信息传输技术等,使水雨情信息采集、存储、传输、应用和预测等方面具有较高的科技水平和智能化程度,提高水文信息资源的应用能力和共享程度,从而全面提高水利技术发展与水文事务处理的效率和技能。

为及时获取水库的水雨情信息,保障水库安全度汛,大部分水库管理单位建设了水雨情自动测报系统,通过在水库大坝上布设一定量的雨量计、水位计和测速仪,实现对水库大坝及所在上游库区的降雨量、水库的上下游水位、出入库流量等参数的自动监测,为水库的安全管理、防汛与兴利调度以及应急处置提供及时的信息。

水雨情自动测报系统是现代化水利系统的重要组成部分,提供对实时数据的查询、预警,对历史观测数据的查询、管理、图表常规分析、统计模型分析等功能。这不仅能为水利工作人员的防汛抗旱决策等提供重要的数据资源,还可为水资源优化调度和科学决策提供依据。该系统充分体现了水利工程利国利民的特点,可有效地保护人民群众的生命和财产安全,对保障社会稳定和可持续发展有着积极的推动作用,在国民经济可持续发展中占有极其重要的地位。

4.1.2　水雨情测报工作的主要内容

水雨情测报工作可分为水文情报、水文预报、水情服务和水情管理 4 个部分,各部分工作内容如下。

水文情报工作主要包括:水情编码、水情报汛、水情传输、水情监视、水情信息报送、质量考核等内容。水情报汛站和各级水情管理单位要严格执行《水文情报预报规范》、水情信息编码标准和报汛任务,及时、准确地报送各类水情信息。当发生超标准洪水和突发事件时,要尽可能采取措施报告水情。水情信息通过公网和水利专网传输。水情信息传输基本流程一般为水情站→水情分中心→省(自治区、直辖市)和流域机构水情中心→水利部水利信息中心。

水文预报工作主要包括:预报方案编制和修订、预报方案评定和检验、作业预报和预报会商等。各水库编制的水文预报方案须经水库主管部门审定。已使用的预报方案,应根据实测资料积累情况,进行修改和补充。实时水文预报,应按照规定发至有关单位和部门,并根据水情、雨情的变化,及时发出修正预报。

水情服务工作包括:水情信息的提供和发布、危险或灾害性水情的报警、预报信息的发布、水文情势的分析、旱涝趋势的展望等。

水情管理工作主要包括:水情工作总结、水情工作质量评定和水文情报预报效益分析等。

4.1.3　水雨情测报的主要功能

一般而言,水文自动测报系统应具有以下功能[1]。

(1) 采集功能

通过遥测站自动采集雨量、水位等信息,是水雨情自动测报系统最基本的采集要素。对于重要江河的防洪控制站与受人类活动影响较大、水位流量关系复杂的河段,则需自动采集流量信息。对于非自动采集的流量信息,则应具有现场人工置数或水位流量关系自动转换的功能。

(2) 存储功能

长期以来,我国水文采集数据大都采用现场纸记载方式。随着水雨情自动测报系统技术的逐渐成熟,部分水文数据通过无线或有线的方式,传输至中心站的计算机中存储。该方法由于受各种自然条件的影响,往往有许多数据传输遗漏,导致不满足基本水文资料收集要求。因此,根据需要遥测站本身一般要具有存储功能。

(3) 传输功能

遥测站只有将采集到的水文信息迅速传输至各分中心或中心,才能为防洪调度等提供决策支持。对于为水利水电工程兴建的水雨情自动测报系统,其传输方式比较简单,一般将各遥测站水文信息直接传输到中心站或水情中心,当距离较远时考虑增设若干中继站或水情分中心。对于省(自治区、直辖市)、流域或国家层面的水雨情自动测报系统,由于规模过大,并已形成一套规范的报汛管理体制,往往根据行政管理现状,划分若干区域设立水情分中心,采用由各遥测站将水文信息传输至分中心,再由分中心传输至省中心、流域中心、国家中心的分级传输方式。

(4) 数据接收处理功能

各类中心站应具备实时数据接收、处理和对遥测站监控的能力,且能对接收的数据进行检查、分类，并建立数据库，提供查询、输出、发布等功能。

（5）水文预报及报警功能

水雨情自动测报系统应具有经验模型、概念模型、数学模型等各类预报模型，能自动完成不同方案的预报，还应具有在个别遥测信息漏缺情况下的预报功能。对于预报结论，系统应具有对外通报和发布功能。同时，当雨量、水位、流量等水文要素超过某一规定的数值，设备的供电不足或电压下降低于设计的阈值，以及设备出现故障时，应有自动报警功能。

（6）防护功能

遥测站、中心站应具有过电压保护、防雷、防破坏和防盗功能。

4.1.4　水雨情测报信息化的意义

只有充分掌握降雨量的时空分布以及水雨情的发展趋势，提高洪水预报的科学性、准确性、及时性，才能为防汛抢险赢得宝贵的时间。

建设水雨情自动测报系统是提高水库的防洪预报能力，满足水库防洪调度的需要，也是确保大坝安全，充分发挥水利工程综合效益的需要。只有科学的调度，才能在保证防汛安全的前提下，最大限度地发挥水利工程的效益。

经过多年实践证明，采用非工程措施与工程措施紧密结合的方式，对充分发挥水利工程在防洪、水资源综合利用、水环境保护等方面的综合效益具有重要作用。因此，改善水库水文设施和装备，建设水库水情信息现代化，已成为水利工程和水库除险加固工程中的一项重要建设内容。

随着社会经济的发展和人类生产活动的增强，洪涝灾害造成的损失在以更快的速度增长，这给人民生命财产带来巨大损失，也严重影响了社会经济的可持续发展。要做到科学防灾减灾，必须做好洪涝灾害的监测、预报、评估等工作，而水雨情监测是防灾减灾的基础。

水雨情信息是江河、水库洪水预报调度和防汛决策的重要依据，缺乏准确及时的水雨情信息，就难以对防灾抗灾形势进行正确分析和客观判断，也就难以做出正确的决策和合理地制订水库调度方案。因此，充分利用现代科技，整合现有的水雨情自动测报系统资源，建设遥测水雨情信息服务系统是非常必要和紧迫的。

4.1.5　水雨情测报信息化的现状和发展趋势

水雨情自动测报是为适应江河、水库等防洪调度的需要，逐步实现现代化管理目标，采用现代科技对水文信息进行实时采集、传输、处理及预报的自动化技术，是有效解决江河流域及水库洪水预报、防洪调度及水资源合理利用的先进手段。综合水文、电子、电信、传感器和计算机等多学科的有关最新成果，提高了水文测报速度，改变了以往仅靠人工测报水文数据的落后状况。水雨情自动测报在江河防洪、水库安全度汛、电厂经济运行以及水资源合理利用等方面发挥了重要作用。

我国水雨情自动测报系统的建设大体上经历了三个阶段[2]：从 20 世纪 70 年代中期开始到 80 年代中期为初级阶段；80 年代中后期开始的十余年为小流域水雨情自动测报系统建设的发展期；90 年代后期为适应防汛和水利调度现代化、信息化的要求，以及通信、计算机和网络技术高速发展的时代特点，水雨情自动测报系统的建设进入了网络化阶段。2003 年编制完成的《水文自动测报系统规范》(SL 61—2003)吸取了各单位研制建设"测报系统"的经验和教训，统一了技术标准，对"测报系统"的建设和发展起到了很好的推动作用。

　　随着国内研究的发展,在系统应用软件上,已由单机接收处理信号进行简单的水情预报,发展为利用网络技术和计算机技术实现跨平台的异地远程水库调度。计算机网络与遥测网络连接,可实时接收、处理测站数据,并可通过网络浏览器进行数据查补、历史数据检索查询、数据修改,以及人工输入数据处理、设备监控、水务计算、洪水预报和调度管理[3]。

　　目前,国内大江大河防洪体系建设已经启动,国家防汛指挥系统建设已进入实施阶段。随着国民经济的发展和计算机及网络技术的普及,各种通信技术的综合应用,实现水情信息的远程传输和水调自动化已成为目前的发展趋势。

　　国际上自 20 世纪 60 年代起,日本和美国率先开始进行水情自动测报技术的研究和开发。随着计算机技术的迅速发展,水情测报技术产品在最早的分立式电子组件产品基础上获得了较快的发展。1976 年美国 SM 公司与美国天气局合作研制成的一套水情自动测报设备,是该时期的代表性产品。20 世纪 80 年代以后,由于遥测设备的不断完善,数据传输方式的多样化及其可靠性的增加,以及计算机技术和预报调度软件的进一步发展,水情遥测和防洪调度自动化技术在世界范围内得到了广泛应用。美国全国共有 13000 多个测站(雨量站、水位站),有 7000 多个卫星数据收集平台,可每半小时自动传送或随时遥测水文信息;全国有 400 个洪水自动预警报系统,有 165 个多普勒雷达站,控制面积覆盖全国,且每 15 分钟收集一次信息,用于监测降雨和面雨量估算;系统还会以雷达测雨信息计算的面平均雨量作为基本资料,对面雨量进行有效的修正和检验。日本在其国土面积上建有 26 个雷达雨量站,2500 余个地面雨量站和 2100 余个水位站,观测范围覆盖整个日本。这些测站采用先进的测量设备,数据通过遥测系统传输到工事事务所,收集齐全国的水情信息仅需 10 分钟且每 1 小时更新一次信息。事务所也可通过监视器察看测站的运行情况,所有测站均实现无人值守。20 世纪 90 年代以后,功能更强、应用范围更广的自动测报系统在水利、水电、气象以及各类要求遥测水文、气象(包括气温、风向、湿度、水温、水位、雨量、降雪量等)参数的专业领域得以应用[4]。

　　水雨情自动测报系统,功能上实现了水雨情信息的自动测报,掌握了水库降雨量的时空分布以及水雨情的发展趋势,提高了洪水预报的科学性、准确性、及时性,提高了水库的防洪预报应对能力,满足了水库防洪调度的需要,同时提高了水库现代化管理水平,提高了水库的工作效率,为决策部门的决策提供了科学依据。

4.2　水雨情数据采集与传输

4.2.1　水文测站的布设

　　水文现象在地区分布上存在着差异,要研究、掌握不同地区,不同条件下的水文要素的变化规律,就需要布设水文测站,搜集有关水文资料。

　　水文测站是在河流上或流域内设立的,按一定技术标准经常收集和提供水文要素的各种水文观测现场的总称,是组织进行水文定位控制观测和水文调查的基地,其搜集到的水文资料应能反映所控制地区(一个流域、一个水系或一条河段)的水文规律。

　　基本水文站按观测项目可分为流量站、水位站、泥沙站、雨量站、水面蒸发站、水质站、地下水观测井等。其中流量站(通常称作水文站)均应观测水位,有的还兼测泥沙、降水量、水面蒸发量及水质等;水位站也可兼测降水量、水面蒸发量。

　　布设测站时,应根据水库控制面积的大小、降水特点、河网分布、水库调节能力、运用方式,以及引水、泄流排沙工程布置等情况,整体考虑,全面布设;进行联合调度的串联、并联水库群,或有河库联合调度任务的水库,还应视水库在流域内的分布情况、各水库所担负的调水调沙任务和水文情报以及联合调度运用的要求,综合考虑布站。

(1)出库水文站

各水库均应根据生产管理需要的具体情况设出库水文站,对库区引出的水、沙量,均须进行观测或调查。用设立水文测验断面或利用泄水建筑物进行测验的方法,控制下泄流入河道和引入渠道的水量和沙量。

(2)进库水文站

集水面积较大,且进库水流集中的水库,一般应设进库水文站。一般水库的进库水文站所控制的入库总水、沙量应不少于 60%。较大河流上重要的综合利用水库和有泥沙问题的水库,所设进库水文站应控制入库总水、沙量的 80%以上。集水面积小,没有泥沙测验任务的水库,可不设进库水文站。

(3)雨量站

降水量是水库安全运用所需水文情报、预报的重要依据,也是控制入库水量的另一种方式。凡以降水径流补给为主的水库,均应做好雨量站的布设。布设时应满足下列要求:

① 雨量站布设的范围,根据水库调度运用对水文情报、预报的要求而定。集水面积较大的水库,可视洪水预见期的长短,在上游预报起始水文站至坝址区间的集水面积内布设;在小河流上的水库,应在水库控制的整个集水面积内布设。

② 雨量站布设的密度,应使控制面积内的平均降水量误差,不影响水库的预报和降水径流关系分析计算所需精度为准。布站时,应对所在地区或相似地区的暴雨资料进行分析。一般可按当地雨量站网规划标准合理布站。

③ 在山区设站时,须考虑降水的垂直分布、山坡的坡度和方向。应特别注意在经常出现的暴雨中心地区布站。在平原地区设站时,可均匀布站。

④ 在满足前三项原则的前提下,尽量考虑报汛、交通、生活方便等条件。

⑤ 初期布站应较密。经几年观测后,可在分析资料的基础上进行调整。

进出库水文站和雨量站的布设,须根据各水库生产管理需要的具体情况全面规划,在已设站的基础上逐步调整,达到基本满足控制进出库的水量和沙量的要求。

4.2.2 降水监测数据采集及处理

降水量是水文测验的最基本观测项目,也是主要的水情信息要素。降水按形态可分为固态降水(如雪、冰雹等)与液态降水(如雨、露、雾、霜)两种,因此,降水观测仪器亦分为降雪观测仪器和降雨观测仪器。

降雨量一般都是使用一定口径大小的雨量计来承接雨水进行测定的。雨量计由承雨器(口径为 200 mm)、漏斗、储水瓶及外筒等几部分组成,并配有专用量测降雨量的量雨杯。下面介绍几种水利工程中常见的雨量计。

(1)虹吸式雨量计

虹吸式雨量计是我国目前使用最普遍的雨量自记仪器。在小雨情况下,测量精度较高,性能也较稳定。但由于其原理上的限制,不易将降雨量转换成可供处理的电信号输出,因而不可能远距离传输,也不能完成无纸化自动记录以及进一步的数据处理,因此其只适用于人工采集数据和手工录入的情况。

（2）翻斗式雨量计

翻斗式雨量计可分为单翻斗雨量计和双翻斗雨量计。绝大部分翻斗式雨量计都是单翻斗的，只有雨量分辨力为 0.1 mm 时，因为要控制雨量计量误差，才采用双翻斗形式。用于水文自动测报系统的雨量计很少要求使用 0.1 mm 分辨力的雨量计，因此，双翻斗雨量计也就很少使用。

翻斗式雨量计是雨量自动测量的首选仪器。其结构简单、性能稳定、价格低廉，且信号输出为简单的触点开关状态，适合自动化、数字化处理，容易被各种自动化设备接收处理，可以应用于绝大多数场合。

（3）浮子式雨量计

浮子式雨量计从外形上看和其他雨量筒没有什么差别，但雨量计量部分是一个浮子式的。该种雨量计包括了翻斗雨量计和浮子式水位计两部分结构，还有降雨进入和排水控制器，结构较复杂，价格偏高，但其能适应各种降雨强度，尤其是对大雨的适应性很好，雨量计量误差小。

（4）容栅式雨量计

容栅式雨量计也被称为电容栅式雨量计，使用容栅传感器对承接的雨水进行计测。容栅传感器是一种先进的线位移传感器，是在光栅、磁栅后发展起来的新型位移传感器，利用高精度的电容测量技术测得因位移变化而改变的电容，从而测得位移量。容栅用于位移量测量的准确度很高，在量程为 10～20 cm 时，一般产品很容易达到 0.03 mm 的准确度，能满足 0.1 mm 分辨力的雨量计的要求。

容栅传感器测得的位移量，以数字信号输出，由控制部分进行运行控制和接收测得数据，测量过程和浮子式雨量传感器类似。容栅式雨量计的容栅式位移传感器不比水位编码器简单，但其有更高的准确度，也不受降雨强度影响。这些特点基本上和浮子式雨量计相同，可应用的场合亦基本相同。

4.2.3　水位监测数据采集及处理

传统的水位观测采用人工观测，通过建设基本水尺，或在有条件的站点建设水位测井配置自记水位计，实现水位观测。

水位观测常用的仪器设备有水尺以及浮子式、压力式、超声式、雷达、激光等几大类水位计。

（1）水尺

水尺是每个水位测量点必需的水位测量设备，是水位测量基准值的来源。一个水位测量点的水位约定真值都是依靠人工观读水尺取得的，所有其他水位仪器的水位校核都以水尺读数为依据。在一些不能安装自记式水位计的测量点，观读水尺更是唯一测量水位的方法。

在实际的水位测量中，利用水尺观读水位有 3 种应用方式，包括普遍使用的直立式水尺、斜坡式水尺和矮桩式水尺。

（2）浮子式水位计

浮子式水位计是最早使用的水位计，配上纸带记录部分构成了多种浮子式自记水位计，目前仍是我国水利系统中最主要的水位自记仪器。浮子式水位计的工作原理是用浮子感应水位。浮子漂浮在水位井内，随水位升降而升降，浮子上的悬索绕过水位轮悬挂一平衡锤，由平衡锤自动控制悬索的位移和张紧。悬索在水位升降时带动水位轮旋转,从而将水位的升降转换为水位轮的旋转。水位轮的旋转通过机械传动使水位编码器轴转动,水位编码器将对应于水位的位置转换成电信号输出,达到编码目的。同时水位轮也可带动传统的水位画线记录装置记下水位变化过程,或者就用数字式记录器(固态存储器)记下水位编码器的水位信号输出。

浮子式水位计具有准确度高、结构简单、稳定可靠、易于使用的优点。尤其是全量型机械编码器,不需要电源,不会受外界干扰,并可方便地与各种记录、传输仪器配合应用。应用光电编码器的浮子式水位计运行阻力很小,具有很高的水位灵敏度,水位准确度更高。光电编码器虽然需要供电才能工作,但在用于遥测时,其所需的电源也不必另作考虑。

使用浮子式水位计必须建设水位测井,前期的土建工程投资较大,这是这类水位计的一个缺点。实际上,大部分水文测站都建有水位测井,只有在不能或难以建井的水位测站才会有应用上的困难。

因此,水文自动测报系统建设,最优先采用的是浮子式机械编码水位计,1 cm 的水位分辨力已能满足水位测量要求。在水位准确度要求较高、水位井较小因而浮子必须较小的场合可以选用浮子式光电编码水位计。

(3)压阻式压力水位计

压阻式压力水位计简称为压力式水位计,是将扩散硅集成压阻式半导体压力传感器或压力变送器直接投放在水下测点处感应静水压力的水位测量装置。该水位计能用在江河、湖泊、水库及其他水密度比较稳定的天然水体中,无须建造水位测井,可实现水位自动测量和存贮记录。

压阻式压力水位计的最大特点就是可以应用于不能建水位测井和不宜建井的水位测点。其输出是易于处理的电模拟量,或就是数字量,适用于自动化测量和处理。不足之处是只适用于含沙量和水位变幅不大的水体,适用面受限,且水位测量值不稳定,影响因素很多,要可靠地达到水位测验精度要求较为困难。

(4)超声波水位计

超声波水位计是一种把声学技术和电子技术相结合的水位测量仪器,是无测井水位计的一种。超声波水位计具有无测井水位计的特点,适用性强,无须安装在水下,不受流速、水质、含沙量的影响。

(5)雷达水位计

雷达水位计的工作原理与气介式超声波水位计完全一致,只是不使用超声波,而是发射和接收微波脉冲。雷达发射接收的是微波,所以雷达水位计也称为微波水位计。

与超声波相比较,微波在空气中的传播速度可以被认为是不变的。这就使雷达水位计无须温度修正,大大提高了水位测量准确度。微波在空气中传输时损耗很小,不像超声波那样,必须要有较大功率才能传输(包括反射)通过较大的范围。超过 10 m 的水位变幅,气介式超声波水位计实现测量就很困难,而雷达水位计可以用于更大的水位变化范围。

雷达水位计既不接触水体,又不受空气环境影响,可以用于各种水质和含沙量水体的水位测量,准确度很高,还可以在雾天测量,且水位测量范围基本无盲区,功耗较小。但其测量精度易受雨滴、雪花和水面漂浮物的影响。

(6)激光水位计

激光水位计的工作原理与气介式超声波水位计和雷达水位计完全相同,但发射接收的是激光光波。工作时,安装在水面上方的仪器定时向水面发射激光脉冲,通过接收水面对激光的反射,测出激光的传输时间,进而推算出水位。激光水位计是一种无测井的非接触式水位计,具有量程大、准确性好的优点。但由于激光发射到水面后,很容易被水体吸收,反射信号很弱,因此对环境要求较高,应用并不普遍。

综上所述,水尺和浮子式自记水位计广泛应用于水位观测,这些简单的、需要人工观读的水位观测设备长期以来用于一般的水位数据采集,其中水尺水位读数被认为是准确的水位数据。但水尺不能自动测量,其水位输出不能接入自动测量设备。能直接用于水位自动采集的水位计是浮子式水位计、压阻式压力水位计、气泡式压力水位计、超声波水位计,其测得水位输出都是电模拟量或数字量,可以由遥测设备自动采集。遥测水位计能够长期自动工作,能适应野外无人环境,有长期记录水位的功能,或者能输出一标准水位信号,使一些专用记录仪和遥测终端能方便地记录下遥测水位计测得的水位。近期振弦式水位计、雷达水位计、激光水位计、电子水尺也开始应用于水位自动采集。

4.2.4　流量监测数据采集及处理

常规流量测验有流速仪浮标法、水文缆道、船测和桥测等,使用的仪器主要有旋桨式和旋杯式等转子式流速仪,以及超声波流速仪、电波流速仪、声学多普勒流速剖面仪等非转子式流速仪。此外,还有比降面积法、量水建筑物测流法等方法。

1)浮标法

浮标是漂浮在水面上的一个标志,可以认为浮标的运动是水面流速推动的结果,其运动速度和水面流速基本一致。因此,测出移动速度就测得了水面流速,测出运动轨迹就测得了水面流向。浮标可分为水面浮标、深水浮标、浮杆等 3 类。

(1)水面浮标

水面浮标漂移在水上,入水很浅,只受表层水流的推动影响,所以可以认为测得的是水面流速。水面浮标只受水面流速影响,由于水上部分的体积相对较大,易受风力影响,但水面浮标简单、价廉。

(2)深水浮标

深水浮标为了弥补水面浮标只能测到水面流速的缺陷,有较大部分沉到水下一定深处,随水面上的浮出部分一起运动。国外的有些浮标设计使水下部分达到 0.25 m 甚至 0.9 m 水深处,浮标运动速度是部分或大部分垂线上流速作用的结果,测到的垂线流速较准确,浮标系数也比较稳定。

(3)浮杆

浮杆的原理和深水浮标类同,只是为了制作方便,在浮标下悬挂了一根沉入水中的杆子,使整个浮杆能较好地测得垂线平均流速。浮杆的杆长可以调整,随水深而定。

2)水文缆道

水文缆道是我国水文测站进行测流取沙的一项重要技术装备,分为悬索缆道、悬杆缆道和吊箱缆道,其中应用最多的是悬索缆道。

水文缆道的测验信号主要包括水面、河底、流速、采样器开关等信号,测验信号在传输过程中受到不同程度的干扰,使测验工作受到影响甚至无法进行,这些干扰主要由缆道支架感应的无线电波和周围环境所引起。如何准确无误地传输处理测验信号,是影响水文缆道自动化的关键。

水文缆道智能控制系统由水文缆道控制台、动力控制部分、计算机系统组成,通过计算机实现对缆道的全自动、半自动、手动测流控制,最终自动给出断面流量测验成果。水文缆道智能控制系统可提高流量测验精度,缩短测验时间,减轻劳动强度。

3)桥测方式

桥测是在没有固定缆道和测船的情况下,充分利用河面桥梁及测流仪器所进行的水文测验。我国目前所使用的桥测设备主要可分为运载工具与桥测仪器两类。

(1)运载工具

运载工具指携带测验仪器及施测人员至测点的运输工具,这些运载工具可以是自行车、平板车、拖拉机、拖斗车、中小型汽车等;对于简单的桥测,常用自行车、平板车、拖拉机、拖斗车等;而对于巡测,则主要采用经改装后的中小型汽车。

(2)桥测仪器

桥测仪器指在桥梁上完成测流或测沙所需的测量仪器。由于目前尚未统一标准,也没有定型的配置,仪器的选用主要是根据实测流速的大小及桥梁的实际状况来决定。

对于河道较窄、桥梁距河面较近、流速不大的小型河流,最简单的方式是采用测杆进行测量。一般是将流速仪固定在测杆上,用人工在指定的位置进行施测。个别也有采用架设活动缆道进行测量的。

对于水流急、含沙量大、漂浮物多及大洪水等复杂水流条件,仪器难以下水,浮标难以施放时,一般采用电波流速仪。仪器可架设在桥上,采用远距离无接触方法直接测量水面流速。这种测量方法因只能测量表面流速,只局限于比较特殊的场合使用。

对于绝大多数的桥测,一般采用桥梁水文绞车配以相应的仪器进行施测。这些仪器设备主要有:流速仪、测深仪、铅鱼、采样器或数据采集仪等。

4.2.5 水雨情数据传输

现场监测终端设备采集水雨情等水文数据后,需要及时、迅速地传送到有关水文信息管理部门,如各省、市、自治区、各流域机构的水文信息中心,经过处理、决策后,为国民经济各部门服务。

目前,数据传输主要有有线传输和无线传输两种方式。有线传输需借助于双绞线、同轴电缆和光导纤维等介质传输数据。有线传输需架设电缆或挖掘电缆沟,施工难度大,成本高。而无线传输是通过大气传输电磁波,只需在传送和接收设备上安装相应的设备模块,工程量小,成本低,因此随着遥测技术的发展,无线通信已广泛应用在水利部门的数据传输上。

在水雨情数据采集系统中使用的通信方式和技术有:超短波、公共交换电话网络(PSTN)、全球移动通信系统(GSM)、通用分组无线服务技术(GPRS)等。鉴于采集系统的数据传输要求和实际工程造价等因素,GPRS通信方式已成为目前实现采集终端设备数据传输的主流方式。

4.3 水雨情资料整编与分析

4.3.1 整编规则及内容

1. 资料整编规则

水文数据属国家公益性数据。为提供科学可靠的水文信息,必须对所采集的水位、雨量、流量等原始水文信息按照科学的方法和统一的格式进行整理、整编,使零散的水文信息成为系统、规范、完整且具有一定精度的水文资料,以供水文管理部门和有关国民经济部门应用。

2. 资料整编内容

水文资料整编可分为说明资料、基本资料和调查资料的整编。

1）说明资料整编

说明资料包括:整编说明,水位、水文站一览表,降水量、水面蒸发量站一览表,水位、水文站分布图,降水量、水面蒸发量站分布图,水文要素综合图表,测站考证图表。

2）基本资料整编

（1）水位资料整编

水位资料整编要求水位、水文站的水位有独立使用价值,并编制逐日平均水位表。在洪水期日平均水位不能代表水位变化过程的水文站,应编制洪水水位摘录表作为对水文的补充。沿海岛屿或以潮汐为主的感潮河段站应编制逐潮高低潮位表、潮位月年统计表。而针对潮位水位摘录表、逐日最高最低潮位表的编制是由复核单位来确定的。如果是重要港口、大江大河入海口、沿海岛屿以及受风暴潮影响的水文站应就实际情况编制风暴潮要素摘录表。

（2）流量资料整编

如果是大江大河干流站,应进行可靠资料的全部测次,中小河流各类站、大型水库溢洪道、坝下断面以及大型渠道站应选择有代表性的测次编入实测流量成果表。大中河流水文水位站应编制实测大断面成果表,水库溢洪道、坝下断面以及大型渠道站可根据需要编制。采用堰闸水力因素、电功率推求流量时应编制逐日平均流量表。在洪水期日平均值不能准确表示各项水文要素变化过程的河道站断面应编制洪水水文要素摘录表,行洪或有需要的堰闸站应编制堰闸洪水水文要素摘录表;水库站应编制水库水文要素摘录表。

（3）输沙率资料整编

实施悬移质输沙率测验的站应编制实测悬移质输沙率成果表、逐日平均悬移质输沙率表或者悬移质输沙率月统计表、逐日平均含沙量表。对于低沙测次的年份可不编制实测悬移质输沙率成果表。处于洪水期的平均含沙量不能准确反映洪水含沙量变化过程,且洪水水文要素摘录表未编制含沙量要素的站应编制洪水含沙量摘录表。

（4）泥沙颗粒级配资料整编

实施悬移质颗粒级配测验的站应编制实测悬移质颗粒级配成果表、实测悬移质单样颗粒级配成果表或者悬移质断面平均颗粒级配成果表、月年平均悬移质颗粒级配表。对于多沙河流重要站的实测流速、含沙量、颗粒级配表,日平均悬移质颗粒级配表的编制可由复审汇编单位确定。

（5）冰凌资料整编

针对冰凌的观测,要由观测冰厚、冰情的站编制冰情统计表,对冰凌过程资料有特殊要求的站应编制冰厚和冰情要素摘录表。对于实测冰流量成果表、逐日平均冰流量表的编制也由复审汇编单位确定。

（6）降水量资料整编

全年或汛期连续四个月观测降水量的站要编制逐日降水量摘录表。四段制及四段制以上观测站(人工、自记)应编制逐日降水量表。采用自记资料编制的站应编制各时段最大降水量表,站网密度较大的地区可选择代表站编制,按四段制及四段制以上人工观测;未编制各时段最大降水量表的站应编制各时段最大降水量表。

（7）水面蒸发量资料整编

观测水面蒸发量的站应编制逐日水面蒸发量表,采用不同口径蒸发器和蒸发池同步观测的资料,应平行编制。水面蒸发量辅助项目月年统计表的编制可由复审汇编单位确定。

3）调查资料的整编

水量调查资料的整编应包括:水量调查说明以及成果表,水量调查站（点）一览表（含资料索引）,水文站以上（区间）水量调查成果表,水库（堰闸）来水量（蓄水变量）月年统计表等。暴雨调查资料的整编应包括:暴雨调查说明及成果表,暴雨量等值线图。洪水调查资料的整编应包括:洪水调查说明及成果表,洪水调查河段平面图,洪水调查河段水面比降图,洪水痕迹调查表,洪水调查实测大断面成果表等。

对于暴雨洪水调查资料的整编要求与表格的形式,可由复审汇编单位确定。其他资料（平原水网资料、专用站资料及气温资料）的整编表格形式应由复审单位确定。各类资料的整编表项应保持历年稳定,如有特殊情况需变动,应予以说明。

4.3.2 整编方法

1. 水位资料整编方法

水位资料整编工作包括以下内容:考证水尺零点高程,绘制逐时或逐日平均水位过程线,数据整理,整编逐日平均水位表（水位站可整编洪水水位摘录表）,单站合理性检查,编制水位资料整编说明表。当水准点高程变动、水准测量错误、水尺被撞或冰冻上拔等引起水尺零点高程变动时,应对水尺零点高程进行考证。考证时,应对本年接测和校测的各次水尺零点高程记录做全面了解,列表比较,并进行检查。如有变动,应分析变动的原因、情况和时间,以确定两次校测间各时段采用的水尺零点高程及改正方法与数值。当出现水尺零点高程变动、短时间水位缺测或观测错误时,必须对观测水位进行改正或插补。当确定水尺零点高程变动的原因和时间后,可根据变动方式进行水位改正。

1）水位插补方法

（1）直线插补法

当缺测期间水位变化平缓或虽变化较大,但与缺测前后水位涨落趋势一致时,可用缺测时段两端的观测值按时间比例内插求得。

（2）过程线插补法

当缺测期间水位有起伏变化,如上游或下游站区间径流增减不多、冲淤变化不大、水位过程线又大致相似时,可参照上游或下游站水位的起伏变化勾绘本站过程线进行插补。洪峰起涨点水位缺测,可根据起涨点前后水位的落、涨趋势勾绘过程线进行插补。

（3）相关插补法

当缺测期间的水位变化较大,或不具备上述两种插补方法的条件,且本站与相邻站的水位之间有密切关系时,可用此法插补。相关曲线可用同时水位或相应水位点绘。如当年资料不足,可借用往年水位过程相似时期的资料。

2）水位资料整编工作内容

（1）日平均水位计算

日平均水位的计算方法有两种,即算术平均法和面积包围法。若一日内水位变化缓慢,或水位变化不大,但数据是等时距人工观测取得或从自记水位计上摘录,可采用算术平均法计算;若一日内水位变化较大,且是不等时距观测或摘录,则采用面积包围法,即将当日 0～24 时内水位过程线所包围的面积,除以一日时间求得,见图 4.3.1。

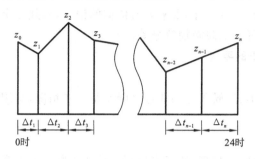

图 4.3.1　面积包围法示意图

其计算公式为

$$\bar{z}=\frac{1}{48}[z_0\Delta t_1+z_1(\Delta t_1+\Delta t_2)+z_2(\Delta t_2+\Delta t_3)+\cdots+z_{n-1}(\Delta t_{n-1}+\Delta t_n)] \quad (4-1)$$

（2）编制平均水位表

根据逐日平均水位可算出月平均水位、年平均水位及保证率水位。月平均水位和年平均水位计算公式为

$$月平均水位=\frac{月总数（即全月各日日平均水位之和）}{月总日数} \quad (4-2)$$

$$年平均水位=\frac{年总数（即全年各日日平均水位之和）}{年总日数} \quad (4-3)$$

这些经过整理、计算分析处理后的水位资料即可提供给各生产单位应用。如发布的水文年鉴中,均载有各站的日平均水位表,年平均水位,年及各月的最高、最低水位。汛期内水位详细变化过程则载于水文年鉴中的汛期水文要素摘录表内[1]。逐日平均水位表和逐日平均水位过程线作为一项整编成果,要刊布在年鉴中。

保证率水位是指一年中有多少天的水位等于或高于某一水位,则此水位称为相应的保证率水位。在有航运的河道上,应挑选各种指定保证率的日平均水位,如最高日平均水位,从高向低数的第 15 天、30 天、90 天、180 天、270 天的日平均水位及最低日平均水位,以便汇编时刊印。

（3）编制洪水水位摘录表

洪水涨落急剧的测点,应编制生成洪水水位摘录表。对于水位测次不太多的站,直接取用全部水位记录;对于水位测次很多的站,可选摘一个相当长的河段内的主要大峰。摘录时,应着重记录洪峰流量最大和洪水总量最大的峰、含沙量最大和输沙量最大的峰、孤立的洪峰、连续的洪峰、汛期开始的第一个洪峰、较大的凌汛和春汛、久旱以后的洪峰等,使其满足水文分析和水文预报的需要[5]。

2. 降水量资料整编方法

降水量资料的整编需要对观测记录进行审核,检查观测、记载、缺测等情况。对于自记资料,除检查时间外,还应检查故障的处理情况;对于翻斗式自记资料应检查记录数据值与仪器分辨力是否相符,记录时间日期差是否符合有关规范的规定。整编逐日降水量表、降水量摘录表、各时段最大降水量表,要检验单站合理性,编制降水量资料整编说明表等。

1）降水量数据整理的方法要求

当一个站同时有自记记录和人工观测记录时,应使用自记记录。自记记录有缺失、失真等问题的部分可用人工观测代替,但应附注说明。自记记录无法整理时,可全部使用人工观测记录。同时期的降水量摘录表与逐日降水量表所依据的记录,必须完全一致。

遥测无人值守的站,可不记观测物符号等。

2)降水量插补与改正的要求

(1)降水量的插补

缺测之日,可根据地形、气候条件和邻近站降水量分布情况,采用邻站平均值法、比例法或等值线法进行插补。

(2)降水量的改正

如自记雨量计短时间发生故障,使降水量累积曲线中断或不正常时,通过分析对照或参照邻站资料进行改正。对不能改正部分采用人工观测记录或按缺测处理。

3)降水量整编主要工作内容

在审核原始资料的基础上编制有关整编成果表及进行合理性检查。降水量资料的整编主要是编制逐日降水量表、降水量摘录表、各时段最大降水量表等。

(1)逐日降水量表

凡按规范规定进行了降水量观测的站,均应编制逐日降水量表,其编制方法和要求如下。

日降水量的计算均以每日 8 时为日分界时间,即本日 8 时至次日 8 时内的降水量,为本日的降水量。当一日内有降雪、降雹或两种不同降水物时,需在降水量数值右侧加注降水物符号,对指定要观测初霜、终霜的站,应在出现初、终霜日栏内加注霜的符号。若整编符号与降水物符号并用时,整编符号一律列在降水物符号之右。降水物符号如下:

＊——雪;·＊——有雨,也有雪;U——霜;A＊——有雹,也有雪;A——雹或雨夹雹。

月年统计值是常用的基本特征数值,在一定程度上反映出当年降水的某些特性,如雨水的丰枯和季节的分配情况以及雨日的多少等。月(年)降水量是全月(年)内各日降水量之总和,降水日数是全月(年)内有降水的天数,当日降水量大于或等于 0.1 mm 时,即为降水日,最大日量可从全月的降水量数列中选得。

(2)降水量摘录表

降水量摘录表主要提供汛期或主要暴雨的各个分段观测记录,包括各个时段的起讫时间和分段降水量。此表可以反映出降水随时段的变化情况及一次(场)降水量。根据规定凡每日按四段制或四段制以上观测的站或以自记雨量资料整编的站,一般应编制本表。

常用的摘录方法有两种,即暴雨洪水配套分段摘录和汛期全摘、非汛期摘录。为了满足暴雨洪水分析的需要,一些中小河流水文站及其上游的雨量站,可以采用第一种方法摘录。对集水面积较大或跨省区的河流上的水文测站,既可采用第一种方法,也可采用第二种方法。

将各种水文数据摘录后,应按规范格式进行制表。常用的制表方法也有两种:第一种方法记降水起讫时间及一次降水量或一次内各时段降水量,当降水中间有大于 15 min 的间歇时,其间歇前后作为两次降水;第二种方法不记降水起讫时间,只记正点分段观测时间和时段降水量。

(3)各时段最大降水量表

各时段最大降水量根据自记记录整编,在全年自记雨量记录上滑动挑选,可不受月、日、小时和场次的限制,对 10 min、20 min、30 min、45 min 诸时段的最大降水量,一般可按 5 min 滑动挑选,对 1 h 及以上各时段,可根据具体情况按 10 min 或 1 h 等时间间隔滑动挑选。但需注意在同一册年鉴中,应采用同一标准滑动[6-7]。

3. 水面蒸发量资料整编方法

水面蒸发量资料整编应包括整编逐日水面蒸发量表及水面蒸发量辅助项目月年统计表,检查单站合理性,编制水面蒸发量资料整编说明表。

1) 水面蒸发量插补改正和换算要求

（1）插补方法

当缺测日的天气状况与前后日大致相似时,可根据前后日观测值直线内插,亦可借用附近气象站资料;观测水气压力差和风速资料的站,可绘制有关因素的过程线或相关线进行插补。

（2）改正方法

若水面蒸发量很小,测出的水面蒸发量是负值时,应改正为"0.0",并加改正符号。

（3）换算

一年中采用不同口径的蒸发器进行观测的站,当历年积累有 20 cm 口径蒸发器与 E601 型蒸发器比测资料时,应根据分析的换算系数进行换算,并附注说明。

2) 水面蒸发量单站合理性检查要求

① 逐日水面蒸发量与逐日降水量对照。对突出偏大、偏小确属不合理的水面蒸发量,应参照有关因素和邻站资料予以改正。

② 观测辅助项目的站,水面蒸发量还可与水气压力差、风速的日平均值进行对照。水气压力差与风速愈大,则水面蒸发量愈大。

蒸发量整编的主要工作是编制蒸发量相关的各种表格,包括逐日蒸发量、各月和年的总蒸发量、最大最小日蒸发量以及初、终冰日期等项内容,适用于有蒸发量观测的站点。逐日蒸发量从原始记录中获得,在有降水之日,其蒸发量要根据降水量计算求得,整编时应根据情况对蒸发量的计算做必要的检查。

另外,有蒸发量辅助项目观测的站,还需编制蒸发量辅助项目年月统计表。此项资料的整编,应先编制逐日平均气温、绝对湿度、水气压力差、风速等表,然后将各个项目旬、月、年平均值录入辅助项目统计表。

4. 流量资料的整编

流量资料整编工作包括以下内容:

① 编制实测流量成果表和实测大断面成果表;

② 绘制水位-流量、水位-面积、水位-流速关系曲线;

③ 水位-流量关系曲线分析和检验;

④ 整理数据,使用流量实时自动监测,实测流量过程数据量较大时,可进行精简摘录,摘录的成果应能反映流量变化的完整过程,并满足计算日平均流量以及特征值统计的需要;

⑤ 整编逐日平均流量表及洪水水文要素摘录表;

⑥ 绘制逐时或逐日平均流量过程线;

⑦ 检查单站合理性;

⑧ 编制河道流量资料整编说明表。

对于水位-流量关系曲线应按照下列规定进行绘制:

① 以同一水位为纵坐标,自左至右,依次以流量、面积、流速为横坐标点绘于坐标纸上;

② 选定适当比例尺，使水位-流量、水位-面积、水位-流速关系曲线分别与横坐标大致成 45°或 60°的交角，并使三条曲线互不相交；

③ 流量变幅较大，测次较多，水位-流量关系点分布散乱的，可分期点绘关系图，然后再综合绘制一张总图；

④ 水位-流量关系曲线下部读数误差超过 2.5% 的部分，另绘放大图，流量很小时可适当放宽标准；

⑤ 在绘制水位-流量关系曲线时，应绘出上年末与下年初各 3～5 个测点，以确保年头年尾流量的衔接。

水文站因故未能测得洪峰流量或枯水流量时，应对水位-流量关系曲线高水或低水作适当延长曲线。

4.3.3 误差理论与测验误差分析

系统误差的特征是在重复性条件下多次测量同一量值时，误差的绝对值和符号保持不变，或在条件变化时，误差按一定规律变化。系统误差不具有抵偿性。

实际测量过程中，不仅存在随机误差，而且往往还存在系统误差，在某些条件下系统误差还比较大。因此，测量结果的精度不仅取决于随机误差，还取决于系统误差。因为系统误差和随机误差同时存在于测量数据中，而且有的还不易于被发觉，多次测量又不能减少对测量结果的影响，所以就对测量结果的影响而言，系统误差往往比随机误差更具危险性。因而，采用一定方法发现、消除或减小系统误差是十分必要的。

（1）资料比较法

在水文测验中，如果某一测验项目某一实测值有系统偏大或偏小的可能，可通过相邻时段或相邻测次实测值的比较来判断系统误差是否存在，并粗估其大小。例如，一次流量测验结束后，要将断面流量、面积和流速点绘在"三关"线上，分析点据是否有系统偏大或偏小的可能。一年的测验、整编工作结束后，还要将单站的流量特征值与上下游站的相应数值比较，进行水量平衡分析，以确定某站的测验整编成果有无系统偏大或偏小的可能。

在一定意义上，水文测验和资料整编中的一道必做的工序——合理性分析，就是通过资料比较法来发现系统误差的。在这一方面，水文部门已经积累了丰富的经验，提出了成熟的方法，有关规范、手册已有详细叙述，在此不再赘述。

（2）残余误差观察法[8]

设对同一被测量多次重复测量，形成测量系列 x_i，对应的系统误差系列为 ε_i，不含系统误差的系列为 x'_i；$i=1,2,\cdots,n$。显然有

$$\overline{x}=\overline{x'}+\overline{\varepsilon} \tag{4-4}$$

式中：$\overline{x}$ 为系统误差和随机误差的测量系列的算术平均值，$\overline{x'}$ 为只含随机误差的测量系列的算术平均值，$\overline{\varepsilon}$ 为系统误差系列的算术平均值。而残差为

$$v_i=x_i-\overline{x}=(x'_i+\varepsilon_i)-(\overline{x'}+\overline{\varepsilon})=(x'_i-\overline{x'})+(\varepsilon_i-\overline{\varepsilon})=v'_i+(\varepsilon_i-\overline{\varepsilon}) \tag{4-5}$$

这说明，含有系统误差的测量系列的残差等于随机误差的残差与系统误差残差之和。若系统误差显著大于随机误差，v'_i 可忽略，则有

$$v_i=\varepsilon_i-\overline{\varepsilon} \tag{4-6}$$

上式说明，含显著系统误差的同一被测量系列，其任意测量值的残差，近似等于该测量值系统误差残差。根据测量的先后顺序，将测量系列中的各个残差列表或作图，即可判断出有无

系统误差。

若残差大体上是正负相间，且无显著变化规律，则无根据怀疑存在系统误差。残差观察法适用于发现可变系统误差，但不能发现固定不变的系统误差，因为若系列中存在恒定系统误差，则式（4-5）中，$\varepsilon_i - \bar{\varepsilon} = 0$，于是有 $v_i = v_i'$，这说明系列残差等于随机误差残差，残差中已不含系统误差。

上面介绍的系统误差发现方法，用于发现观测系列组内的系统误差，而 t 检验法和符号检验法用于发现两测量系列间的系统误差。

4.3.4　审查复查

1. 水文资料审查内容

对于水文资料的审查应从考证资料以及水位、流量、悬移质输沙率、泥沙颗粒级配、降水量、水面蒸发量、水温、岸上气温、冰凌、潮汐等资料进行。

2. 水文资料审查要求

审查原始资料的数量、整编成果的站数和成果表的内容是否满足审查资料的代表性；审查本年使用的基本水尺零点高程、各类水准点高程是否有变动，若有变动则应审查变动原因、时间及处理的正确性；若基本水尺断面迁移，则审查新断面与原断面的对比观测情况和水位换算等；审查本站以上（区间）主要水利工程布设及变动情况。

（1）审查水位资料

① 审查逐时水位过程线的连续性与合理性，自动化采集数据的精简应满足日平均水位的计算要求。

② 将逐日表与水位观测记载表或精简后的自动化采集数据进行对照，审查日平均水位、特征值与出现日期的正确性。

③ 特殊水情，如河干、断流、连底冻等，记录其发生时采用的符号应正确。

（2）审查流量资料

① 审查大断面施测、变化情况，断面借用应合理。

② 抽查在水位-流量关系图中对曲线影响较大的测点或诸因素的情况，重点审查计算、点绘、断面借用、浮标系数等的正确性。

③ 定线推流方法应符合测站特性，本年所定曲线一般应与历年曲线趋势基本一致，线与线之间的曲线过渡应合理，年初、年末曲线应衔接。对于特殊水情采用的推流方法应作重点审查等。

（3）审查悬移质输沙率资料

① 审查实测悬移质输沙率成果表，检查单沙、断沙测验方法取样仪器、取样位置等。

② 审查单沙过程线。

（4）审查泥沙颗粒级配资料

① 审查实测悬移质颗粒级配成果表及实测悬移质单样颗粒级配成果表。

② 审查月、年平均颗粒级配曲线的合理性。

③ 审查悬移质断颗的推求方法。

（5）审查降水量资料

① 审查自记记录故障的处理、插补和改正的合理性。

② 自记站应对照记录纸审查其数据整理、原始数据文件的正确性。

③ 用逐日降水量表与观测记录对照,日降水量及相应日期、降水日数、降水物符号及统计值均应相符。

④ 检查摘录段制的正确性,段制合并应符合规定。

4.4 水雨情监控与预警预报

4.4.1 监控内容及规则

水雨情监控包括监控水情和雨情信息,当水位、雨量等超出允许范围时,可自动报警。

根据水情站点各自的水雨情预警标准,进行水位雨量的判别,对超出警戒范围的水雨情要素进行预警。当有水雨情要素超过设定值时,应显示所有超警站点的水雨情信息,并对各级别站点数进行统计和排序。统计应包含各站点的特征值、雨量图及水位过程线,同时应能查看其站名、所属河流名、所属水系名及历史水位(雨量)过程线,并提供水位(降雨)过程报表,以及相关的统计分析报表。对于水位站应能查看其警戒水位、梅控水位、台控水位及相应库容等属性值[9]。

4.4.2 水情信息监控与预警

水情信息监控主要包括水位原始数据、实时监测、时段水位、水位日报、水位月逐日、水位年逐日,同时可以使用报表展示、图形展示及在线实时监视功能。通过水位过程曲线、水情监测情况表及水情实时记录数据,不但可以实现对水情信息的监控,还可以对超警站点实现声音和图像预警。对不同超警等级用不同颜色和大小的图标渲染各站点,并显示各超警站点,同时在点击相应站点时,发出声音预警。

4.4.3 雨情信息监控与预警

雨情信息监控主要包括雨情原始数据、实时监测、时段雨量、雨量日报、雨情月逐日、雨情年逐日等,同时可以使用报表展示或图形展示功能。通过雨量过程曲线、雨情监测情况表及雨情实时记录数据,可以实现对雨情信息的监控。

当某一个站点的小时雨量达到预警标准时,系统应及时启动报警,并生成详细的报警信息。

1. 综合预警预报

监控预警系统以雨情信息采集系统为基础,按照预先设定的预警标准进行预警等级划分,并借助于互联网和 GIS 实时水雨情信息发布与预警平台,将预警信息以短信的方式,发送给相关人员,确保第一时间将预警信息发送到基层,提高受影响区域对水雨情信息的实时掌握能力。

2. 预警预报标准的建立

洪水预报与警报的分类与标准依据各国的习惯与特点可以采用不同的办法。关于洪水预报的分类,目前国际上一般将其分为三类,即洪水咨询、洪水警报和洪水情报。而依照我国以往习惯来划分,则可分为预备警报与订正警报。根据预报分析的结果,预报测站的水位有可能超过预先规定的警戒水位时,要发布洪水咨询。当预报测站实测水位已经达到并超过了规定的警戒水位时,而且依据预报推测还有可能要超过设计高水位,甚至有可能发生严重的灾害,譬如大坝的溃决、坝顶的崩溃等,这时必须发布洪水警报。如果预报的情势临时有特殊的变化,事先没有预报出来,而根据最后分析,确认有预报订正的必要,即对原来已发布的洪水咨询或洪水警报需要做修正预报时,则应发布洪水情报。

关于防洪警报的问题,服务面更为广泛,影响作用也更为重要。就警报内容来说,可包括洪水警报、暴潮警报、泥石流警报等。就分类而言,目前国际上分为预备警报、准备警报、动员警报、信号显示、解除警报五类。

关于防洪警报标准可分为五级。依据气象天气预报警报和河流具体洪水位,以预先规定的洪水位为依据,将再一次发生涨洪时,应发布防洪预备警报。这时防洪管理部门应该做好派遣防洪人员的准备。对洪情进行分析,如果河流未来洪水位有可能超出警戒水位,就应该发布防洪准备警报。这时实际上是通知防洪管理部门应立即派出防洪人员奔向各防洪要害位置,投入防洪战斗。如果实际河流水位已超出了实际警戒水位,依据洪水警报分析,还有可能出现更恶劣情况,即有可能出现破坏性洪水时,就应发布防洪动员警报。这时防洪管理部门应该向防洪人员发出抗洪动员令。如果河流实际洪水已超过警戒水位,防洪警报已发布了三道,而且洪水可能造成溃坝、浸堤、裂缝、漏水、河岸崩塌等事故时,就应立即发布信号显示。这时防洪管理部门必须再次向防洪人员作进一步抢险的动员令。当河流水位在警戒水位上时,依据预报,洪水将要消退或洪水位已经退到警戒水位以下时,就应该发布防洪解除警报。防洪管理部门可以撤下防洪人员,防洪工作结束[9]。

4.4.4　水雨情预报方法

水雨情预报的主要内容即洪水预报。洪水预报是根据洪水形成的客观规律,利用已经掌握的水文、气象资料(称水文信息或水文数据),预报河流某一断面在未来一定时期内(称预见期)将要出现的流量、水位过程。根据发布预报时所依据的资料不同,洪水预报可分为水文气象法、降雨径流法和河段洪水演进法三类。

(1) 水文气象法

水文气象法所依据的是前期的气象要素情况,例如我国中央气象中心,根据全球的气压场、温度场、湿度场、风场等,按天气学原理在巨型计算机上进行高速运算,其中的成果之一是每天发布大尺度的 12 h、24 h、36 h、48 h 雨量预报,水文工作者对此进一步加工,即可做出超前期的洪水预报。又如有些单位根据前一年的某些水文气象要素,采用多元回归分析法做出预见期长达一年的径流预报。

(2) 降雨径流法

降雨径流法是依据当前已经测到的流域降雨和径流资料,按径流形成原理制作产汇流计算方案,由暴雨预报流域出口的洪水过程。现在随着计算机的普及和信息传输技术的现代化,许多大流域,将降雨—流域—出流作为一个整体系统,用一系列的雨洪转化方程编成计算机程序,将信息自动采集系统获得的降雨、蒸发等数据直接输入计算机,马上可算出洪水过程,这种方法称为流域水文模型法。

(3) 河段洪水演进法

河段洪水演进法是根据河段上游断面的入流过程预报下游断面的洪水,常用的算法为河道流量演算法和相应水位法。

显然,这三类方法中,水文气象法的预见期最长,但预报精度往往最差,因为由水文气象因素演变为洪水,要经历许多复杂多变的环节,很难确切估计。降雨径流法的预见期,一般不超过流域汇流时间,预报精度虽不及河段洪水演进法,但多能满足实用的精度,故应用比较广泛。河段洪水演进法,其预见期大体等于河段洪水传播时间,比较短,但精度往往很高,大江大河常常采用此法。后两种方法的预见期一般不长,多为短期预报,但预报精度较高,是当前应用的主要方法。另外,近些年来,为提高预报精度,还在实际预报过程中,利用随时反馈的预报误差信息,对预报值进行实时校正,称此为实时洪水预报[10]。

4.4.5 预警内容和方式

洪涝灾害预警的要素是指预警过程中包含的具体组成部分,即预警信号的主要构成部分。灾情预警主要包括:① 信息来源、日期和时间;② 紧急区域的具体位置;③ 灾害危险的性质;④ 灾害可能构成的后果;⑤ 灾害可能持续的时间和空间范围;⑥ 在可能的灾情区域内要采取的基本措施。因此,洪涝灾害预警要素主要包括以下内容:预警信号的发布主体、发布时间、发布对象、时效性、强度和范围、可能造成的影响、应采取的预防措施和查询单位等[11]。

为了正确地指导防洪,组织广大群众开展适宜的防洪活动,各级防洪主管部门应及时、准确地发布洪水预报和警报。

洪水预报是根据所搜集到的雨量、水情气象信息,预测未来发生洪水的可能性及其规模,并将预报结果呈送防洪决策部门。洪水警报是由防洪决策部门根据所掌握的水情信息及洪水预报结果发布各种相应的行动命令,并通过各种传播渠道通知相应的防洪组织和广大居民。

洪水预报包括情报搜集、预报作业、预报校正和预报传递等工作。情报搜集是通过卫星云图、雷达测雨站、地面雨量站、水文站、水位站以及各级气象部门获取可靠的雨量、水情、气象情报,再通过电话、电报、电传、微波、传真等各种通信手段,及时将这些情报报送防洪主管部门和负责洪水预报的部门。各级预报部门根据所收到的情报,运用各自掌握的预报方法预报所管辖范围内河道水位、洪峰流量、洪峰到达时间和持续时间等洪水要素的未来过程。当洪水发生时,若所出现的洪水要素与预报结果的误差超过一定的幅度,还要应用各种预报校正技术随时修正已做出的预报。预报结果要通过各种通信手段报送主管防洪的决策部门,并通知沿河各有关水文、防汛部门。

防洪决策部门根据洪水预报的结果做出洪水调度方案,并对有关地区和部门发出警报。根据内容警报可分为 5 个级别。① 注意警报。有可能发生洪水灾害,提醒有关地区内的广大人员注意洪水情报。② 准备警报。发生洪水灾害的可能性增大,提醒做好防洪的物资准备。③ 行动警报。洪水随时可能发生,实际开展防洪和避难活动。④ 待命警报。洪峰已顺利通过,但仍有再次出现发生灾害的可能性,全体防洪人员和避难人员原地待命,进一步观察水情变化。⑤ 解除警报。发生洪水的危险已经消除,各种防洪和避难活动可以解除。

1)洪水预报

根据洪水形成和运动的规律,利用历史和实时的水文、气象资料对未来一定时段内的洪水情况的预测即为洪水预报。包括河道洪水预报、流域洪水预报和水库洪水预报等。主要预报项目有:最高洪峰水位、洪峰流量、洪峰出现时间、洪水涨落过程和洪水总量等。

河道洪水预报方法有:相应水位法、流量演算法等。流域洪水预报包括径流量预报和径流过程预报。径流过程预报方法有:单位过程线法、等流时线法、流域汇流计算模型、水力学方法等。水库洪水预报包括入库洪水预报、水库水位预报和水库施工期的洪水预报等。

洪水预报的发布应根据预报内容,按有关授权单位的规定分别通过广播、电视、电话和电报及时传送至有关部门。全国范围的重点江河流域性洪水预报由国家防总发布;大江大河的重要河段的洪水预报,由国家防总和水利部授权的有关机构发布;各省水文局根据各地防汛指挥部和政府的授权发布本地区的洪水预报;个别重要地点的水文站根据上级机关的授权发布所在河段或水库的单站补充洪水预报。

2)洪水警报

洪水警报是当预报即将发生严重的洪水灾害时,为动员可能受淹区群众迅速进行应变行动所采取的紧急信息传递措施。通过发布洪水警报,可使洪水受淹区的居民及时撤离危险地带,并尽可能地将财产、设备、牲畜等转移至安全地区,从而减少淹没区的生命财产损失。发布警报后的应变计划一般是预先布置的,但也有临时安排的。洪水警报与洪水预报有密切的联系,如根据预报将出现特大洪水而发布警报,但有时两者没有联系,例如,在防汛抢险中,险情急剧恶化,工程将要失事时发布的警报。发布洪水警报是国家政府的职责,其效果取决于社会有关方面的配合行动。发布受淹区的洪水警报后,政府的抗洪、救济部门应立即尽可能地做好紧急抢险、救济灾民、防治疾病等工作。洪水警报愈及时、愈准确,人民生命财产的损失就愈少。

3)警戒水位

警戒水位是在汛期河流、湖泊的主要堤防险情可能逐渐增多的水位。游荡型河道,由于河势摆动,在警戒水位以下也可能发生塌岸等较大险情;大江大河堤防保护区的警戒水位多取定在洪水普遍漫滩或重要堤段开始漫滩偎堤的水位。此时河段或区域开始进入防汛戒备状态,有关部门进一步落实防守岗位、抢险备料等工作,跨堤涵闸应停止使用。该水位主要是防汛部门根据长期防汛实践经验和堤防等工程出险基本规律分析确定的。我国大江大河及湖泊是以水文(水位)控制站作为河段或区域的代表,拟定警戒水位,经上级部门核定颁布下达的。

4)实时联机预报

实时联机预报是通过对实时水文、气象等信息的遥测远传,在系统控制中心直接控制下迅速将实时信息数据自动传送输入电子计算机进行处理,立即做出预报。实时指某一水文现象出现的实际时间;联机指所有有关的设备或装置连接置于系统中心计算机控制之下,使整个系统实现自动化。显然,按实时联机预报的要求,降雨或洪水事件一旦发生,预报中心就必须能获得信息并使用预报模型由计算机自动进行计算,迅速做出相应的预报。因此可以争取最大的有效预见期,使水文预报发挥更大的效益。对于洪水暴涨暴落河流以及严重山洪地区,应用实时联机预报和发布警报显得更为迫切和必要。

5)暴雨预报

暴雨的预报方式主要有以下两种[10]。

(1)应用天气图预报暴雨

暴雨的天气图预报一种是根据预报区域暴雨出现时各种天气系统活动情况,概括出暴雨出现时各种气压系统配置的特点,并用概略模式图表示出来,这种模式图称为暴雨天气-气候的模型;另一种是根据预报区域暴雨出现时,各种同降水有关系的气象因子如上升速度、气层湿度、水汽的水平输送、层面结构不稳定情况等的分布特点,概括出暴雨出现时间、地点以及这些气象因子必须满足的条件。

根据暴雨出现时气象要素的条件用"落区法"预报暴雨区位置。夏季暴雨是出现在高温潮湿、层面结构不稳定并有大尺度上升的运动区域,如果未来预报区域内满足这三个条件,就预报在该区域有暴雨出现的可能性,这种预报称暴雨落区预报。做出落区预报后,就把注意力集中在这个区域,仔细分析每 3 h 一次的天气图,抓住系统的活动情况,注意地形对暴雨的作用以及实时降水分布、强度变化、移动方向;同时雷达观测的注意力也应集中在该地区,注意对流单体生成的地区,追踪对流性降水回波的动向,做好未来短时间内(3～6 h)暴雨的落点落时预报。

(2) 应用卫星云图和雷达信息预报暴雨

卫星云图能直观地反映大范围内云的分布和变化状况,又能补充常规观测记录稀少地区资料的不足,是暴雨预报的重要工具。卫星云图应用大致有以下两个方面:① 直接从云图上的亮区来预报降水;② 从云图上的云型特征来预报降水。一些重要的降水天气系统有明显的云型特征。

4.4.6 应急响应和紧急处理

应急响应时期是一个过渡时期,一般是指受到洪水袭击和破坏后,到洪水退去生活秩序基本恢复正常,并开始恢复重建工作之间的一个过渡阶段。因此,应急响应管理的主要目标是减少人员伤亡,降低财产损失,将洪灾对人们的生产生活带来的影响减小到最低水平[11]。

应急响应管理的最基本内容是信息管理和紧急救助管理。这两个部分影响到整个应急响应管理的反应速度和救助效果,没有准确及时的信息、充足的抗灾救灾物资储备,再好的计划管理和内行的工作人员都会显得毫无用处。

洪涝灾害应急时期的信息管理应该做到如下几点[12]:

① 在保证快的前提下,尽可能全面地提供灾区当地的雨情、水情、影响范围及发展趋势等与紧急救助相关的各类灾情信息。

② 根据所掌握的灾害情况及时决策,组织开展各类紧急救援行动。

③ 加强灾情信息的发布,组织做好灾区群众的安抚工作。

④ 维护和管理紧急时期灾区查灾报灾系统,保证灾情和救灾决策能及时通畅地上下传送。

洪涝灾害应急时期的紧急救助管理的主要工作内容是:

① 根据灾前预测及预警的可能结果,包括灾害影响范围、影响时段,有针对性地提前组织准备抗洪救灾物资。

② 洪涝灾害来临后,应根据情况及时提供各类物资,保证紧急救援行动的高效有序进行。

③ 为灾区灾民提供完备的基本生活物资和医疗救助服务。

④ 为灾区的其他应急响应工作提供完备的后勤保障。

洪涝灾害发生后,应组织抢险救援。抢险救援应做好以下两方面的工作:

① 组织抢险队。抢险队伍一般由专业抢险队伍、武警官兵抢险队伍和群众抢险队伍组成。专业抢险队伍主要是由洪涝灾害出险水利工程管理单位的技术人员和专家组成的抢险技术骨干,负责跟踪不同险情时投入的人员、时间和技术要求等。武警官兵和群众抢险队伍主要参加出险水利工程的抢险救灾和当地灾民的救助等。

② 救援物资储备。紧急救援物资包括抢险物资和救助物资两大部分。抢险物资主要包括抢修水利设施、抢修道路、抢修电力、抢修通信、抢救伤员、卫生防疫药品和其他紧急抢险所需的物资。救助物资包括粮食、方便食品、帐篷、衣被、饮用水和其他生存性救助所需物资等。抢险物资由水利、交通、经贸、通信、建设、卫生、电力等部门储备和筹集,救助物资由民政、粮食、供销等部门储备和筹集。

紧急救援的主要内容为:① 转移安置受灾群众;② 进行紧急抢救和抢险工作,对道路、桥梁、电力、通信等设施进行抢修;③ 搜救被洪水围困或失踪人员;④ 紧急医疗救治受伤人员;⑤ 调运和征用灾区急需的救援物资;⑥ 组织救灾捐赠,发动社会力量向灾区捐款捐物。

4.5　水雨情信息发布与管理

信息发布分为面向公众的一般信息发布和面向特定人群的内部预警信息发布。面向公众的信息发布通过 Web 浏览方式可浏览与水雨情相关的各类信息,这些信息主要包括:实时和历史上下游水位和降水量、汛限水位、正常蓄水位、设计洪水位、校核洪水位、死水位、库容等。

4.5.1　信息发布系统总体架构

信息发布系统架构采用面向服务的体系结构(service-oriented architecture,SOA),即 SOA 架构。SOA 是一个强调松耦合基于宏服务的架构,通过契约给服务消费者可用的服务交互。在此架构下,面向信息发布的某些应用功能彼此分块,使这些功能可以单独用作单个的应用程序或组件,为整个水库大坝信息发布系统服务。利用 Web 服务可以实现 SOA 架构技术。Web 服务(WebService)是一种新的 Web 应用程序分支,具有自包含、自描述、模块化的应用特征,并可以发布、定位和通过 Web 调用。WebService 可以执行从简单请求到复杂处理的任何功能,作为一种新型应用程序可以使用标准的互联网协议,如 HTTP 和 XML,将功能纲领性地体现在互联网和内部局域网中。在网络应用程序开发中,可将 WebService 作为 Web 上的组件进行编程。一旦部署以后,其他 Web 应用程序可以发现并调用部署的服务。因此,WebService 能够很好地解决不同组件模型、开发工具、程序语言和应用系统在网络环境中互相沟通和合作的问题,并且在多个方面都有独特的优势,具体体现在如下几方面。

① 内容更加动态。一个 WebService 能够兼容来自多个不同数据源的内容。

② 带宽更加便宜。WebService 可以分发各种类型的内容(音频流、视频流等)。

③ 存储更加灵活。WebService 可以处理大量不同类型的数据,使用数据库、缓冲、负载平衡等技术,使其有着很强的可扩展性。

④ 高兼容性。WebService 不要求客户必须使用某一版本的传统浏览器,兼容各种设备平台、各种浏览器、各种内容形式。

信息发布系统主要将地图功能设计为 Web 服务,对外通过 Web 服务接口为 Web 用户提供服务。开发用户通过 WebService API 调用平台提供的服务和自己的业务应用进行集成。预警发布功能作为服务器上运行的后台程序,在服务器启动后按时扫描数据库,通过一定规则对外发布预警信息。信息发布系统总体框架见图 4.5.1。

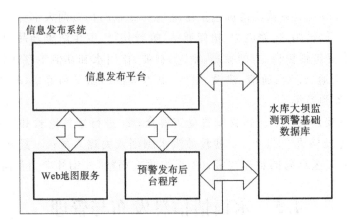

图 4.5.1　信息发布系统总体框架

4.5.2　信息发布功能描述

（1）地图浏览

地图浏览主要提供地图漫游、定位、图层管理、信息标注、几何量测、地图查询等功能。具体描述如下：

① 地图漫游，提供地图放大、缩小、平移功能，用于浏览地图信息。在面向公众时，采用公共地图服务引擎，提供网络地图服务功能；面向专业管理用户，除提供公共地图服务外，也提供自定义和专题地图信息服务。

② 定位，通过输入坐标信息，地图自动定位到相关位置。

③ 图层管理，通过用户操作切换和加载不同的图层，有影像层、矢量层、地形图层、专题图层等，可实现不同目的的浏览。

④ 信息标注，将兴趣点标注在地图上，兴趣点相关属性可查询编辑，并可通过兴趣点编码链接更多的相关信息。

⑤ 几何量测，提供基于地图的长度、面积等交互量测功能。

⑥ 地图查询，通过输入位置名称，可在地图上自动定位到相关位置，并显示相关属性信息。

（2）基础信息浏览

① 工程和水文概况。以网页形式显示工程特性表和水库工程概况描述，包括险情记录与报告表、水位、泄量、下游河段安全泄量、相应洪水频率和水位图表、坝址工程地质条件、坝体填筑和坝基处理情况、工程运行管理条件、水库运行及洪水调度方案等信息。

② 水文气象信息。动态展示水库大坝及相关流域不同位置水位、温度实时信息，显示相关流域气象预报信息。

③ 水库大坝相关示意图。在网页上以平面图像（非地图）形式显示水库大坝相关的重要图形，包括水库及其下游重要防洪工程和重要保护目标位置图、水库枢纽平面布置图及淹没风险图等。

（3）预警发布

预警发布功能供具备一定管理员权限的人员使用，其基础的预警数据来源于系统数据库中的预警分析数据。在预警分析结果的基础上，预警发布面向更广泛的管理人员，在一定规则支持下,通过短信和邮件方式进行内部预警。预警流程以 Web 服务方式内部运行,其管理界面通过网页开放给用户,如图 4.5.2 所示。

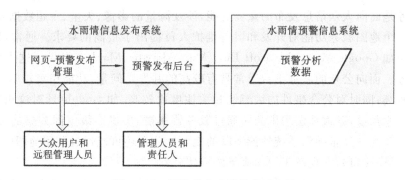

图 4.5.2　预警发布功能管理示意图

① 预警信息管理,用于管理水库大坝管理人员、相关责任人、受影响相关责任人的基础信息和发布信息内容,设置预警级别。

② 后台预警发布,以后台运行方式,通过定时扫描检查水库大坝监测预警信息系统内相关的预警分析结果,启动短信和邮件预警发布流程,实现内部预警功能。

(4)系统管理

① 用户管理,即用户权限管理,通过设置不同角色赋予不同权限来管理所有用户。一方面权限与角色关联;另一方面,用户作为相关角色的成员。由于一个组织的行为特征和功能是比较稳定的,从而其角色是比较稳定的。而相比之下,角色所关联的用户和权限是动态的,通过用户—角色、角色—权限的关联,与直接的用户—权限关联的访问控制模型相比,简化了授权管理,简化了授权管理工作的复杂度。

权限控制主要分为数据权限和功能权限。数据权限是当前用户只能对本身权限范围内的数据进行操作。功能权限是当前用户只能使用本身权限范围内的功能。根据业务职能对用户授予不同的角色,这些角色被定义为不同权限,由此定义了一般用户、工作用户和管理用户。

一般用户:可以浏览、查询系统所提供的向大众发布的非保密的信息和数据。

工作用户:除享有一般用户的权限之外,系统又赋予其一定的使用系统部分功能的权力。

管理用户:系统赋予其特殊功能权限,其对系统的使用权高于一般用户和工作用户。只有管理用户才具有系统管理层的使用权限。

② 日志管理,主要由按用户账户访问情况、按用户账户查询、按模块菜单查询、按日期查询等四个功能部分组成。

按用户账户访问情况管理功能:主要对系统的访问情况进行管理,该模块记录了所有用户登录系统的情况,包括最早访问时间、最后访问时间、访问次数、访问 IP 地址等。

按用户账户查询功能:主要是可以按某个用户账户的访问情况、使用情况或按指定用户账户的日志记录进行过滤,同时可以对导出的查询结果进行二次处理。

按模块菜单查询功能:主要是可以按某个功能模块的访问情况、使用情况或按指定菜单的访问日志记录进行过滤,同时可以对导出的查询结果进行二次处理。

按日期查询功能:主要是可以按某个日期范围查找系统的访问情况、使用情况,按日期范围排查系统的日志记录,可以对导出的查询结果进行二次处理。

4.5.3 地图服务

地图服务是面向大众信息发布的重要功能,涉及海量的影像、矢量、专题数据和属性数据。开发和维护一个地图服务功能对开发和运行维护人员提出了很高的要求。通常,国内外各大地图引擎公司如 Google Map、Microsoft Bing Map、Mapabc、Mapbar 提供了这类面向公众的基础地图服务。面向公众的服务平台通常具有较高的并发访问量,功能相对较单一,但对访问效率的要求较高;同时对公众事件的敏感性和关注度比较高,如 Google 针对汶川地震推出专题地图。在技术角度,各大地图引擎公司通过服务器集群,提供多级空间数据的缓存机制,可以有效解决由于高并发量导致系统性能下降的瓶颈。公众还可以通过调用地图引擎公司提供的 API(应用程序接口),实现基于地图服务的应用开发。

与地图引擎公司相比,政府主导的面向公众的水库大坝空间信息共享平台的优势在于,数据的权威性、现势性,内容的完备性和准确性(基础数据和专题数据)。但地图引擎公司往往已经运营很长时间,运作机制比较灵活,同时积累了较多的公开网站的建设经验。这类网站在公众中有一定的影响力,公众的参与度也较高。此外,维护一个信息量巨大的地图服务也不是一般管理单位能够承受的。国内外一些大的地图提供商拥有较完整的卫星影像数据,在一些偏远地区也能获得较高分辨率的影像。因此,一个有效的地图解决方案是整合国内外地图服务,并结合自己发布的专题数据,形成地图组合服务模式。

服务组合技术主要是针对研究区数据不完备的情况而设计的。某些情况下,研究区的基础地形数据不完备,此时设计服务组合技术的总体思路是,在现有数据服务前提下,通过叠加在线数据服务如 Google Map、Microsoft Bing Map、天地图等对研究区数据进行服务层面的弥补。服务组合技术的基本结构见图 4.5.3。

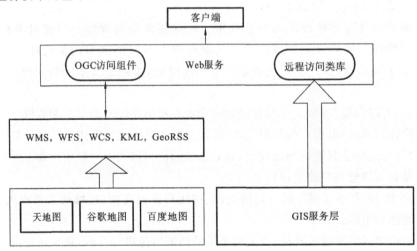

图 4.5.3 服务组合技术的基本结构

4.6 水雨情测报信息化功能设计

水雨情测报包括数据查询、图形报表和数据入库等功能,见图 4.6.1,主要实现对降雨量、上下游库水位、出入库流量等数据的采集、整编分析、查询和展示,以及过程线、柱状图、各时段报表的制作等,为洪水预报和科学调度等提供数据支持。

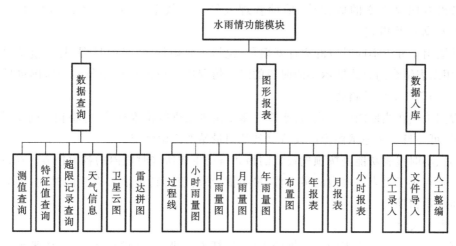

图 4.6.1 水雨情功能结构

（1）数据查询

数据查询主要是对上下游水位、降雨量以及出入库流量等水文要素的历史监测数据进行查询，包括测值查询、特征值查询、超限记录查询、天气信息、卫星云图以及雷达拼图。

测值查询主要根据时间、测点等条件，对历史各监测量的实测值进行查询，可对单个监测量进行查询，也可支持多个监测量（如上下游水位、出入库流量）同时查询，查询的结果默认按照时间倒序进行排列，也可以根据时间、各个监测量的测值大小进行排序，查询的结果可导出为 MS Excel 文件。

特征值查询主要用于对某个或多个监测量（如上下游水位、出入库流量）进行统计查询，查询的结果包括该监测量的特征值、监测时间，并可导出为 MS Excel 文件；支持的统计选择时段包括所有年、月、季、小时等，统计量包括最大值、最小值、平均值以及最大变幅等。

超限记录查询主要用于查询水位、累计雨量以及流量超过预先设定值或安全值的监测数据。超限记录数据来源于数据同步程序，当监测仪器采集到新的数据或人工录入新的数据时，系统会自动进行数据异常判断以及数据超限判断，如果实测值超过预设值，系统自动发送短信到相应责任人，同时在数据库中记录。

天气信息可以了解水库所在地天气预报信息以及历史天气信息，辅助水库管理人员进行水库调度，保障水库安全运行。天气信息来源于中国天气官方网站。

卫星云图功能可供水库管理人员在线查看全国的卫星云图信息，辅助管理人员识别天气、监视暴雨等极端天气，支持单张查看以及按时动态播放云图照片。

雷达拼图功能可供水库管理人员在线查看全国的雷达拼图信息，支持单张查看以及按时动态播放拼图照片。

（2）图形报表

图形报表主要是根据水文资料整编规范要求，制作日常管理所需的监测数据过程线、各时段雨量柱状图、雨量站布置图以及各类报表。

过程线主要为水库管理人员提供直观的监测数据的历史变化趋势，支持单个以及多个监测量的同时显示，当鼠标放在过程线上时会弹出相应的信息框，显示所有过程线相应的监测值，方便对比分析。同时，基于过程线做了二次开发以支持可视化整编，通过过程线直观分析，初步筛选出有明显突变的监测值,辅助管理人员进行数据整编。过程线可导出为常用的JPEG、PNG 等图片格式。

柱状图用于分析不同时段的累计降雨量,包括小时雨量图、日雨量图、月雨量图以及年雨量图,采用图表结合的方式展示不同时段的降雨情况以及时段累计雨量。柱状图可导出为常用的 JPEG、PNG 等图片格式。

布置图采用在线地图的方式,将水库的多个雨量站进行位置标注,并将相应的小时降雨量同时展示,可一目了然地掌握库区及流域其他雨量站的降雨情况。

年、月、小时报表功能是按预先设置的格式自动生成所选时段内的各类报表。在每个报表的最后一页提供了报表时段内的最大值、最小值、平均值等特征值和发生的时间,可为资料整编和分析提供帮助。

(3) 数据入库

数据入库主要用于人工测量数据的入库,包括人工录入、文件导入、人工整编等三种数据入库方式,可方便地将自动化系统实施之前的历史观测数据,或自动化系统实施后有些未实现或难以实现自动化观测的项目如外观变形等录入到数据库中。

人工录入功能主要用于没有实现自动化监测的水库管理单位或自动化设备维修期间人工观测数据的数据逐条录入,适用于数据量较少的情况。本功能要求用户具有管理员权限方可使用,以避免恶意或无意地录入错误数据。数据录入后,系统会自动检验该数据是否为异常数据或超限数据,并将是否录入成功的结果返回给用户。

文件导入功能主要是满足有大量历史监测数据的水库管理单位,根据系统标准的文件导入模板,批量导入数据。数据导入后,系统会自动逐条检验数据是否为异常数据或超限数据,并将是否导入成功的结果返回给用户。

人工整编功能主要用于对自动化采集数据进行人工干预,包括数据删除和修改。干预的数据保存到整编库中,原始库中的相应数据不变,同时系统会自动记录相应的操作日志以备查。

对于已实现自动化的水库管理单位,本管理系统只是集成或直接从数据库中通过接口自动抽取数据,由专门开发的数据同步服务程序实现。

本章参考文献

[1] 王俊. 长江水文测报自动化技术研究[M]. 北京:中国水利水电出版社,2009.
[2] 莫林玉,褚明洲. 北京市水雨情自动测报系统设计要点概述[J]. 广东水利水电,2007(3):74-77.
[3] 陈伟刚. 黄栗树水库防洪调度水情自动测报系统[J]. 安徽水利水电职业技术学院学报,2005,5(2):41-43.
[4] 崔常滨. 水雨情测报系统中心站研究与实现[D]. 武汉:武汉理工大学,2008.
[5] 楼峰青,丁伯良. 浙江省重要小流域及重要小(2)型水库水情信息采集系统规划[R]. 杭州:浙江水文局,2005.
[6] 王万良,洪波. 基于 GPRS 技术的水情监测系统的应用[J]. 浙江水利水电专科学校学报,2008,20(3):47-49.

[7] 张瀚文.GPRS 通信技术在青浦水雨情自动化系统中的应用研究[J].农业灾害研究，2012,2(3):60-61.

[8] 钱学伟,陆建华.水文测验误差分析与评定[M].北京:中国水利水电出版社,2007.

[9] 陈绳甲,李纪生.现代水文预报[M].武汉:华中理工大学出版社,1991.

[10] 雒文生,宋星原.洪水预报与调度[M].武汉:湖北科学技术出版社,2000.

[11] 张运风,雷宏军.水库防洪应急体系及洪水预报理论与实践[M].郑州:黄河水利出版社,2009.

[12] 刘仲桂.中国南方洪涝灾害与防灾减灾[M].南宁:广西科学技术出版社,1996.

第5章 水库调度管理信息化

5.1 概　　述

5.1.1 水库调度的意义

我国河流众多,水资源丰富,据统计,可开发的容量为3.95亿千瓦。在过去几十年里,我国的水利水电事业发展迅速,成绩斐然。特别是国家确定了西部大开发战略以后,作为西部大开发战略的一部分,水能资源的开发更获得了前所未有的发展机遇。

然而,我国河流的丰枯变化明显,且相当普遍,要想合理有效地利用水资源,往往需要建设水库,对水资源的使用进行调节。因此,结合计算机技术、自动控制技术,研究水库调度理论和方法,实行水库调度,具有巨大的经济效益和社会效益。

水库调度是在保证水库工程安全、服从防洪总体安排的前提下,根据上级主管部门批复的水库调度规程、工程的实际运用状态、水文气象特性,协调防洪、兴利等任务及社会经济各用水部门的关系,对水库进行调度运用,安排蓄泄关系,力争在防洪、灌溉、发电等方面发挥最大综合利用效益,是水库控制运用的重要非工程措施之一。水库调度由水库主管部门管理,水库管理单位组织实施,要采用先进的技术和设备,研究优化调度方案,不断提高水库调度运用工作的技术水平。水库调度包括防洪调度和兴利调度。

实践表明,实行水库优化调度可使发电效益平均提高2%～5%。因此,无论是从实际需求抑或可行性方面,建立符合需要的水库优化调度系统都是迫在眉睫的[1]。

5.1.2 水库调度依据

水库调度要综合考虑以下各方面因素。

① 水库的特征指标,包括正常蓄水位、防洪限制水位、防洪高水位、设计洪水位、校核洪水位、死水位等特征水位,以及总库容、兴利库容、防洪库容、调洪库容、死库容等特征库容。水库特征水位及库容见图5.1.1。

② 水库调度的参数,包括防洪标准及安全泄量、供水量与供水保证率、灌溉面积与灌溉保证率、装机容量与保证出力、通航标准、生态基流或最小下泄流量等。

③ 水库调度应运用相关的库容曲线、泄流能力及泄流曲线、下游水位流量关系曲线、入库水沙、冰情等基本资料。

④ 水文气象情报与预报应充分利用水库和水文气象部门已有的水文气象站网,开展短、中、长期水文气象情报与预报工作。

⑤ 水库的调度规程、批准的计划以及上级主管部门的调度指令。

⑥ 相关的法律法规、规程规范文件。

5.1.3 水库调度管理

水库调度单位负责制订水库调度计划、下达水库调度指令、组织实施应急调度等,并收集

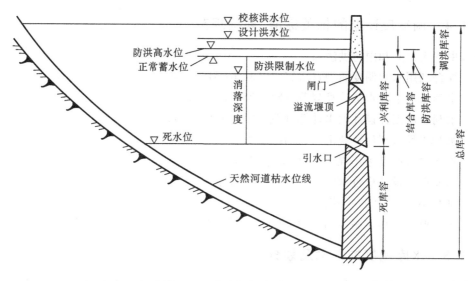

图 5.1.1　水库特征水位及库容

掌握流域水雨情、水库工程情况、供水区用水需求等情报资料。

重要大型水库,应编制水库调度月报上报水库主管部门。其内容有:水库以上流域水文实况;水库调度运用过程及特征值;下月的水库调度计划和要求。

水库主管部门和运行管理单位负责执行水库调度指令,建立调度值班、巡视检查与安全监测、水情测报、运行维护等制度,做好水库调度信息通报和调度值班记录。

水库管理单位要建立调度值班制度,汛期值班人员应做到:

① 及时收集水文气象情报,进行洪水预报作业,提出调度意见。

② 密切注意水库安全以及上、下游防汛抢险情况,当发生异常情况时,要及时向防汛负责人和有关领导汇报。

③ 当水库泄洪、排沙或改变运用方式以及工程发生异常情况危及大坝和下游群众生命财产安全时,要把情况和上级主管领导的决定,及时向有关单位联系传达。

④ 做好值班调度记录,严格履行交接班手续,对重要的调度命令和上级指示要进行录音或文字传真。

⑤ 严格遵守防汛纪律,服从上级主管总参调度指挥。

⑥ 水库管理单位要配置专职调度人员,负责处理日常的兴利调度事宜。

水库调度各方应严格按照水库调度文件进行水库调度运用,建立有效的信息沟通和调度磋商机制;编制年度调度总结并报上级主管部门;妥善保管水库调度运行有关资料并归档;按水库大坝安全管理应急预案及防汛抢险应急预案等要求,明确应对大坝安全、防汛抢险、抗旱、突发水污染等突发事件的应急调度方案和调度方式。

水库管理单位要建立水库调度运用技术档案制度,水文数据、水文气象预报成果、调度方案的计算成果、调度决策、水库运用数据等,要按规定及时整理归档。

水库调度一般每年都要进行总结,总结报告应报水库主管部门备案。总结的内容应包括:对当年来水情况(雨情、水情,多沙河流包括沙情)的分析;水文气象预报成果及其误差评定;水库防洪、兴利调度的合理性分析;综合利用经济效益评价;经验教训及今后的改进意见。

5.1.4 调度应遵循的相关标准、规程规范

①《中华人民共和国防洪法》；
②《综合利用水库调度通则》(水管[1993]61号)；
③《水利水电工程水文计算规范》(SL 278—2002)；
④《水利水电工程设计洪水计算规范》(SL 44—2006)；
⑤《水利工程水利计算规范》(SL 104—2015)；
⑥《水库洪水调度考评规定》(SL 224—1998)；
⑦《水库调度设计规范》(GB/T 50587—2010)；
⑧《洪水调度方案编制导则》(SL 596—2012)；
⑨《水库调度规程编制导则》(SL 706—2015)。

5.1.5 水库调度的概念及划分

水库调度[2]，亦称水库控制运行。水库调度工作是根据水库承担的水利任务及规定的调度原则，运用水库的调蓄能力，在保证大坝安全的前提下，有计划地对入库的天然径流进行蓄泄，以除害兴利，综合利用水资源，最大限度地满足国民经济各部门的需要。它是水库运行管理的中心环节。水库调度研究的任务是研究在水库面临时段初蓄水量 V 已知，水库面临时段天然来水量 S 预知(即知道预想的来水量)的条件下，如何确定水库的泄水量 R，即研究 R 与 V、S 之间的关系。水库调度的关键问题就是研究确定调度函数，确定水库的泄水量，控制库水位，利用调度函数来指导水库的实际运行。

水库调度从时间上划分，一般可分为中长期(年、月、旬)调度和短期(周、日、时)调度；从径流描述上划分，一般可分为确定型和随机型两种；从采用的方法上划分，可分为常规调度、优化调度和模拟调度等，其中优化方法一般可分为线性规划、动态规划(增量动态规划、离散微分动态规划、逐次逼近法、逐步优化算法 POA)、聚合分解法和大系统分解协调法等；从分布状况上划分，一般可分为单库、梯级、并联和混联形式的水库群优化调度。下面按不同方式对水库调度进行分类。

1) 按调度目标分

(1) 防洪调度

防洪调度方式是根据河流上、下游防洪及水库的防洪要求、自然条件、洪水特性、工程情况而合理拟订的。

(2) 兴利调度

兴利调度一般包括发电调度、灌溉调度以及工业、城市供水与航运对水库调度的要求等。

(3) 综合利用调度

如果水库承担有发电、防洪、灌溉、给水、航运等多方面的任务，则应根据综合利用原则，使国民经济各部门的要求得到较好的协调，使水库获得较好的综合利用效益。

2) 按水库数目分

(1) 单一水库调度

为了说明水库调度的原则、方法，多从基本的最简单的单一水库入手，进而引申到水库群联合调度。

(2) 水库群的联合调度

水库群的联合调度又包括并联水库群、梯级水库群(串联水库群)和混联水库群调度。并

联水库群指位于不同河流上或位于同一河流的不同支流上的水库群,各水库之间有电力联系没有水力联系,但承担共同的水利任务,例如防洪。梯级水库群(串联水库群)指位于同一河流的上、下游形成串联形式的水库群,各水库之间有直接的径流联系。混联水库群是串联与并联的组合形式。

3)按调度周期分

水库调度实际是确定水库运用时期的供、蓄水量和调节方式。根据水库运用的周期长短可分中长期调度和短期调度。

5.1.6　水库调度研究的发展

对水库调度问题的研究经历了由常规调度到单库优化调度,再到库群优化调度等三个阶段,不同研究阶段各有其发展历史及特点[3-5]。

(1)常规调度阶段

从水库工程出现开始,就出现了水库调度问题。最初的水库调度都是根据调度人员的经验和主观判断进行,盲目性很大,调度的效果一般都不理想。

随着水利工程的不断建设,尤其是大型水利工程的修建,向水库调度工作提出了更高的要求。长期以来,经过一些技术人员的努力和探索,总结出了水库常规调度图。在此基础上根据调度人员的经验和主观判断,进行水库调度,可以提高水库的运行效果。

常规调度图有着其固有的缺陷,仅以几条蓄水指示线来指导水库的运行,难免会很粗糙,精度不高。另外,以水库的保证运行为依据绘制的调度线,不能使水库获得最优的运行效益。直至1957年美国数学家贝尔曼(Bellman)提出动态规划法,1960年霍华特(Howard)提出马尔柯夫决策方法以前,一直都采用常规调度图来指导水库的运行调度。1960年前的这一阶段,称为水库常规调度阶段。

我国直到20世纪70年代中期,常规调度才在全国普及,并且直到目前为止,我国大部分水库还是采用常规调度图来指导水库的实际运行。

(2)单库优化调度阶段

自从贝尔曼1957年提出动态规划法及1960年霍华特提出马尔柯夫决策方法以后,随着径流随机描述理论的发展,电子计算机的出现及进入实用,水库调度便进入了优化调度阶段。这时的优化调度,主要限于单库优化调度。20世纪70年代,国外对单库随机优化调度的理论和方法研究得比较深入,形成了水库优化调度的系统理论与方法,单库水库调度进入了实用阶段。我国自20世纪50年代末开始引进优化调度的理论与方法,并在一些水库的优化调度研究中取得了成功。经过多年的研究和实践,我国已经掌握了单库优化调度的理论与方法,在我国全面开展优化调度已经具备了条件。针对以上情况,原能源部特将水库优化调度的理论与方法作为原能源部八五重点科技推广应用项目的第一项技术,在全国推广应用。开展水库优化调度,已成为水库调度工作中一项刻不容缓的任务。

(3)库群优化调度阶段

水库调度往往需要多个水库联合运行,单从一个水库出发来研究水库优化调度,不一定使整个水库群的调度最优。应该从整个水库群出发,将水库群作为一个整体来考虑,以此研究出的水库优化调度方案,才是整个库群的最优调度方案。国外从20世纪70年代中期开始研究库群的优化调度问题,但由于研究的问题太大,要考虑的问题很多,计算工作量往往很大,使用现有的电子计算机还不能胜任这一庞大的计算工作量。我国从20世纪80年代中期已开始研究库群的优化调度问题,并且目前还有许多人在从事这方面的研究。到目前为止,对水库群的优化调度问题,国内外尚未形成一种较好的能够进入实用的、成熟的库群优化调度方法。

5.1.7 水库调度的任务和原则

水库调度主要包括三项基本任务,分别为:确保水库大坝安全,并承担水库上、下游的防洪任务;保证满足电力系统的正常用电和其他有关部门的正常用水要求;在保证各用水部门正常用水的基础上,尽可能充分利用河流水能多发电,使电力系统供电更经济。

水库调度的基本原则是:在确保水库大坝工程安全的前提下,分清发电与防洪及其他综合利用任务之间的主次关系,统一调度,使水库综合效益尽可能最大。当大坝工程安全与满足供电、防洪及其他用水要求有矛盾时,应首先满足大坝工程安全要求;当供电的可靠性与经济性有矛盾时,应首先满足可靠性的要求。

5.1.8 水库调度的工作内容

(1) 编制年、季、月、旬发电计划

参照长期水文气象预报成果与保证率典型年相结合的方法,确定年度的生产计划。在每年的年初向上级及主管部门提出报告。年度计划确定后,也应根据水文气象情况修正预报,结合当时的实际运行情况进行逐季、逐月、逐旬的计划修正工作,以满足各经济部门的要求。

(2) 编制洪水调度方案

根据设计的原则、主管部门的指示及有关规定、设计频率的洪水或水文预报成果、各综合利用部门的要求,进行洪水调节计算,统筹兼顾地得出各时期水库控制水位和各种洪水的泄流量,编制水库的洪水调度方案。

(3) 水文气象预报

充分发挥水库效益的关键,在于对来水的正确估计。有足够精度和一定预见期的长、中、短期水文气象预报,在一般年份能较好地指导水库蓄泄,在确保大坝安全与满足最低供电要求的原则下,多蓄水、多发电;遇特大、特小水年时,也可预先制定措施。

在长、中、短期三种预报结合应用时,一般是以长期预报作为调度的控制,以中期预报进行逐月、逐旬用水计划的修正。

(4) 日常工作

水库调度关系着工业、农业、交通运输等生产的发展及广大人民生命财产的安全。在汛期各种矛盾尤为突出,因此,应设值班人员,密切监视雨情、水情、工情及电厂运行情况,做好调度日记和值班记录,及时向上级汇报。

日常工作中主要的具体工作有收集上下游雨量站及水文站的雨情和水情,进行流域平均雨量的计算、水库水量平衡的计算,编制洪水预报和泄洪方案等。

(5) 对外联系

① 按规定向有关防汛指挥部门汇报水库和电厂运行情况,一般电厂只在汛期汇报即可,对于重要电厂,要常年进行汇报。

② 向电厂所在的电力系统提供年、季、月的生产计划及调度意见,接受系统调度的指令及任务,定时(如逐日)向系统汇报电厂的运行情况。对于梯级电厂之间,也应定时联系,互通水情,协商调度方式。

③ 与上下游涉及的防洪和兴利的有关单位联系,平时应了解运行情况以及对电厂的要求,当水库开始泄洪、供水、排沙或关闸时,应事先通知各有关单位,及早采取措施,避免不必要的损失。

（6）汛后总结

在每年的汛后或年底,回顾当年的水库调度情况,总结经验找出问题。总结的主要内容有以下几个方面:

① 当年各时期所发生的问题。

② 将预报与实况进行比较,统计预报精度。

③ 检查调度计划执行的情况。

④ 主要经验教训。

⑤ 当年的水库运行实测资料也可整理纳入总结中,如上下游水位、出入库流量、蒸发量、发电量、耗水率、装机利用小时等。

（7）水库运行参数复核

当水库投入运行后,随着时间的延续,原来据以规划、设计选择水电厂及其水库参数的一些基本资料、条件和任务等,将会发生变化,主要有以下几个方面:

① 在自然条件方面,水文气象观测资料与设计时采用的资料已有所区别,由于水库的形成及流域内人类活动的影响,会使水库的来水特性（包括年径流特性、洪水特性和蒸发量等）发生变化。

② 在水库承担的任务方面,由于国民经济的发展和工农业生产的需要,电力系统对水电厂的电量、出力要求亦有变化,电厂的运行方式有所改变,水库的综合利用任务（如防洪、灌溉、航运、给水等）也可能会加重。

③ 在工程和设备方面,由于安装期间各种条件（如施工条件、设备制造条件、自然地理条件等）发生变化,电厂及其水库的某些工程和设备项目的规模,与原设计相比做了修改。原设计中有的工程设备（如泄洪、引水设备,水轮发电机组）特性在运行中也会发生变化。

由于上述变化将会直接影响到水电厂及其水库的运行方式及效益,为使运行调度计划更符合实际,对水库的参数进行复核、修正是十分必要的。

5.2　水库调度原理与决策

5.2.1　水库调度作用及基本原理

水库在保证发电、兴利等用水外,其重要功能是防洪。水库防洪作用是滞蓄水库上游洪水,削减洪峰,改变天然洪水过程,以保证水库工程本身及上、下游的防洪安全。图 5.2.1 为溢洪道无闸门时的水库调洪示意图。在洪水来到之前,水库已蓄至防洪限制水位。当洪水来临时,水库即开始泄洪。开始涨水时,溢洪道顶水头较小,其下泄流量 q 小于同一时刻的洪水流量 Q,因此水库开始滞蓄洪水。随着洪水流量的不断增加,库水位逐渐升高,下泄流量也跟着加大。一直到时刻 t_M 时,出现洪峰流量 Q_M。此后,洪水流量 Q 逐渐减小,至时刻 t_m 时,Q 等于最大下泄流量 q_m,水库停止蓄水,库水位达到最高调洪水位 Z_m。之后水库以大于 Q 的泄量 q 逐渐泄放,直至时刻 t_N,$q=Q$ 时,水库泄空。通过水库的调洪作用,使天然洪水过程 $Q=f(t)$ 改变为泄洪过程 $q=g(t)$,Q_m 削减为 q_m。$Q=f(t)$ 与 $q=g(t)$ 之间的面积即相当于相应

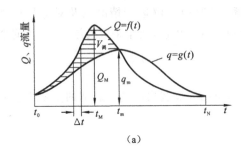

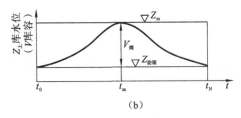

图 5.2.1 水库调洪示意图

(a) 洪水流量过程线 $Q=f(t)$

与下泄流量过程线 $q=g(t)$；

(b) 水库蓄水过程线 $Z_上(V)=f(t)$

洪水的调洪库容 $V_调$。显然，在一定的设计洪水下，最大下泄流量 q_m 比洪峰流量 Q_m 对下游防洪保护对象及大坝本身冲击要小，更安全。所以，通过水库调洪就可达到防洪目的[6]。

水库运行调度期间，为核定其调洪参数必须进行调洪计算。一般是已知入库洪水过程 $Q=f(t)$、水库容积特性 $Z_上\sim V$ 及泄流特性 $q=f'(Z_上)$ 等，要求计算水库泄流过程 $q=g(t)$ 及相应调洪库容 $V_调$。

调洪计算的基本原理是水库水量平衡原理。计算是由起始条件开始，逐时段进行的。任一计算时段 Δt 内的水量平衡可表示为

$$\frac{Q_1+Q_2}{2}\Delta t-\frac{q_1+q_2}{2}\Delta t=V_2-V_1 \qquad (5-1)$$

式中 Q_1、Q_2，q_1、q_2，V_1、V_2 分别为计算时段初、末的入库、出库流量及水库蓄水量，其中 Q_1、Q_2、q_1，V_1 为已知值，q_2 与 V_2 为待求值。时段 Δt 的长短视入库流量的变化情况选取。变化剧烈时，应取短些，如 $1\sim6$ h；变化平缓时，可取长些，如 $12\sim24$ h。由于一个方程式(5-1)中有两个未知数，不能独立求解，所以一般都和反映下泄流量 q 与蓄水量 V 关系的水库泄流曲线 $q=f(V)$ 联立求解。具体计算方法很多，最基本的方法是利用 $q=f(V)$ 曲线按式(5-1)逐时段进行试算。

对第一个时段计算时，V_1 与 q_1 根据起始条件确定。如当水库采用无闸门溢洪道自由泄流时，第一个时段初的出库流量 q_1 即为时刻 t_0 的出库流量 q_0。而在 t_0 时刻的溢洪道流量为零，水库的出库流量仅为通过的最大过水流量 Q_T，所以 $q_1=q_0=Q_T$，V_1 为 t_0 时刻水库蓄至防洪限制水位(正好等于溢洪道底坎高程)时的蓄水量。第一时段末的 q_2 与 V_2 则要通过试算求解。试算的步骤是：先假定一个 q_0' 代入式(5-1)，求得相应的 V_2 值；再根据所求的 V_2 查水库泄流曲线 $q=f(V)$ 得 q_2 值，若 $q_2\neq q_0'$，则必须重新假定另外的 q_0' 进行计算，直至所算得的 q_2 与假定值相等为止。最后一次试算结果，即为第一时段末的 q_2 与 V_2。

同样，将第一时段末求得的水库出库流量与蓄水量，作为第二时段初的已知条件 q_1、V_1，按式(5-1)进行试算，求得该时段末的 q_2 与 V_2。如此逐时段试算，即可求得泄流过程 $q=g(t)$，最大下泄流量 q_m，以及最高调洪水位 Z_m，并按图 5.2.1 中 $Q=f(t)$ 与 $q=g(t)$ 之间的面积算得相应的水库调洪库容 $V_调$。当 q_m 有限制时(以闸门控制)，如不超过下游某一允许(安全)泄量 $q_安$，则顺序计算至 $q_2=q_安$ 时，试算即可停止。从此时刻以后各时段，直至 $q_安=Q$ 时为止，下泄流量 q 都等于 $q_安$，即 $q=g(t)$ 是 $q=q_安$ 的一条水平线。按以上方法的调洪计算一般列表进行，故该方法称为列表法。

5.2.2 水库调度规则

水库调度图是指导水库防洪调度的基本依据，由于其是在一定的设计条件下制定的，因此反映不了防洪调度中的许多细节和措施。为了使水库的防洪调度在任何情况下均有所遵循，需要在防洪调度图的基础上，附加文字说明，定出各种可能出现洪水情况的调度规则，以确保

安全,发挥防洪效益。

水库调度规则一般包括下列内容:

① 前、后汛期水库遭遇一般较小洪水,且库水位超过防洪限制水位时兴利蓄水与防洪调度的规定。

② 水库发生常遇洪水(5 年、10 年一遇洪水)、防洪标准洪水、大坝设计标准洪水及特大稀遇洪水的判别条件,控制泄量、调度方式和采取相应措施的规定。

③ 水库遭遇到不同频率洪水时,泄洪设备闸门启闭的决策程序和闸门操作的有关规定。

④ 汛中和汛末水库拦洪的消落和回蓄的有关规定。

⑤ 整个汛期利用洪水预报采取预泄、预蓄和回充的有关措施和规定。

总之,水库调度图是按照一定的条件制定的,而实际上在运用年度内,可能出现的情况是复杂的,有很多情况难以预料。因此,不能把调度图作为唯一的依据,需要根据当时的雨情、水情和天气预报等具体情况灵活运用[7]。

通常将水库调度按调度目标分为兴利调度和防洪调度两部分。

兴利调度即以充分利用水资源为人类带来利益(如发电、灌溉、供水、航运、养殖等)为目标的调度。水库兴利调度必须具备水库特性、河川径流特性和用水特性三方面的资料。

水库特性资料主要有水库设计标准、水库的地形特性、水库的特征水位和库容、水库的蒸发和渗漏损失、水库的淤积、水库的浸没和淹没等。

河川径流特性资料是径流调节计算的基本数据。主要包括设计年径流及其年内分配等资料。由于水文现象的随机性,估计水库未来运行期间的水文情势和来水特性,要求径流资料观测年限长、资料可靠、代表性强。

用水特性资料主要包括国民经济各用水部门当前和远景发展规划、用水特性。如对水质、水量、保证程度、引水地点和高程、用水时间的要求等。

防洪调度即防止水库、上下游河道等由于洪水可能造成的灾害,以安全为目标的调度。

水库防洪调度的任务主要包括三项:① 在发生设计洪水或校核洪水时确保水利水电枢纽的安全;② 在发生下游防洪标准洪水时确保下游防洪安全;③ 合理解决防洪与兴利的矛盾。

5.2.3　水库调度依据

水利工程建成以后,为了充分发挥其设计效益,应当对水库的运行根据比较理想的规则进行合理的控制,即提出合理的水库调度方法进行水库调度。为此,应根据已有水文资料,分析和掌握径流变化的一般规律,作为水库调度的依据。

水库调度常根据水库调度图来实现。调度图由一些基本调度线组成,这些调度线是具有控制意义的水库蓄水量(或水位)变化过程线,是根据过去水文资料和枢纽的综合利用任务绘制出来的。有了这种图后,即可根据水利枢纽在某一时刻的水库蓄水情况及其在调度图中相应的工作区域,决定该时刻的水库操作方法。水库基本调度见图 5.2.2。

水库调度图不仅可以指导水库的运行调度,增加编制各部门生产任务的预见性和计划性,提高各水利部门的工作可靠性和水量利用率,更好地发挥水库的综合利用作用;同时也可用来合理决定和校核水库的主要参数(正常蓄水位、死水位及装机容量等)。

绘制水库调度图的基本依据主要有:

① 来水径流资料,包括历时特性资料(如历年、逐月或旬的平均来水流量资料)和统计特

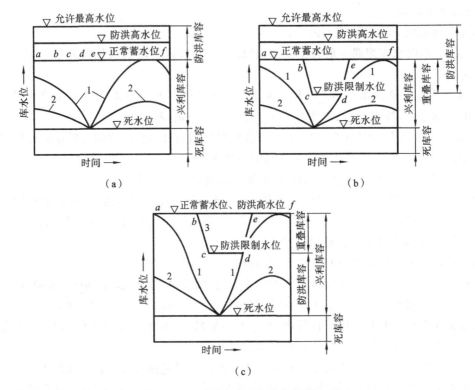

图 5.2.2　防洪和兴利相结合的调度图

(a) 完全不结合；(b) 部分结合；(c) 完全结合

性资料（如年或月的频率特性曲线）。

②　水库特性资料和下游水位、流量关系资料。

③　水库的各种兴利特征水位和防洪特征水位等。

④　水电站水轮机运行综合特性曲线和有压引水系统水头损失特性等。

⑤　水电站保证出力图，表示为了保证电力系统正常运行而要求水电站每月必须发出的平均出力。

⑥　其他综合利用要求，如灌溉、航运等部门的要求。

由于水库调度图是根据过去的水文资料绘制出来的，因此只是反映了以往资料中几个带有控制性的典型情况，而未能包括将来可能出现的各种径流特性。实际来水量变化情况与编制调度图时所依据的资料是不尽相同的，如果机械地按调度图操作水库，就可能出现不合理的结果，如发生大量弃水或者汛末水库蓄不满等情况。因此，为了使水库做到有计划地蓄水、泄水和利用水，充分发挥水库的调蓄作用，获得尽可能大的综合利用效益，必须把调度图和水文预报结合起来考虑，根据水文预报成果和各部门的实际需要进行合理的水库调度。

应该强调指出，在防洪与兴利结合的水库调度中，必须把水库的安全放在首位，要保证设计标准内的安全运用。水库在防洪保障方面的作用是要保护国家和人民群众的最根本利益，尤其当工程还存在一定隐患和其他不安全因素时，水库调度中更要全面考虑工程安全，特别是大坝安全对洪水调度的要求。兴利效益务必要服从防洪调度统一安排，通过优化调度，把可能出现的最高洪水位控制在水库安全允许的范围内。在此大前提下，再统筹安排满足下游防洪和各兴利部门的要求。

5.3　水库防洪调度管理

5.3.1　防洪调度的概念

水库的防洪调度是一种确保水库安全，完成水库防洪任务，使水库充分发挥综合效益而采用的控制运用方式。它是在保证大坝安全的前提下，根据规划设计的开发目标和兴利主次关系，结合库区和下游河道安全泄量的实际情况，本着局部服从整体，兴利服从防洪的原则对水库进行合理调度运用，以达到综合利用水库资源，充分发挥工程综合效益的目的，是水库管理单位的重要工作。水库调度运用的依据是：根据批准的调度运用计划和运用指标，结合水库工程现状和管理运用的经验，参照近期水文气象预报情况，进行具体的最优调度运用。水库防洪调度管理的主要内容包括：根据实际情况和综合利用部门的要求，编制水库防洪调度计划；及时掌握、处理、传递水文气象和水库运用信息，进行水文气象预报；根据批准的调度计划和水库主管部门的调度指令进行水库的调度运用，并将调度命令执行情况反馈到上级部门等。

由于防洪调度涉及水库上下游的安全和综合效益的发挥，因此受到各级政府的重视。在汛期，水库管理单位不得擅自在汛限水位以上蓄水，汛限水位以上的防洪库容的调度运用必须服从防汛指挥机构的调度指挥和监督。

5.3.2　防洪调度的任务及原则

根据设计确定或上级主管部门核定的水库防洪标准和下游防护对象的防洪标准、防洪调度方案及各特征水位，对入库洪水进行调蓄，保障大坝和下游防洪安全。遇超标准洪水，应首先保障大坝安全，并尽量减轻下游洪水灾害。

在保证大坝安全的前提下，按下游防洪需要对洪水进行调蓄；水库与下游河道堤防要和分、滞洪区防洪体系联合运用，充分发挥水库的调洪作用；防洪调度方式的判别条件应简明易行，在实时调度中对各种可能影响泄洪的因素要有足够的估计。

汛期限制水位以上的防洪库容调度运用，应按各级防汛指挥部门的调度权限实行分级调度。

5.3.3　防洪调度方式

根据流域洪水特性、水库防洪运用标准、水库下游保护对象的防洪要求、上游洪水及与下游区间洪水的遭遇组合特性等情况，结合水库综合利用要求，明确不同频率洪水的防洪调度方式、判别条件和调度权限。

对超标准洪水，应根据批准的超标准洪水防御方案，明确超标准洪水的判别条件、运用方式、调度权限、调度令下达及执行程序等。

当流域暴雨洪水在汛期内具有明显季节性变化规律，在保证水库防洪安全和满足下游防洪要求前提下，可实行分期防洪调度。分期防洪调度应按照确定的分期防洪调度方案，明确不同分期的防洪库容及汛期限制水位。

当水库具备水雨情测报系统，拦洪、泄洪建筑物完善时，可依据经主管部门审定的洪水预报方案进行水库洪水预报调度。

洪水预报调度,应根据水库上下游的具体情况和防洪需要,明确采用预泄调度、补偿调度、错峰调度等方式的判别条件。

5.3.4 防洪调度的主要工作内容

每年汛前,水库管理单位必须做好防御特大洪水的准备,对防汛队伍、物资和通信照明设施进行检查,并做好向下游预警和群众安全转移等工作准备。

及时掌握、处理、传递水文气象和水库运用信息,进行水文气象预报;根据批准的调度计划和水库主管部门的调度指令进行水库的调度运用,并将调度命令执行情况反馈到上级部门等。

洪水过后,水库管理单位应按规定及时组织开展洪水调度自评。每年汛期结束后,水库管理单位应组织编制防洪调度工作总结,并在年底之前上报水库主管部门和防汛抗旱指挥机构。

5.3.5 防洪调度功能设计

针对水库的防洪调度管理业务需求,主要从防汛值班管理、防汛物资管理、突发事件应急响应、调度方案管理以及闸门监控等方面开发相应的业务功能,支撑水库安全度汛。防洪调度功能模块结构见图 5.3.1。

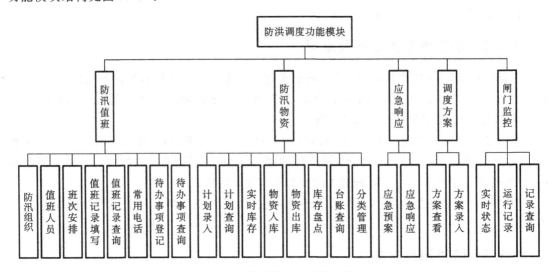

图 5.3.1 防洪调度功能模块结构

1) 防汛值班

因汛期容易突然发生暴雨洪水、台风等灾害,以及防洪工程设施在自然环境下运行,也会出现异常现象,水库汛期执行 24 小时值班制度和领导带班制度。汛期值班人员的主要工作内容包括:了解掌握汛情,包括雨情、工情、灾情等;对发生的重大汛情等要整理好值班记录,以备查阅并归档保存;及时掌握防洪工程运行和调度情况,及时报送险情、灾情及防汛工作信息;严格执行交接班制度,认真履行交接班手续等。针对防汛业务需求,开发了防汛组织查询、防汛值班管理、防汛日志记录、待办事项以及常用电话查询等功能。

① 防汛组织。可在线快速查询防汛组织机构,了解每个人的职责及联系方式,以便发现问题及时传达与上报。

② 值班人员。主要用于查询当前值班人员及带班领导信息,以及历史和未来的值班计划。

③ 班次安排。主要用于在线编制防汛值班表,按照轮班规则排定班组班次。

④ 值班记录填写。填写防汛值班过程中发生的汛情、险情及其处理情况以及指挥调度命令执行情况等,界面见图 5.3.2。

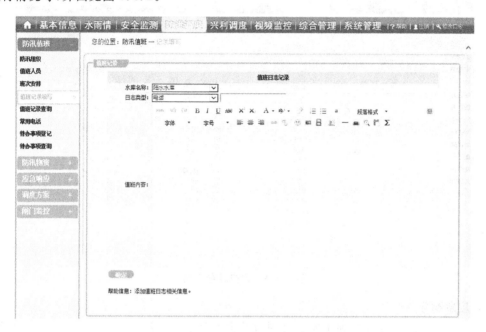

图 5.3.2　防汛值班中的记录填写界面

⑤ 值班记录查询。按照值班人员、记录类型、起止时间查询防汛值班记录。

⑥ 常用电话。主要用于快速查询防汛相关的单位、部门以及人员的电话,如气象预报单位、上级防汛指挥部、下游村庄联系人等。

⑦ 待办事项查询。在交接班过程中,上一班次把未完成的事项记录到系统中供下一个班次的人员参考执行。

⑧ 待办事项查询。查询历史待办事项执行情况。

2)防汛物资

防汛物资作为水库防汛抢险的重要资源,其重要性不言而喻。为加强防汛物资的管理,发挥好度汛物资在防洪期间的作用,提高防汛仓库管理水平,系统开发了从物资采购计划制订到入库管理、出库管理、盘存以及物资库存查询等全面的功能,可以将防汛物资的计划申请、采购、入库、出库、使用情况、实时库存情况、台账等有条不紊地进行管理。

① 计划录入、计划查询。根据水库管理单位的需要录入防汛物资采购计划,需要录入的内容包括采购的物资名称、数量、采购时间、单价、品牌、来源等信息,并可以发起防汛物资采购计划流程,可实时查询计划。

② 实时库存。显示水库运管单位防汛物资的实时库存,可以根据物资名称、物资类别进行查询。

③ 物资入库。防汛物资在此进行入库登记,登记的内容包括采购人、物资信息、数量、采购单价、存放位置等。

④ 物资出库。防汛物资在此进行出库登记,登记的内容包括领料人、物资信息、数量、用途、领料时间等。

⑤ 库存盘点。定期进行库存盘点,了解库存情况,对库存进行清理。

管理系统中的物资库存界面见图5.3.3。

图 5.3.3　物资库存界面

3）应急响应

应急响应是在面对影响到水库及其周边社会经济、人民生命安全的突发事件(如洪水、地震、泥石流等)时,水库管理单位基于水库的应急预案实现从应急准备、应急响应到应急恢复各个阶段对潜在险情、突发事件进行应急处置的全过程。

应急响应的基础是水库管理单位编制的应急预案。应急预案中应包括水库可能发生的各类应急事件的应急管理、指挥、救援计划等,明确应急事件的处置流程以及各部门职责及其处置顺序;针对各级各类可能发生的事故和所有危险源,要制定专项应急预案和现场处置方案,并明确事前、事发、事中、事后的各个过程中相关部门和有关人员的职责。

（1）应急预案查询

水库管理单位能够在权限范围内查询所管水库的应急预案,并可进行应急预案下载、打印等。

（2）应急处置

应急处置是当水库管理单位将巡检或通过自动化监测发现的应急事件向应急指挥机构上报后,应急指挥机构根据对应急事件的事态分析,基于应急预案对应急事件从事件发生、分析、处置到结束的全过程进行流程化管理,主要包括信息接报、事件管理、信息发布、指挥调度等功能。对于不同的应急事件,应制定不同的详细的流程化处理措施。在应急事件发生后,管理人员按制定流程进行应急处置。应急处置的每个流程均可详细记录时间、人员、事件处置情况等内容,做到对应急事件进行全过程记录。

4）调度方案

调度方案的功能主要用于在线查看审定后的防洪调度方案,采用过程线图和数据表格显示。支持调度方案的管理功能,包括调度方案入库、修改以及删除。

5）闸门监控

闸门监控主要用于实现对闸门状态的实时在线查看,对运行状态进行记录,并可查看闸门开关的历史操作记录,便于追踪开闸放水的情况。

实时状态主要用于展示闸门实时运行的情况,通过每扇闸门的实时开度、流量值,掌握各闸门的开启情况及流量情况。同时,系统开发了闸门部位的视频监控功能,可以直观地观测到每个闸门的运行状况及泄流情况。通过以上信息的综合集成展示,管理人员能以最便捷、最直观的方式掌握闸门的运行状态。管理系统中闸门监控界面见图 5.3.4。

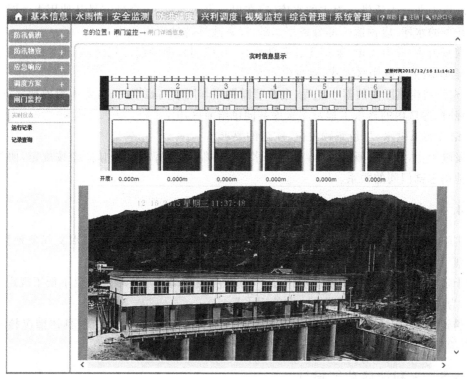

图 5.3.4　闸门监控界面

运行记录与查询可对闸门的运行过程进行记录与查询,便于管理人员进行查证。

5.4　水库兴利调度管理

5.4.1　水库兴利调度的概述

兴利调度是根据水库承担兴利任务的主次及规定的调度原则,在确保工程安全和按规定满足下游防洪要求的前提下,运用水库的调蓄能力,有计划地对入库的天然径流进行蓄泄,最大限度地满足各用水部门的要求。兴利调度主要包括发电调度、供水调度以及灌溉调度等。调度的主要内容包括拟定各项兴利任务的调度方式,制订相应的调度计划,记录实际调度执行情况等。

5.4.2　兴利调度的原则

在制订计划时,要首先满足城乡居民生活用水,既要保重点任务,又要尽可能兼顾其他方面的要求,最大限度地综合利用水资源。

要在计划用水、节约用水的基础上,核定各用水部门的用水量,贯彻"一水多用"的原则,提高水的重复利用率。

兴利调度方式,要根据水库调节性能和兴利各部门用水特点制定。库内引水需纳入水库水量的统一分配和统一调度。

5.4.3 供水、灌溉、发电调度注意事项

以城市工业及生活供水为主的水库,应在保证供水前提下,合理安排其他用水。对特别重要供水任务的水库,应预留一部分备用水量,以备连续特枯年份使用。

以灌溉为主,兼有发电、航运等任务的水库,在编制兴利调度计划时,应注意以下问题。

① 合理调整灌溉用水方式,减少供水高峰。

② 充分利用灌区内的蓄水工程,在非灌溉期或非用水高峰期时,由水库提前放水充蓄;在用水高峰时,灌区内的蓄水工程可与水库共同供给灌区用水。

③ 结合灌溉供水,尽量兼顾发电、航运的要求。

以发电为主,兼有灌溉、航运等任务的水库,在编制兴利调度计划时,应按规定,协调好发电与其他用水部门间的关系。

5.4.4 调度实施

在实施调度中,应根据实时的库水位和前期来水情况,参照调度图和水文气象预报,调整调度计划。

对于多年调节水库,在正常蓄水情况下,一般应控制调节年度末库水位不低于规定的年消落水位,为连续枯水年的用水蓄备一定的用水量。

当遇到特殊的干旱年,水库水位已落于限制供水区域时,应根据当时具体情况核减供水量,重新调整各用水部门的用水量,经上级主管部门核准后执行。

5.4.5 兴利调度功能设计

基于水库的兴利方式不同,兴利调度功能主要包括发电调度、供水调度、灌溉调度等,实现各调度方式的调度计划制订、实际调度执行情况记录、历史调度数据的查询统计,以及各类调度报表的生成,见图5.4.1。

(1) 发电调度

针对有发电任务的水库,系统提供以下功能:不同时段的发电计划的制订、上报、审批等流程化管理;发电数据的入库、统计、查询;自定义生成相应的年报表、月报表以及时段报表等。

(2) 供水调度

针对有供水任务的水库,系统提供以下功能:供水计划的制订、上报、审批等流程化管理;供水数据的入库、统计、查询;自定义生成相应的年报表、月报表以及时段报表等。

(3) 灌溉调度

针对有灌溉任务的水库,系统提供以下功能:灌溉计划的制订、上报、审批等流程化管理;灌溉数据的入库、统计、查询;根据管理需求,自定义生成相应的年报表、月报表以及时段报表等。

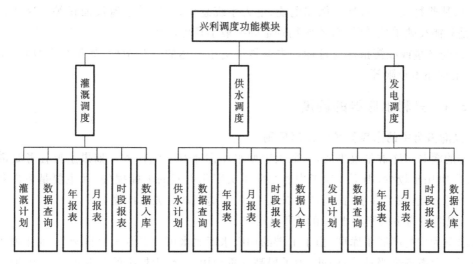

图 5.4.1　兴利调度功能模块结构

5.5　多水库联合调度管理

5.5.1　水库群的概述

河流治理开发中,兴建了一群水库,一方面为了根治洪涝灾害,另一方面是开发水利资源进行灌溉发电。为了从全流域的角度研究防灾和兴利双重目的,需要在干支流上布置一系列水库,形成一定程度上能互相协作,共同调节径流,满足流域整体中用水部门的多种需要,一群共同工作的水库整体称为水库群[8-9]。

水库群与单一水库比较有两个特征:① 共同性,即共同调节径流,共同为一些开发目标(如防洪、灌溉、发电)服务;② 联系性,即水库群中各库之间常常存在着一定的水文、水力、水利上的相互联系。由于库与库之间有联系性的存在,才产生了"群"的概念,并发挥"群体"的作用。例如,通过水库群的联合调度与水库单独调度相比较,在防洪方面,可以提高总的防洪效益,减少水害;在灌溉方面,可以提高总的设计灌溉供水量,扩大灌溉效益;在发电方面,可以提高总的保证出力,增加发电量。

水库群按照各水库在流域中的相互位置和水力有无联系,可以分成并联水库群、串联水库群和混联水库群。

水库群的类型按其主要的开发目的和服务对象,又可分为:① 水电厂梯级;② 航运梯级(亦称渠化梯级),通常是连续和衔接的;③ 其他,如以防洪、灌溉和拦沙为目的的梯级水库群。不过,在河流的综合开发中,这种单一目标的梯级是少见的,多数情况下是综合利用的梯级水库群。

5.5.2　优化调度的目标和准则

将系统工程理论应用于水资源系统,在建立反映系统主要特性和元素间互相作用关系的数学模型时,需要先明确系统最优规划、运行的目标和内容,对于水利系统而言有两种目标表达形式[10-11]。

① 以某些物理量为目标。例如电能、电力系统总煤耗量、洪水淹没面积等。这些指标的局限性是只能反映单项效益,各不同物理量间一般不具可比性。

② 以经济量或经济指标为目标。主要是以货币表达的一些指标,如年总净收益、年总计算支出、工程还本年限等。

5.5.3　兴利水库群的调度

1）以灌溉为主的水库群统一调度原则

单纯的灌溉水库群是很少的,一般大中型水库都兼有发电任务。如果主要任务是灌溉和供水,而发电用水较少,则不一定考虑各水库水头变化引起的电能损失,而主要是考虑各水库的水量合理分配,减少弃水,提高供水保证率,确定适当的蓄放水次序。

（1）以灌溉为主的串联水库群调度原则

以灌溉为主的串联水库群,由于上游的梯级水库放水可被下游水库再调节,而下游水库的供水量可由上游各梯级补给,因此,为了提高水量利用率,减少梯级的总弃水量,蓄水时应首先蓄满上游各梯级水库,最下游的梯级水库最后蓄满。供水时应使下游水库先供水,最后由最上游水库供水。可利用下游梯级水库腾出的库容调蓄区间径流,发挥"群"的联合作用。

（2）以灌溉为主的并联水库群调度原则

在供水期,库容小、调节性能差的水库,按本身单独运用的有利方式进行供水,不足水量由调节性能高的大水库补给。在蓄水期,调节性能高的或汛期结束早的水库应先蓄水,以保证大水库正常蓄水,避免影响供水;调节性能差的或汛期结束迟的水库,可以后蓄满,避免早蓄而产生弃水。

（3）按灌区划分的调度原则

当灌溉面积大时,常依照地理位置、渠系布置、控灌高程等条件,将大灌区划分为几个供水区域（小灌区）。在统一调度中,不论是串联水库群还是并联水库群,各库都应优先给就近灌区供水,当本水库不能满足就近灌区的水量需要时,才从另外的水库中补给,并让高水库（引水渠道水位较高）先满足高灌区（地面高程较高）,避免出现提水灌溉,必要时验算高灌区水量供需是否平衡,否则高低水库的蓄供水量应作适当调整。

2）以灌溉为主兼顾发电的水库群调度原则

若河流的水利开发目标和主要任务确定了水库群是以灌溉为主兼顾发电,那么在调度中要首先考虑主要任务。然而为了发挥工程潜力,尽可能地照顾各方面的需要,在不影响主要任务的情况下,应提高综合利用程度,使总的经济效益最大。

在水库群统一调度工作中,会遇到灌溉与发电的矛盾。例如,梯级水库为了提高灌溉用水的保证程度,往往是上游水库先蓄水,下游水库先供水。但对发电来说则相反,下游水库先蓄水,上游水库先供水,可提高利用的落差,增加储蓄电能。在保证灌溉照顾发电的原则下统一调度,可拟订若干个方案,应用过去的观测资料,进行水利计算,择优选用既满足灌溉要求又使发电效益较大的方案。

当灌溉与发电能够结合时,水库供水先经过发电以后再灌溉。可先研究发电方面的蓄放水次序,然后检验是否满足灌溉需要。若不能满足,则可视河流来水情况调整发电用水量,当来水量偏丰,可增加发电用水量以满足灌溉要求;当来水偏枯,可改变或调整各水库的供水次序,以满足灌溉供水要求。

当灌溉引水与发电不能结合时,如水库上游灌溉自库内引水,为满足灌溉和发电两方面的要求,可拟订一些统一的调度方案,进行水利计算,择优选用。也可以先由水电站库群蓄放水次序判别式判定各库蓄放水次序,若与灌溉要求的蓄放水次序基本相符,即可进一步确定两者的蓄供水量。若不相符,一般应根据水库群任务的主次关系决定。

3）兴利水库群的调度工作

兴利水库群无论是串联还是并联,调度基本上都是相同的,具体工作内容综述如下:

① 根据水库群的特点,按上述情况确定统一调度原则。

② 由调度原则拟订几个调度方案,对各方案进行水库群的水利计算。

③ 由水利计算成果,绘制各水库的年调度图,即水库群统一调度下的各水库调度图。

④ 以各水库调度图作为指导本水库调度工作的基本依据,在实际工作中要开展水文测报和水文预报工作,随时向水库群调度中心汇报情况。

⑤ 调度中心根据各水库的调度图、实际调度过程线、水库水情、需水量等实际情况做出决策,随时指导各水库的调度工作,实现统一调度。

5.5.4　水库群洪水调度

1）并联水库防洪调节和调度方式

假若甲、乙两并联水库共同承担丙处的防洪任务,要求两库密切配合对区间洪水互相进行补偿调节,其目的是,在设计防洪标准的情况下,一方面使丙处下泄流量小于其安全泄量 $q_安$,另一方面要满足各水库本身的防洪要求。

（1）总防洪库容的确定

如果甲、乙到丙处相应于防洪标准的区间设计洪峰流量,不大于丙处的安全泄量,则可依据丙处的设计洪水过程线,按 $q_安$ 控制,求得在丙处所需要的总防洪库容 $V_{防丙}$。但在实际调度中,考虑到补偿调节的误差,防洪库容不可能得到充分利用,故总的防洪库容稍许加大 $10\%\sim$ 30% 以策安全,即 $V_{防总}=(1.1\sim1.3)V_{防丙}$。

（2）分析洪水组成,确定各水库的必需防洪库容

丙处某一频率的设计洪水,是由甲、乙库和区间的洪水组合而成的。这是个洪水组合遭遇问题,不同的组合情况各水库所需的防洪库容不同,但最恶劣的组合情况有两种:一种情况是甲库、区间与丙库处发生同频率设计洪水,而乙库发生相应洪水,这对甲水库最为严重,即使乙水库不泄洪,为满足下游丙库处防洪安全,甲水库推求得的防洪库容为最小的防洪库容,也是其他水库不能替代承担的库容,上述甲水库推求的最小防洪库容称为必需防洪库容 $V_{防甲}$。另一种情况是乙库、区间与丙库处发生同频率设计洪水,而甲库发生相应洪水,这对乙水库最为严重,如上所述,可推求得乙水库的必需防洪库容 $V_{防乙}$。

（3）各水库共同承担的防洪库容分配原则

将总防洪库容 $V_{防总}$ 减去各水库必需防洪库容之和 $V_{防甲}+V_{防乙}$,所剩即为共同承担的防洪库容,一般分配原则为:① 干流水库较支流水库,距防护点近的较距防护点远的水库,洪水比重大的水库较洪水比重小的水库,应多分担一些共同承担的防洪库容。②按各水库总兴利损失最小原则分配。在初步方案拟订时,尽量利用防洪与兴利可能结合的共同库容,如不够再对调节性能较高、本身防洪要求较高、发电水头较低的水库多分配一些。③按总计算支出最小原则分配。在满足下游防洪要求的前提下,各分配方案中计算支出最小的确定为最优方案。各方案兴利效益的差值,用替代方案的投资和运行费折算。

对于某些洪水组合情况变化剧烈的河流,有时求出的总必需防洪库容可能超过所需要的

总防洪库容,这时不存在共同承担的防洪库容,则将各水库必需防洪库容之和作为总防洪库容。

(4) 防洪调度方式

① 固定下泄方式。若共同承担同一处防洪任务的各水库洪水基本上同步,为同一暴雨区,且区间面积很小,防护点的洪水主要来自各水库,可采用固定下泄流量的方式进行洪水调节。与单库固定下泄流量的防洪调度方式类似,根据防洪等级标准的不同,可分为一级或多级下泄流量。所不同之处是,应按前述方法拟订的各库防洪库容,分别规定各库的分担判别条件和下泄流量。

② 补偿调度方式。由于各水库洪水的多变性,以及区间洪水的影响,为了有效发挥库群的防洪作用,需要在区间洪水及水库之间进行补偿调节,现以两库共同防洪的补偿调度为例说明。

先后补偿法。甲乙两水库上游洪水具有一定程度的同步性,共同承担丙处的防洪任务。首先,选择防洪能力强的、控制洪水比重大的水库(如乙库),作为防洪补偿调节水库,另一水库(如甲库)为被补偿水库。然后,将被补偿水库(即甲库)按其本身的防洪及综合利用要求,进行洪水调节,求出下泄流量过程线 $q_甲 \sim t$,将此过程线沿河道进行洪水演进计算,确定洪水流量传播时间,在槽蓄作用演变后再和区间(甲丙、乙丙)洪水过程线 $Q_区 \sim t$ 同时间叠加,得($q_甲 + Q_区$)$\sim t$ 线。

相机补偿法。此法应用于甲、乙两并联水库的洪水比重相差不大,且同步性较差的情况。不是先决定两库补偿调节次序,而是根据洪水发生的情况及预报值决定两库蓄水泄水次序和补偿调节关系。

当丙处发生设计洪水时,乙库发生同频率洪水,甲库发生相应洪水,则乙库按满足自身防洪要求的方式进行调洪,甲库根据区间和乙库泄洪情况对丙处进行补偿调节。又如,甲、乙两库根据预报发生的洪水相近,但乙库来洪比甲库早,则应先调蓄乙库,使甲库尽量腾出库容,以迎接迟到的洪峰。这种情况即乙库先作补偿调节蓄满防洪库容,然后甲库进行补偿调节,蓄满防洪库容。

2) 串联水库的防洪调节和调度方式

(1) 串联水库的防洪库容

串联水库与并联水库一样,在进行防洪调节之前,需要分析设计洪水的组合,求出总防洪库容 $V_{防总}$,再分配到各水库去承担。甲乙两串联水库共同承担丙处的防洪任务,如果乙库到防洪控制点丙处,相应于防洪标准的区间设计洪峰流量,小于丙处的安全泄量 $q_{安丙}$,则可根据丙处的设计洪水过程线,用单库方法求出所需要的总防洪库容 $V_{防总}$,再以($1.1 \sim 1.3$)$V_{防总}$ 分配到各水库。

为满足丙处设计防洪要求,当甲乙之间的河段本身无防洪要求,则乙库必需防洪库容,由甲乙及乙丙两区间的同频率设计洪水安全控制,经调洪计算得出。假如乙库的实际防洪库容小于这个必需防洪库容,当丙处区间出现设计洪水时,即使甲库不放水,也不能满足丙处的防洪要求。由于甲库的泄水可由乙库控制,故甲库并无必需防洪库容。

$V_{防总}$ 减去必需防洪库容,得两库应共同承担的防洪库容。根据实践经验,梯级水库分配防洪库容时,使库容较大、本身防洪要求不高、水头较低、梯级的下一级、距防洪区较近的水库,多承担些防洪库容比较有利。

(2) 串联水库的防洪调度方式

防洪调度方式主要是进行各水库之间的防洪补偿调节,以及对各水库的蓄洪泄洪做出决策。如果甲乙两水库调洪性能相差大，应以调洪性能较高的水库作补偿水库，调洪性能较低的水库按单独运行方式调节洪水。如果甲乙两水库的调洪性能相差不多，当丙处发生设计洪水时，需根据甲库的入库洪水和甲乙区间洪水的组合情况来决定蓄泄次序。一般来说，在丙处发生大洪水时，需要甲乙两水库拦洪错峰，若甲库的拦蓄洪量对减轻丙处的水灾确有作用，则先蓄甲库比较有利。当甲库泄量减少到不能再少时，才适当应用乙库拦洪；若甲库和甲乙区间同时遭遇较大洪水，需根据较准确的洪水预报，并考虑乙丙区间洪水的影响，采取两库分担丙处洪水的补偿调节方式，然后再结合两库防洪库容大小，确定总蓄洪量和两库各分配的蓄洪量。

若甲乙区间也有防洪要求，则甲库的泄洪、乙库的蓄洪，在上述防洪调洪调度中也应综合考虑。

5.6　水库调度管理信息化功能设计

（1）汛前准备相关业务模块

防汛工作是关系到国计民生的大事，汛前准备工作的好坏将直接关系到汛期防汛工作完成的质量，所以说汛前准备工作是非常重要的。同时，汛前准备工作也是比较繁杂的，杂乱、烦琐的工作恰恰需要科学的统计管理，以保证万无一失。汛前准备业务模块一般包括：

① 相关信息数据维护。

② 相关信息查询。

③ 汛前防汛设备检查维护记录及查询。

④ 设备系统运行状态记录及查询。

⑤ 汛前防汛检查及存在问题、解决问题情况和其他信息的统计。

⑥ 相应文档生成。

（2）汛期值班相关业务模块

汛期水库调度值班是汛期防汛非常重要的一项工作，包括对水情数据的采集、整理、计算、发布等多项业务，直接关系到防洪工作。汛期值班业务模块主要包括：

① 值班人员管理。

② 值班日记管理。

③ 值班主要防汛电话记录。

④ 汛期设备运行状态（故障）记录。

⑤ 接收、翻译、整理水情电报。

⑥ 编制、发出水情电报。

⑦ 汛情简报生成。

⑧ 语音水情信息咨询。

⑨ 相关信息维护。

⑩ 相关信息查询。

（3）文档管理模块

水库调度工作的原则性很强，特别是在防洪的关键时刻，权衡利弊、运筹帷幄、果断决策，往往需要大量的规程、文献、命令等文档作为参照和指导，所以文档管理在水库调度工作中显得十分重要。依据业务特点、需求主次对文档进行科学分类，既是本模块的重点，又是本模块开发的难点。本模块包括以下内容：

① 相关信息数据维护。

② 相关信息查询。

③ 收文管理。

④ 发文管理。

⑤ 文档多条件查询。

⑥ 文档打印输出。

（4）水库运行统计模块

水库运行统计，特别是对有发电能力的水库来说，是必不可少的。它主要完成对水库整个运行过程的数据记录，包括各时段的水位过程、入库流量、出库流量、发电过程及其他出流方式过程，其中较为复杂的是有发电的水库水能计算。水能计算的任务是推求水电厂动力指标值及各参数之间的关系。经常遇到的课题是推求一定来水情况下发电量、发电流量和水库水位三者之间的关系。本模块包括：

① 相关信息数据维护。

② 相关信息查询。

③ 逐日发电用水计算（效率曲线）。

④ 生产日报生成。

⑤ 由机组负荷推算瞬时发电流量。

⑥ 旬、月、季、年、多年发电运行统计。

⑦ 统计查询。

⑧ 历史相关对照查询。

（5）水库运行计划模块

为适应客观情况的变化，有效地指导水库实际运行，加强电力生产的计划性，需要定期编制年度、汛期、供水期发电调度计划及月、旬水库调度计划，并生成水库调度报告，上报各有关部门和单位。本模块主要包括：

① 旬发电计划。

② 月发电计划。

③ 季发电计划。

④ 汛期发电计划。

⑤ 年度发电计划。

⑥ 相关数据维护。

⑦ 相关信息查询。

⑧ 相应报表及文档生成。

（6）水库经济运行分析模块

水库经济运行分析是用水库调度图理论分析得出的调度结果，与实际调度结果对比，来计算水能利用提高率和节水增发电量，以此来评价水库运行的经济指标，及实际水库调度的成功与否。这同时也是对后期调度运行的一个参照。该模块主要包括：

① 水库水能利用提高率计算。

② 节水增发电量计算。

③ 水库时段综合经济运行分析。

④ 报表及文档生成。

⑤ 旬、月、季、年经济运行分析。

⑥ 相关数据维护。

⑦ 相关信息查询。

（7）水库调度工作总结模块

一般水库在每年汛末都要编制本年汛期工作总结。年底完成年度水库调度工作总结。通常总结内容应以汛期工作为重点，以发电、防洪调度为中心，有情况，有分析，有结论，力求较全面地反映实际情况。一般年度（汛期）水库调度工作总结通常应包括：

① 汛前准备情况。

② 汛期主要工作，包括主要天气形势与来水特性、主要来水过程、发电与水库调度经过、各类预报误差的评定、水工建筑物观测、机组运行情况、发供电设备运行情况、经济运行和节能情况等。

③ 汛期大事记，包括上级相关批文、水库防汛指挥部主要决定、主要降雨、洪水调度研究过程和上级防洪调度命令。

④ 主要经验和体会及附表、附图。

基于以上的水库调度工作总结内容，文档格式相对稳定，历年内容也较为相似，所以完全可以建立一个模板式的生成软件，特别是像洪水预报评定、中长期预报评定、水情统计、水库运行统计等完全可以实现自动生成。一些数据可以利用动态文档中的相应统计数据直接与数据库关联，这将大大降低工作量，同时也避免了一些人为误差的产生。

（8）常用相关参数查询模块

在水库调度工作中，常常要进行许多参数的查询或换算，如一些单位量纲的换算，库容、溢流量、机组效率、平均耗水率等的查询。建立一个方便查询的软件模块，对水库调度工作将起到一定的作用，其主要功能应包括：

① 各种随机分析检验参数查询。

② 各种设备参数查询。

③ 物理量纲换算。

④ 水文常用物理量取值范围。

⑤ 水库常用设计参数查询。

⑥ 相关业务规程、规范的查询。

以上各功能模块相对独立，又通过数据库紧密地联系在一起，之间的部分功能也是相互联系的，所以一些通用性功能相对较强的计算程序，应当以面向对象的设计思想，设计成函数、控件等，以便其他部分能够灵活地调用。这既保证了系统的整体一致性，又提高了系统的开发效率。

本章参考文献

［1］刘林普.水电站优化调度技术研究进展综述［J］.山西水利科技，2004（4）：91-92.

［2］潘理中，芮孝芳.水电站水库优化调度研究的若干进展［J］.水文，1999（6）：37-40.

［3］张勇传.水电站经济运行原理［M］.北京：中国水利水电出版社，1998.

［4］李义.梯级水电站短期优化调度的研究与应用［D］.武汉：华中科技大学，2004.

［5］董子敖.水库群调度与规划的优化理论与应用［M］.济南：山东科学技术出版社，1989.

［6］李钰心，孙美斋.水电站水库调度［M］.北京:水利电力出版社,1984.

［7］武鹏林，霍德敏，马存信，等.水利计算与水库调度［M］.北京:地震出版社,2000.

［8］刘冀，王丽学.水库群防洪联合调度的研究现状与展望［J］.水电能源科学,2004,12(3)：30-32.

［9］朱建国.分布式水库优化调度系统的研究与设计［D］.武汉:华中科技大学,2006.

［10］李益民，段佳美.水库调度［M］.北京:中国电力出版社,2004.

［11］宋萌勃，岳延兵，陈吉琴.水库调度与管理［M］.郑州:黄河水利出版社,2013.

第6章 大坝风险评估与应急管理信息化

6.1 概　　述

6.1.1 现代大坝安全管理内涵

1）现代大坝安全管理理念

纵观近20年的大坝安全定义，大坝安全理念中除了大坝工程的性态应该处于良好的状态外，还包括大坝溃决对下游可能造成的后果应该能够被社会公众所接受。反之，如果工程性态并非处于良好状态，或者溃坝后果超出了可接受的范围，社会公众不能接受，大坝就不是安全的。

从传统的大坝安全概念看，任何大坝都不是100%安全的，都存在着破坏的可能性，存在着溃坝的可能性，只是这种可能性非常小。精心设计、施工、管理的大坝溃坝的可能性只有$10^{-5} \sim 10^{-6}$。因为任何大坝都有设计标准，超标准荷载出现时，大坝的性态将会遭遇挑战，设计、施工、运行中的不确定性可能更加不利于大坝的安全，因此大坝下游受溃坝影响范围内的社会和居民总是处于大坝溃决的威胁中。也就是说大坝和下游可能受溃坝影响的社会公众成为了一个难以分割的整体。传统大坝安全理念关注的只是大坝本身，现代大坝理念关注的是这个整体。当政府充分意识到大坝和下游可能受溃坝影响的社会公众成为了一个难以分割的整体时，安全就扩展成为工程安全和公共安全，现代大坝安全理念就产生了。

用大坝风险概念来表述现代大坝安全理念更加合适。所谓大坝风险，就是大坝溃决可能性与溃坝引起的下游后果的组合。这将大坝和下游可能受溃坝影响的公众社会统一在一个概念中。因此，可以说现代大坝安全理念就是大坝风险理念。

2）现代大坝安全管理理念的核心

根据大坝风险理念的定义，其核心有两个，即事故与后果、预防与控制。

（1）事故与后果

事故是研判大坝性态是否良好，是否存在可能恶化的基础。为了知道事故如何发生，需要进行事故原因和发生机理的研究。为了发现事故，需要进行定期或不定期的检查，需要研究相应的探查技术。为了知晓事故的严重程度，需要进行评价和鉴定，需要研究评价和鉴定技术。为了处理事故，需要进行日常的维护或除险加固，需要研究加固技术。为了了解溃坝后果，需要研究各类荷载或人类活动下，所有可能发生的事故，并研究这些事故是否会导致大坝溃决事件的发生，研究大坝溃决的可能性，即进行风险分析。为了了解溃坝后果是否能够被下游社会公众所接受，需要研究社会公众能够接受的风险，即需要研究风险标准。

（2）预防与控制

预防和控制是现代大坝安全理念的另一个核心。研究事故和后果的目的是为了预防和控制事故及后果。为了预防，必须加强大坝的安全检查和监测，研究如何进行更有针对性、有效性的监测和分析技术。为了预防的有效性，必须要编制运行维护与监测手册，加强规范化、法制化的日常管理。为了控制事故和风险的发展，需要对事故和风险的严重程度进行预测、预报、预警,要研究大坝不安全的预测预报预警技术;要研究一旦大坝不安全,对下游的影响有多大,为此需要研究溃坝洪水风险图制作技术,洪水损失评价技术。为了尽量减少下游损失,需要研究应急预案,采用应急管理技术,将下游公众及时撤离。为了将下游风险控制在一个范围内,需要研究风险管理技术,通过动态和工程、非工程措施控制风险,进行除险加固、降等报废或综合治理。

3）大坝风险理念的内涵拓展

大坝安全理念从"工程安全"发展到"工程风险",理念的内涵有了很大的拓展,体现在科研、设计、施工和运行等不同阶段。

（1）科研阶段

在考虑大坝安全问题时,还需要考虑大坝建设对下游影响范围内形成的损失情况,也即大坝风险问题。如果大坝风险不能被当地社会公众接受,这座大坝的建设将受到质疑。大坝建设所获得的利益与降低大坝风险,同其被接受的投入之间的平衡问题,将在科研阶段深入考虑。否则,大坝建成后大坝风险问题依然必须面对,而解决更为困难。

（2）设计阶段

在设计阶段,除了考虑大坝的防洪、抗震、结构稳定性和渗流性态外,还需要分析、设计大坝溃决所影响的范围、后果以及减小损失的应对措施。也即大坝安全和不安全的问题都将在设计阶段考虑,大坝溃决应急预案设计将成为大坝设计的重要内容之一。

（3）施工阶段

原来的质量检查和控制将扩展为施工期风险控制。施工期的大坝风险,不但包括施工质量不能满足设计要求,还包括了施工期度汛防洪安全,一旦遭遇超出施工期防洪标准的洪水,将导致大坝溃决并对下游造成严重的后果和影响。

（4）运行阶段

运行的内涵包含了工程安全和公共安全。围绕着事故与后果、预防和控制,在工程安全方面产生了很多新问题,在公共安全方面的问题都是新的,更需要面对。溃坝虽然是小概率事件,但危害极大,在全国范围内每年还时有发生。为了避免或减少溃坝突发事件,需要加强预防和控制。大坝溃决是一个过程,从大坝本身看,从隐患发展到事故、严重事故、险情需要较长的时间,有时甚至是数年。即使是遭遇超标准洪水,也至少有数天的时间,天气预报、周边降雨情况、大坝现状性态,都会给出警示信息。在隐患发展为险情的过程中,如果有较好的预警,险情就可以预防。从险情发展到溃坝的过程中,如果有较好的预报、预警,就可能避免溃坝,至少可以预先应对,事先撤离淹没区群众,减小损失。因此,人们将面对很多工程和公共安全方面的新问题,比如:如何做到可靠的预测、预报、预警,如何预防溃坝事件发生,如何控制大坝风险,如何将风险控制在较小程度等。大坝风险理念发展的同时,拓展了大坝安全的内涵。

4）大坝风险理念的特征

（1）以人为本

大坝风险理念和"以人为本"的理念紧密相连,或者说大坝风险理念是"以人为本"理念在大坝安全领域中的体现或产物。所谓大坝风险,就是大坝发生溃决事件的概率（可能性）与溃坝后果的组合。溃坝后果中最严重的是造成下游居民的生命、财产损失。在传统的大坝安全理念中,建坝的目的是为了取得效益,在现代大坝安全理念——大坝风险理念中,效益与公众安全并重,效益必须服从于公众安全,必须把风险控制在下游居民和政府可以接受的水平。这和 21 世纪我国政府提出的"以人为本"的执政理念是一致的。这种执政理念在水利工程建设与管理方面的体现,就是要关注工程对人民的影响,特别是对生命安全的影响。2006年年初,国家发布了《国家突发公共事件总体应急预案》《国家防汛抗旱应急预案》,这正是风险理念的体现。

（2）预见性

大坝风险理念的根本目的在于预防和控制溃坝造成的后果。然而溃坝是小概率事件,对某座水库大坝来说,也许永远不会发生。但是这座水库如果发生了溃坝事件,会是什么样,没有人见过。不同水库由于坝型、坝高、库容不一样,大坝的溃决模式和过程也会不一样,那么大坝会怎么溃决？如果溃决,影响范围有多大,范围内的损失有多大,下游影响范围人口情况如何,怎么组织人员撤离？对于这些问题必须要有预见性。如果不能预见到溃坝模式、洪水淹没范围、风险人口的分布、重点撤离区域等,大坝风险理念就失去了意义。

（3）主动性

大坝风险理念的另一个明显特征是主动性。所谓预防,就是在事件没有发生前去防止其发生,是建立在预测、预报、预警技术的基础上的。为了预测、预报、预警事件的发生,需要检查、监测、分析,确定在什么部位会出现或即将出现什么事故；为了防止事故的出现,需要确定采取什么措施,怎么去做。所谓控制是指尽可能控制事件的规模,尽可能避免或减少损失,将后果控制在社会公众能够接受的范围。这就要求想到、想在前,要有主动性。预防和控制没有主动性是难以做到的。

（4）计划性

在大坝溃决事件发生或即将发生时,采取最合适的措施,以尽量减小后果,降低损失,这是风险理念的重要内涵。为此,不但要求决策者有良好的心理素质和应对突发事件的能力,更重要的是要有预先制定的有效、可行的应急预案。一切都事先计划好,安排好,并按计划去做,事件就会在控制之中。计划性在水库应急预案中得到了集中体现。例如,大坝风险过高,需要采取措施降低风险,需要根据风险大小来安排除险。将有限的经费用到刀口上,需要有计划性。因此,计划性是大坝风险理念的又一个重要特征。

6.1.2　大坝风险评估基本概念

根据国际大坝协会（ICOLD）2000年北京会议上的定义,风险是指大坝对作用于生命、健康、财产和环境负面影响的可能性和严重性度量,是不利事件可能性与危害后果的乘积。风险管理则是指通过用于管理、控制风险的一整套政策和程序,对风险进行识别、评估、处理和监控的系统管理过程。

风险管理是一种事前管理机制,以风险度量为理念,进行接受、拒绝、减小和转移风险的全过程性管理。风险管理可以实现在不同层次上的大坝管理,例如,可以对一个地区、一个省乃至全国的水库大坝进行风险管理,也可以只对大型水库、中型水库或小型水库大坝进行风险管理。

大坝风险是大坝溃决概率和溃决后果的综合,而大坝风险管理是对大坝风险进行识别、评估、处理和监控的系统管理过程,包括管理、控制风险的政策和程序[1]。大坝风险管理是近些年来提出的一种水库安全管理理念,其核心是对大坝风险进行度量和评估,判别风险是否可被接受,以及如何减小或转移风险,因此是一种有效的基于风险度量为理念的事前管理机制。大坝风险管理业务主要包括风险标准、风险确认、风险分析、风险评价和风险处置五大部分,其流程见图6.1.1。大坝风险管理是原有大坝工程安全管理模式的拓展,将大坝工程安全与公共安全联系起来,将工程安全管理纳入社会公共安全管理中去,为大坝安全管理部门提出更为明

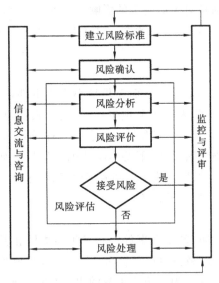

图 6.1.1　大坝风险管理流程

确的管理目标,是管理观念上的重大转变。在风险管理体系中,一个"安全"的大坝,首先意味着风险可以被公众接受,其次才是完成预定功能。

(1)风险标准

风险标准包括单个风险标准、社会风险标准和经济风险标准等。

(2)风险确认

风险确认(识别)是鉴定风险的来源和影响范围,为风险评价做准备。

(3)风险分析

根据风险的定义,大坝风险分析包括了两大部分内容,即溃坝概率(可能性)分析和溃坝后果分析。

① 溃坝概率分析。溃坝概率分析包括由内因和外因引起水库大坝破坏的危险识别、破坏模式和破坏路径分析、每条破坏路径的破坏概率分析。

② 溃坝后果分析。溃坝后果包括生命、经济损失和社会环境影响三个方面。为做好这三个方面的评估,需要进行溃坝洪水分析,确定淹没范围及其严重程度。

(4)风险评价

风险评价是一个决策过程,决定已存在的风险是否可以接受,风险控制措施是否合适,以及如何通过工程或非工程措施减少风险。这种决策主要包括风险分析和风险评估。根据风险分析的结果和风险标准比较,决定大坝风险是否可接受。

风险评价根据研究目的可以采用定性/半定量分析和定量分析。定性分析采用语言描述形式或数值范围来描述溃坝可能性及其后果,定量分析采用数值计算法来计算溃坝概率及其后果。根据风险评价的深度不同,可以把风险评价分为筛选评价、初步评价、详细评价和非常详细评价。除了筛选评价采用定性/半定量分析之外,其他一般都采用定量分析。大坝安全风险评估就是通过大坝风险因子分析,定量估算大坝的风险指标,最后估算出风险值并与社会可接受的风险值比较,从而判定大坝的安全状况。

(5)风险处理

风险处理是指选择并执行适当的选择方案来处理风险,是一个动态过程。如果风险不可接受,则必须立即对风险进行处理。

6.1.3　大坝应急管理概述

水库大坝在蓄水发挥效益的同时,也会对下游构成潜在风险,特别是以突发涉水灾害(包括自然环境诱发、人为诱发、人为灾害如恐怖袭击等)的公共安全事件为代表的各类突发事件一旦发生,可能会对生命、财产、基础设施、生态环境、经济社会发展等造成灾难性破坏,属典型突发公共安全事件,国内外均有惨痛教训。1954 年至今,我国共溃坝 3524 座。20 世纪 50—80 年代初是我国水库溃坝高发期,1954—1982 年共溃坝 3115 座,年均 107 座,年均溃坝率 1.23‰,其中 1973 年溃坝 500 余座。20 世纪 80 年代以后,通过落实大坝安全责任制、强化运行管理、大力开展除险加固等一系列举措,我国水库溃坝事故显著减少,但仍不时有溃坝事故发生,少数溃坝还造成了严重的人员伤亡。1993 年 8 月 27 日,青海沟后小(1)型水库溃坝,近

300 人丧生,1000 多人受伤;1995 年 7 月 2 日,湖北小湄港小(2)型水库溃坝,34 人死亡;1998 年 6 月 26 日,广东茶山坑小(1)型水库溃坝,36 人死亡或失踪;2001 年 10 月 3 日,四川大路沟小(2)型水库溃坝,38 人死亡;2005 年 7 月 21 日,云南省彝良县七仙湖小型水电站溃坝,16 人死亡;2007 年 7 月 26 日,贵州省丹寨县马颈坳小型水电站溃坝,5 人死亡、1 人失踪。

　　近年来,特大洪水、台风、干旱、地震等极端事件对水库大坝安全的影响日显突出,每年均有不少水库因工程老化、水毁、震损、管理不善等原因出险甚至溃坝。2008 年"5·12"四川汶川特大地震造成全国约 2400 座水库出险,其中高危以上险情 379 座;2008 年广东省接连遭遇台风暴雨袭击,全省损坏各类水库近 150 座;2009 年中国南方遭暴雨洪涝灾害,广西卡马水库出现严重险情,举国关注;2010 年汛期,湖南、江西、吉林等地区出现历史最大暴雨,造成大量水库出险,8 座水库溃决,其中吉林大河小(1)型水库溃坝造成 9 人死亡、29 人失踪;2010 年 10 月,海南全省大部分地区遭遇 1961 年以来最严重暴雨洪水袭击,数座水库出险,3 座水库大坝溃决;2012 年 8 月 10 日,浙江舟山市岱山县沈家坑小(2)型水库因遭遇台风暴雨溃坝,造成 11 人死亡。2013 年初,连续发生新疆联丰小(2)型水库、黑龙江星火小(1)型水库、山西曲亭中型水库溃坝事故,其中联丰水库溃决造成 1 人死亡,20 多人冻伤;2013 年 5 月 5 日,甘肃永登县翻山岭小(1)型水库又在加固改造工程完成后的蓄水过程中发生溃坝事故。

　　随着我国社会、经济的迅速发展,社会公众对水库大坝安全提出了更高要求。如何有效降低和控制水库大坝风险,增强应对水库大坝突发事件的能力,形成水利应急信息的快速采集、上报、响应、处置体系,服务于突发灾害事件时的应急管理工作,不仅是各级政府、水行政主管部门和水库管理单位关心的工程安全问题,而且已成为全社会高度关注的重大公共安全问题。

　　为保障水库的安全运行管理,近年来水利行业和各级政府出台了与水库大坝突发事件相关的各类法律法规、规范导则等。其中包括《水库大坝安全管理条例》《中华人民共和国突发事件应对法》《国家突发公共事件总体应急预案》以及《水库大坝管理应急预案编制导则》(SL/Z 720)等文件;同时,各水库大坝管理单位也制定了相应的各类应急预案,以避免或减少水库大坝发生突发事件时可能造成的生命和财产损失,对水库应急管理起到了重要的指导作用。

　　水库大坝突发事件由于影响范围大,牵涉面广,使得其应急处置非常复杂,需要政府部门、水库主管部门、水库运行管理单位以及社会公众共同参与。应急处理应通过对突发事件的事态分析,结合水库的应急预案,统一做出决策,对应急抢险队伍、物资等进行统一管理和调度,以便在尽可能短的时间内控制突发事件,减少突发事件带来的各类损失。目前,水库的各类应急预案普遍存在可行性不强、可操作性不高等问题,当突发事件发生时,水库管理单位仍采用传统手段进行应急处置,难以高效地指导各级水库管理人员进行应急指挥和应急处置。因此,基于水库的应急预案,运用 GIS、无人机等现代信息技术,根据水库大坝突发事件的特点、流程以及各级部门的需求,开展面向多个管理层级、多用户的大坝应急预警与处置信息化软件的研发,对于提高大坝应急管理能力,保障生命和财产安全具有重大意义。

6.2　风险标准的确定与划分

6.2.1　大坝风险的类别

　　大坝风险管理过程包括建立风险标准、风险分析、风险评价及风险处理四个部分。通常依据风险的性质和危害程度将大坝风险分为不同的类别。一般来说,根据溃坝产生危害的性质,将大坝风险分为生命风险、经济风险、环境风险和社会风险四大类。

（1）生命风险

生命风险是指溃坝对下游生命构成的风险，是溃坝可能性与可能生命损失的乘积。可能生命损失的估算主要考虑三个方面的因素：风险人口，即处于溃坝影响范围内的，直接暴露于洪水中而没有撤离的人口；暴露情况，即影响风险人口变动的各种因素，如天气、交通等；警报时间，即发布溃坝警报与溃坝洪水到达风险人口之间的时间。

（2）经济风险

经济风险是指溃坝对下游经济构成的风险，是溃坝可能性与可能经济损失的乘积。其标准的制定可以根据溃坝所造成的经济损失比例以及当地的经济发展水平来确定。例如，我国的经济发展存在不平衡性，东部地区经济水平较高，承受经济损失的能力较强，而西部地区的经济水平较低，承受经济损失的能力较低，如果全国采用相同的经济风险标准，对东部地区可能过于严苛，由于经济损失较大，使得过多的水库被评为险库；而对西部地区过于宽松，即使大坝安全性较差，由于经济损失较少，水库的风险仍满足标准，达不到安全管理的目的。因此，应对不同地区制定不同的经济风险标准，使大坝的安全管理与社会经济发展相适应。

（3）环境风险

环境风险是指溃坝对生态、自然环境及人文遗产等构成的风险，包括可能被溃坝洪水毁坏的物质文化遗产、稀有动植物栖息地等。

（4）社会风险

社会风险是指溃坝对下游地区生产生活的稳定性构成的风险，可根据该地区的重要性、基础设施等方面进行评价。

按照风险的危害程度，一般将水库大坝风险分为可接受风险、可容忍风险、不可接受风险和极高风险四个区域，分别对应低、中、高、极高风险，可用目标线、容许线和高风险线区分。

① 位于目标线之下的风险为可接受风险。

② 位于目标线和容许线之间的风险为可容忍风险。

③ 位于容许线和高风险线之间的风险为不可接受风险。

④ 位于高风险线之上的风险为极高风险。

6.2.2　大坝的风险标准

风险标准是指在风险评价过程中，用于确定风险分析定量计算结果是否可以被接受的判断准则，一般分为可接受风险、可容忍风险和不可容忍风险三个水平。根据英国健康和安全委员会的定义[20]，可接受风险是指如果风险的控制机制不变，任何会受到风险影响的人为了工作或者生活的目的，准备接受的风险；可容忍风险是指为了获取某种利润，能够忍受的风险，这种风险在一定的范围内，不能忽略或者不予处理，需要定期检查并尽量降低；不可容忍风险即为社会公众不能忍受的风险，必须予以处置。生命风险是社会公众及政府最为关注的风险，相关的标准也最为详细和严格。国际上，关于生命风险标准的制定通常从以下三个方面考虑。

（1）生命单个风险标准

大坝溃决所增加的生命风险增量不应超过某一指标，该指标以生命基本风险为依据。例如，澳大利亚大坝委员会（Australian National Committee on Large Dams，ANCOLD）根据本国人口年最低死亡率(1.0×10^{-4})建议,已建大坝每年对个人造成的生命单个风险概率如果超过 1.0×10^{-4} 是不可容忍的,低于 1.0×10^{-5} 是可以接受的(这与核电站对周围单个生命构成的风险相当)。

(2) 生命社会风险标准

确定生命社会风险的方法主要有两种:每年生命损失期望值法和 F-N 线法。每年生命损失期望值是溃决概率与死亡人数的乘积,通过确定年生命损失的目标值和极限值来确定生命社会风险标准。F-N 线法中,N 为死亡人数,F 为 N 的累积分布函数,即大于等于 N 个生命损失的概率,通过确定 F-N 线来确定生命社会风险标准。实际上,每年生命损失期望值是 F-N 线络的面积,由于每年生命损失期望值法不直观,而且不能很好地反映溃坝概率极低但是损失极大的风险,目前,美国水务局除了应用该方法进行群坝风险排序外,一般均采用 F-N 线法[21]。

(3) ALARP 原则

ALARP 原则即最低合理可行原则,风险在合理可行情况下应尽可能低,只有当减少风险不可行或者投入的经费与减少的风险极不相称时,风险才是可以容忍的。经济风险标准基本按照社会风险标准的形式给出,即大坝溃决造成 N 元或更多经济损失的概率不超过某一指标,该指标为 N 的函数,随 N 的增加而递减。由于环境风险和社会风险难以量化表达,目前研究成果较少,相关标准也难以制定。

目前,中国对水库大坝安全状态的评价遵循两类,一类是以《水库大坝安全评价导则》为依据的三类大坝的分类,即综合大坝工程性状各专项安全性分级结果,最终确定安全分类。其中一类坝安全可靠,能按设计正常运行;二类坝基本安全,可在加强监控下运行;三类坝不安全,属于病险水库大坝。与此同时,国家电力监管委员会颁布的《水电站大坝运行安全管理》规定,水电站大坝安全等级分为正常坝、病坝和险坝三级。符合下列条件的水电站大坝评定为正常坝:

① 设计标准符合现行规范要求;

② 坝基良好,或者虽然存在局部缺陷但不构成对水电站大坝整体安全的威胁;

③ 坝体稳定性和结构安全度符合现行规范要求;

④ 水电站大坝运行性态总体正常;

⑤ 近坝库区、库岸和边坡稳定或者基本稳定。

具有下列情形之一的水电站大坝,评定为病坝:

① 设计标准不符合现行规范要求,并已限制水电站大坝运行条件;

② 坝基存在局部隐患,但不构成水电站大坝的失事威胁;

③ 坝体稳定性和结构安全度符合规范要求,结构局部已破损,可能危及水电站大坝安全,但水电站大坝能够正常挡水;

④ 水电站大坝运行性态异常,但经分析不构成失事危险;

⑤ 近坝库区塌方或者滑坡,但经分析对水电站大坝挡水结构安全不构成威胁。

具有下列情形之一的水电站大坝,评定为险坝:

① 设计标准低于现行规范要求,明显影响水电站大坝安全;

② 坝基存在隐患并已危及水电站大坝安全;

③ 坝体稳定性或者结构安全度不符合现行规范要求,危及水电站大坝安全;

④ 水电站大坝存在事故迹象;

⑤ 近坝库区发现有危及水电站大坝安全的严重塌方或者滑坡迹象。

汶川大地震后出现了溃坝险情、高危险情和次高危险情三类旨在评价震后处理水库的分类等级。综合前两类对大坝安全性态的分类，均需综合评价其防洪标准、工程质量、结构及渗流（含抗震）、金属结构、运行管理等指标。而涉及对"三类坝"或"险坝"的处理时，可将其划分为溃坝型、高危型、危险型三个子类。溃坝型是指水库大坝及其主体工程发生漫溢、出现较大贯穿性裂缝、上下游坝坡大面积滑坡、大流量集中渗流等情况，短时期内极有可能导致垮坝的险情。高危型是指水库大坝及其主体工程发生上述险情，可能直接影响大坝及主要建筑物安全的险情。其他属于危险型。溃坝型、高危型水库应直接进行除险加固设计或报废处理，危险型水库则需要做进一步的安全鉴定[22-23]。

当每年溃坝概率小于 1.0×10^{-5} 时，无论水库溃坝后果有多大，风险都是可接受的；否则，水库大坝风险分区可按表 6.2.1 确定。

表 6.2.1　水库大坝风险分区标准

大坝风险分类	大坝风险分区			
	可接受风险	可容忍风险	不可接受风险	极高风险
每年个体生命风险	$<1.0 \times 10^{-5}$	$[1.0 \times 10^{-5}, 1.0 \times 10^{-3}]$	$(1.0 \times 10^{-3}, 1.0 \times 10^{-2}]$	$>1.0 \times 10^{-2}$
群体生命风险/(人/年)	$<1.0 \times 10^{-4}$	$[1.0 \times 10^{-4}, 1.0 \times 10^{-2}]$	$(1.0 \times 10^{-2}, 1.0 \times 10^{-1}]$	$>1.0 \times 10^{-1}$
经济风险/(元/年)	<300	$[300, 30000]$	$(30000, 300000]$	>300000
每年社会与环境风险	$<1.0 \times 10^{-4}$	$[1.0 \times 10^{-4}, 1.0 \times 10^{-2}]$	$(1.0 \times 10^{-2}, 1.0 \times 10^{-1}]$	$>1.0 \times 10^{-1}$

根据水库大坝风险分区标准，群体生命风险定量分级标准见图 6.2.1，经济风险定量分级标准见图 6.2.2，社会与环境风险定量分级标准见图 6.2.3。

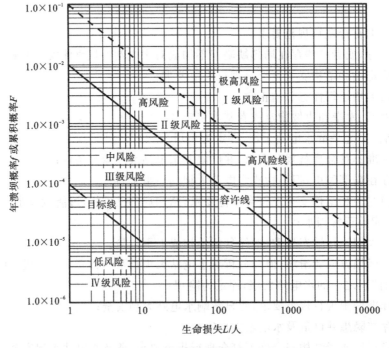

图 6.2.1　群体生命风险定量分级标准

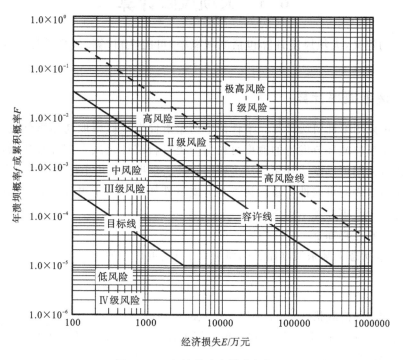

图 6.2.2　经济风险定量分级标准

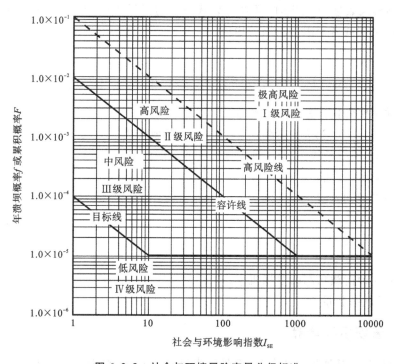

图 6.2.3　社会与环境风险定量分级标准

6.3　大坝风险计算

根据风险的定义,大坝风险计算包括溃坝概率(可能性)计算、溃坝后果计算和风险分类计算。

6.3.1　溃坝概率计算

溃坝概率可采用事件树法计算。事件树中初始事件发生概率取初始事件发生的频率;溃坝路径上各分支事件或环节发生的概率可根据历史资料统计法或专家经验法赋值,某些分支事件或环节也可采用可靠度法计算。历史资料统计法是根据历史上已发生的类似事件频率来确定将来发生该事件的可能性。事件树中某分支事件如果由若干事件共同作用引起,可采用故障树法计算该分支事件发生的概率。

溃坝概率计算过程如下。

① 某种荷载状态下某条溃坝路径的溃坝概率 $P_{i,j}$ 可计算为

$$P_{i,j} = \prod_{k=1}^{s} p(i,j,k) \tag{6-1}$$

式中:$P_{i,j}$——第 i 种荷载状态、第 j 种溃坝模式的溃坝概率;

$\quad p(i,j,k)$——第 i 种荷载状态、第 j 种溃坝模式下第 k 个环节发生的概率;

$\quad i$——荷载状态,$i=1,2,\cdots,n$;

$\quad j$——溃坝模式,$j=1,2,\cdots,m$;

$\quad k$——溃坝路径中的某一环节,$k=1,2,\cdots,s$。

② 当溃坝模式数量 m 较少时,某种荷载状态下的溃坝概率 P_i 按式(6-2)计算,否则,P_i 可取式(6-3)的上限或者上限和下限的均值。

$$P_i = P(A_1 + A_2 + \cdots + A_m) \tag{6-2}$$

$$\max(P_{i,1}, P_{i,2}, \cdots, P_{i,m}) \leqslant P_i \leqslant 1 - \prod_{j=1}^{m}(1 - P_{i,j}) \tag{6-3}$$

式中:P_i——第 i 种荷载状态的溃坝概率;

$\quad A_1$、A_2、$\cdots$、A_m——第 i 种荷载状态下的 m 个溃坝模式;

$\quad P_{i,j}$——第 i 种荷载状态、第 j 种溃坝模式的溃坝概率;

$\quad m$——溃坝模式数量。

③ 溃坝概率 P 可计算为

$$P = \sum_{i=1}^{n} P_i \tag{6-4}$$

式中:P——溃坝概率;

$\quad P_i$——第 i 种荷载状态的溃坝概率;

$\quad n$——荷载状态数量。

6.3.2　溃坝后果计算

溃坝后果计算包括溃坝洪水分析、溃坝洪水风险图制作、溃坝生命损失、经济损失和社会与环境影响指数计算。

（1）溃坝洪水分析

溃坝洪水分析包括溃口洪水分析和溃坝洪水演进计算。进行溃口洪水分析时，首先确定溃坝模式，然后进行溃口流量变化过程计算。土石坝和面板堆石坝宜采用逐步溃坝模式，重力坝和拱坝宜采用瞬时全溃或瞬时局部溃决模式。溃坝洪水演进计算包括洪水向下游演进时的沿程洪水到达时间、流速、水深、历时等洪水要素的计算，山区、丘陵区的小型水库溃坝洪水演进计算可采用一维数学模型，其他水库应采用平面二维数学模型。

（2）溃坝洪水风险图制作

溃坝洪水风险图是融合洪水特征信息、地理信息、社会经济信息，通过洪水计算、风险判别、社会调查，反映溃坝发生后潜在风险区域洪水要素特性的专题地图。

溃坝洪水风险图制作的一般流程为：收集整编资料、确定计算范围和溃坝洪水风险分析方法、溃坝洪水风险分析、溃坝洪水风险图制作。

溃坝洪水风险图应包括纸质溃坝洪水风险图、电子溃坝洪水风险图两种。纸质溃坝洪水风险图是在电子溃坝洪水风险图基础上，按照信息显示要求进行编辑加工后的打印输出，基本内容应与电子版溃坝洪水风险图保持一致。

溃坝洪水风险图可包括如下信息：工作底图信息、风险要素（洪水水深、流速、淹没历时、到达时间、严重性等）信息、防洪工程信息、防洪非工程信息、社会经济信息等。根据不同要求，信息可有所侧重。

（3）溃坝生命损失计算

风险人口可采用人口密度估算法计算如下：

$$P_{AR} = \rho \times A \tag{6-5}$$

式中：ρ——溃坝洪水淹没范围内人口密度，假设均匀分布，单位为人/km^2；

A——溃坝洪水淹没面积，单位为 km^2。

溃坝洪水严重性计算如下：

$$S_d = hv \tag{6-6}$$

式中：S_d——溃坝洪水严重性；

h——溃坝洪水淹没范围内某点的水深，单位为 m；

v——相应某点的流速，单位为 m/s。

生命损失可采用 D & M 法计算如下：

$$L_{OL} = \frac{P_{AB}}{1 + 13.277(P_{AR}^{0.440})\exp(0.759W_T - 3.790F + 2.223W_T F)} \tag{6-7}$$

式中：P_{AR}——溃坝洪水淹没范围内的风险人口，单位为人；

W_T——警报时间，单位为 h；

F——溃坝洪水严重性 S_d 的函数符号，取值范围为 0～1。

对于高度严重溃坝洪水，取 $F=1$；对于中度严重溃坝洪水，取 $F=0.5$；对于低度严重溃坝洪水，取 $F=0$。

（4）溃坝经济损失计算

溃坝经济损失包括直接经济损失和间接经济损失。

① 直接经济损失可采用单位面积综合损失法或人均综合损失法计算如下：

$$D = AL_A \tag{6-8}$$

$$D = P_{AR}L_P \tag{6-9}$$

式中：D——直接经济损失，单位为万元；

A——溃坝洪水淹没范围，单位为 km^2；

L_A——溃坝洪水淹没范围内单位面积损失值，单位为万元/km^2；

P_{AR}——溃坝洪水淹没范围内的风险人口，单位为人；

L_P——风险人口人均损失值，单位为万元/人。

② 间接经济损失可采用系数折算法计算如下：

$$S = \sum_{i=1}^{n} k_i R_i \tag{6-10}$$

式中：R_i——第 i 个行政区的直接经济损失总值，单位为万元；

k_i——系数，可根据实际洪灾损失调查资料确定，缺少资料时，可取 $k_i = 0.63$；

n——行政区数。

（5）溃坝社会与环境影响指数计算

溃坝社会与环境影响指数 I_{SE} 计算如下：

$$I_{SE} = \prod_{i=1}^{8} C_i \tag{6-11}$$

式中：C_1——风险人口系数；

C_2——城镇规模系数；

C_3——基础设施重要性系数；

C_4——文物古迹级别系数；

C_5——河道形态破坏程度系数；

C_6——动植物栖息地保护级别系数；

C_7——自然景观级别系数；

C_8——潜在污染企业规模系数。

上述各系数的赋值标准可参考表 6.3.1。

6.3.3 风险分类计算

大坝风险分类计算包括生命风险、经济风险、社会与环境风险以及大坝综合风险指数的计算。

（1）生命风险、经济风险、社会与环境风险

生命风险 R_{OL}、经济风险 R_{OE}、社会与环境风险 R_{SE} 可计算如下：

$$R_j = \sum_{i=1}^{n} P_i l_{ji}, \quad j = 1, 2, 3 \tag{6-12}$$

式中：R_j——第 j 类水库大坝风险，$j = 1, 2, 3$，分别代表生命风险 R_{OL}、经济风险 R_{OE} 和社会与环境风险 R_{SE}；

P_i——第 i 种荷载状态的溃坝概率，$i = 1, 2, \cdots, n$；

l_{ji}——第 i 种荷载状态下的第 j 类损失，$j = 1, 2, 3$，分别代表溃坝生命损失 L_{OL}、经济损失 L_{OE} 和社会与环境影响指数 I_{SE}；

n——荷载状态数。

表 6.3.1　社会与环境影响因素及其赋值表

数量/人	社会影响因素									环境影响因素				
	风险人口	城镇		基础设施		文物古迹		河道形态		动植物栖息地		自然景观		潜在污染企业	
	C_1	规模	C_2	重要性	C_3	保护级别	C_4	破坏程度	C_5	保护级别	C_6	级别	C_7	规模	C_8
$1\sim10^2$	1.0~2.0	散户或村庄	1.0~2.0	乡镇一般基础设施	1.0~1.25	一般或县级	1.0~1.25	中小河流轻微破坏	1.0~2.0	国家三级及以下	1.0~1.25	1A 级	1.0~1.25	小型化工厂或农药厂	1.0~1.7
$10^2\sim10^4$	2.0~3.0	乡镇或人口集聚区	2.0~3.0	市级交通、输电、油气线路及厂矿企业	1.25~1.5	省、市级	1.25~1.5	中小河流严重破坏	2.0~3.0	国家二级	1.25~1.5	2A 级	1.25~1.5	中型化工厂或农药厂	1.7~2.4
$10^4\sim10^6$	3.0~4.0	县、地级城市	3.0~4.0	省级交通、输电、油气线路及厂矿企业	1.5~1.75	国家级	1.50~2.0	中小河流改道或大江大河严重破坏	3.0~4.0	国家一级	1.5~1.75	3A 级	1.5~1.75	大型化工厂或农药厂	2.4~3.0
$>10^6$	4.0~5.0	省会、计划单列市及直辖市	4.0~5.0	国家级交通、输电、油气线路及厂矿企业、军事设施	1.75~2.0	世界级	2.0~2.5	大江大河改道	4.0~5.0	世界级	1.75~2.0	4A 级及以上	1.75~2.0	特大型化工厂、农药厂或核电站、核储库	3.0~4.0

（2）大坝综合风险指数

大坝综合风险指数 R_{CI} 计算步骤如下。

① 第 i 种荷载状态下生命损失、经济损失、社会与环境影响的严重程度系数 F_{1i}、F_{2i}、F_{3i} 可分别计算如下：

$$F_{1i}=\begin{cases}0.4997\lg L_{OLi}+0.008 & L_{OLi}\leqslant 30\\-0.0321\lg^2 L_{OLi}+0.2802\lg L_{OLi}+0.4023 & L_{OLi}>30\end{cases} \quad i=1,2,\cdots,n \quad (6.13)$$

$$F_{2i}=\begin{cases}0.4728\lg^2 L_{OLi}-0.9184\lg L_{OEi}+0.6956 & L_{OEi}\leqslant 100\\0.125\lg L_{OEi}+0.5 & L_{OEi}>100\end{cases} \quad i=1,2,\cdots,n \quad (6-14)$$

$$F_{3i}=0.25\lg I_{SEi} \quad i=1,2,\cdots,n \quad (6-15)$$

式中：L_{OLi}——第 i 种荷载状态下的溃坝生命损失，单位为人；

L_{OEi}——第 i 种荷载状态下的溃坝经济损失，单位为万元；

I_{SEi}——第 i 种荷载状态下的溃坝社会和环境影响指数。

② 第 i 种荷载状态下的综合溃坝后果 L_{Ci} 可计算如下：

$$L_{Ci}=S_1 F_{1i}+S_2 F_{2i}+S_3 F_{3i}, \quad i=1,2,\cdots,n \quad (6-16)$$

式中：S_1、S_2、S_3 分别为生命损失、经济损失、社会与环境影响的权重系数，突出人为因素时，可取 $S_1=0.737$，$S_2=0.105$，$S_3=0.158$。

③ 大坝综合风险指数 R_{CI} 可计算如下：

$$R_{CI}=\sum_{i=1}^n P_i L_{Ci} \quad (6-17)$$

式中：P_i——第 i 种荷载状态下的溃坝概率，$i=1,2,\cdots,n$；

n——荷载状态数。

6.4 大坝风险评估与决策

风险评估是一个决策过程，主要包括风险分析和风险评价，通过将大坝风险的计算结果与大坝风险标准进行比较，评估风险级别（极高、不可接受、可容忍或可接受），并作为大坝风险决策的依据。如果评估结果认为风险已经不能接受，需要进入风险处置程序以降低风险。大坝风险评估框架见图6.4.1。

大坝风险决策原则如下：

① 当大坝风险位于极高风险区域时，应立即采取强制措施降低风险。

② 当大坝风险位于不可接受风险区域时，应尽快采取措施降低风险。

③ 当大坝风险位于可容忍风险区域时，应根据 ALARP 原则确定是否需要对风险做进一步处理。

ALARP 判断方法有成本效益法或失衡法。成本效益法是通过计算成本效益比来确定风险等级，从而决定是否需要采取措施降低风险，成本效益比 R_L 计算如下：

$$R_L=\begin{cases}(c_1-b_L)/r_L & c_1>b_L\\0 & c_1=b_L\end{cases} \quad (6-18)$$

$$\begin{cases}c_1=rc_2\\b_L=NV_L(P_b-P_a)\\r_L=N(P_b-P_a)\end{cases} \quad (6-19)$$

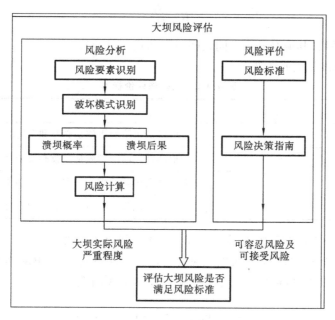

图 6.4.1　大坝风险评估框架

式中:R_L——成本效益比;

　　　c_1——每年为降低风险而采取措施所需要的成本,单位为万元/年;

　　　r——贴现率,单位为年$^{-1}$;

　　　c_2——为降低风险而采取措施所需投入,单位为万元;

　　　b_L——每年因采取措施降低生命风险而取得的效益,单位为万元/年;

　　　r_L——采取措施后每年降低的生命损失,单位为人/年;

　　　N——溃坝生命损失,单位为人;

　　　V_L——当时生命价值;

　　　P_b——采取措施前的年溃坝概率;

　　　P_a——采取措施后的年溃坝概率。

成本效益比评价标准见表 6.4.1。

表 6.4.1　成本效益比评价标准

成本效益比 R_L/(万元/人)	等级	决　　策
0～300	1	采取降低风险的措施是必要和合适的
300～1000	2	采取降低风险的措施是比较必要和合适的
1000～10000	3	采取降低风险的措施基本上是不必要和不合适的
>10000	4	采取降低风险的措施是不必要和不合适的

失衡法是通过计算失衡系数来确定降低风险措施的失衡程度,从而决定是否需要采取该项措施来降低风险,失衡系数 R 计算如下:

$$R=\begin{cases}(c_1-b_L)/b_L & c_1>b_L \\ 0 & c_1=b_L\end{cases} \tag{6-20}$$

$$b_L=V_L \times N \times (P_b-P_a) \tag{6-21}$$

或
$$R = \frac{R_L}{V_L}$$
(6-22)

式中：R——失衡系数（其他符号意义同式(6-18)和式(6-19)）。

失衡法评价标准见表 6.4.2。

表 6.4.2　失衡法评价标准

失衡系数 R	等级	决　　策
0～5	1	采取降低风险的措施是必要和合适的
5～16.7	2	采取降低风险的措施是比较必要和合适的
16.7～167	3	采取降低风险的措施基本上是不必要和不合适的
>167	4	采取降低风险的措施是不必要和不合适的

④ 当大坝风险位于可接受的风险区域时，可不对风险进行处理。

当风险处理资金不足时，应对大坝风险要素进行排序，确保主要风险要素得以处理；当需要对群坝进行风险处理时，可按大坝综合风险指数排序，确定除险顺序。

6.5　风险处置与管控

6.5.1　风险处置与管控业务范围

风险处置与管控就是在风险分析和评估的基础上，对大坝风险做出的一些应对措施。风险处理是指选择并执行适当的方案来处理风险，是一个动态过程。如果风险不可接受，则必须立即对风险进行处理。

6.5.2　风险处置与管控流程

风险管理过程主要包括建立风险标准、风险分析、风险评价和风险处理四大部分。风险处置与管控主要分为以下几步：鉴定风险处置选择、评估风险处理选择、制订风险处理计划以及实施风险处理计划。风险处理动态框图见图 6.5.1。

6.5.3　风险处置与管控方法

处理风险的方法有以下几种：

（1）降低风险

降低风险包括预防及控制损失两方面：一是在事故发生前尽可能降低大坝溃决概率，避免损失发生；二是损失发生后尽可能减少溃决损失后果。事故预防是从大坝管理出发，通过制定法律法规、标准、操作流程、规章制度等，加强防范保护，减少事故发生，降低大坝溃决概率，如对大坝进行加固，建立大坝安全监测系统，加强对大坝的定期检查等。控制损失是从后果出发，通过制定法律法规、发展规划等，减少溃决损失后果，如建立科学合理的应急预案，完善应急救助措施，对下游社会经济等发展进行风险规划与管理等。

（2）转移风险

转移风险是指通过立法、合同、保险或其他手段将溃坝损失的责任或风险转移到另一方，目前我国尚无有效的转移风险的手段。在国外，保险已作为转移风险的一种重要方法，我国应

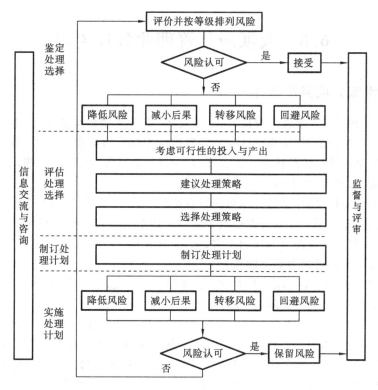

图 6.5.1　风险处理动态框图

加强这方面的研究与立法。

（3）规避风险

规避风险是指在调查预测的基础上，采取不承担风险或放弃已承担的风险，以避免损失的发生，这是普遍采用的一种有效方法，具体有：

① 完全规避。当方案风险过大时，通过拒绝以避免风险的发生，如空库或降低水位度汛。

② 中途放弃。在环境发生较大变化或风险因素变动后，中止已承担的风险。如风险分析结果不满足可接受风险标准，而且降低风险措施的费用与取得的效益非常不相称时，可将大坝降等或报废退役从而回避风险。

规避风险的消极方面是在规避风险的同时放弃了某种可能获利的机会，也可能产生其他的风险。在实施风险规避对策时，管理者最好在计划阶段就做好决策，其好处在于计划阶段管理风险费用支出较少，且实施过程中可有意识地增加预防设施，比事后补救合理。

（4）保留风险

保留风险即自己承担风险，包括主动性保留、被动性保留两种。主动性保留是在对风险造成的后果已有一定正确认识的基础上，预计采取其他风险管理方法的费用大于自身承担支出时所采取的主动承担风险的决策。如经风险处理后满足可接受风险标准的剩余风险。被动性保留风险是指由于未被认识或忽视的潜在风险造成的风险自留，或受环境限制被动自留的风险。

采取工程措施与非工程措施对大坝风险进行处理后，应按以下要求对风险处理效果进行后评估：

① 若剩余风险已经降至可接受风险区域，不应再对大坝风险进行处理；

② 若剩余风险位于可容忍风险区域，应按 ALARP 原则处理；

③ 若剩余风险仍位于极高风险或不可接受风险区域，应继续采取措施降低大坝风险。

6.6 大坝应急管理业务及流程

6.6.1 水库大坝突发事件

《中华人民共和国突发事件应对法》第三条规定:本法所称突发事件,是指突然发生,造成或者可能造成严重社会危害,需要采取应急处置措施予以应对的自然灾害、事故灾难、公共卫生事件和社会安全事件。按照社会危害程度、影响范围等因素,自然灾害、事故灾难、公共卫生事件分为特别重大、重大、较大和一般四级。

水库大坝突发事件是指突然发生,可能导致溃坝、重大工程险情、超标准泄洪、水库水质污染,危及公共安全,需要采取应急处置措施予以应对的紧急事件。根据后果严重程度、影响范围等因素,水库大坝突发事件分为特别重大、重大、较大和一般四级。

水库大坝突发事件可分为如下四类:

① 自然灾害类事件。因暴雨、洪水、地震、地质灾害、上游水库溃坝、上游大体积漂浮物撞击等原因导致的溃坝、重大工程险情、超标准泄洪事件。

超标准泄洪事件是指自水库泄洪设施宣泄的洪水流量超过下游堤防和建筑物的防洪标准,造成淹没损失的洪水事件。相对于溃坝事件,超标准泄洪事件可以提前准确预警。

② 事故灾难类事件。因工程质量缺陷、调度与运行管理不当等原因导致的溃坝、重大工程险情、超标准泄洪事件;或影响生产生活、生态环境的水质污染事件。

③ 社会安全类事件。因战争、恐怖袭击、人为破坏等原因导致的溃坝、重大工程险情、超标准泄洪、水质污染事件。

④ 其他可能导致溃坝、重大工程险情、超标准泄洪、水质污染的突发事件。

水库大坝突发事件分级标准见表 6.6.1～表 6.6.3。

表 6.6.1 按生命损失分级

事件严重性(级别)		特别重大(Ⅰ级)	重大(Ⅱ级)	较大(Ⅲ级)	一般(Ⅳ级)
生命损失 L_{OL}/人	死亡	≥30	(30,10]	(10,3]	<3
	重伤	≥100	(100,50]	(50,10]	<10

表 6.6.2 按直接经济损失分级

事件严重性(级别)	特别重大(Ⅰ级)	重大(Ⅱ级)	较大(Ⅲ级)	一般(Ⅳ级)
直接经济损失 L_{OE}(10^6 万元)	≥100	(100,50]	(50,10]	<10

表 6.6.3 按社会与环境影响分级

事件严重性(级别)		特别重大(Ⅰ级)	重大(Ⅱ级)	较大(Ⅲ级)	一般(Ⅳ级)
影响对象及其重要性	风险人口数/人	≥10^6	(10^6,10^4]	(10^4,10^2]	<10^2
	城镇规模	直辖市、计划单列市、省会	县、地级城市	乡镇或人口集聚区	村庄或散户
	基础设施重要性	国家级交通、输电、油气线路及厂矿企业、军事设施	省级交通、输电、油气线路及厂矿企业	市级交通、输电、油气线路及厂矿企业	乡镇一般性基础设施

续表

事件严重性（级别）		特别重大（Ⅰ级）	重大（Ⅱ级）	较大（Ⅲ级）	一般（Ⅳ级）
影响对象及其重要性	自然景观与文物古迹级别	世界级	国家级	省、市级	一般或县级
	生物、生态保护级别	世界级	国家一级	国家二级	国家三级及以下
	河道形态破坏程度	大江大河改道	中小河流改道或大江大河严重破坏	中小河流严重破坏	中小河流轻微破坏
	潜在污染源规模	特大型化工厂、农药厂或核电站、核储库	大型化工厂、农药厂	中型化工厂、农药厂	小型化工厂、农药厂

6.6.2　大坝应急管理业务流程

水库大坝出现突发事件后，水库运行管理单位和主管部门的应急处置过程主要包括：发现突发事件，事件上报，事态分析，确定应急响应级别，启动相应应急预案，应急指挥调度，抢险救援，事态控制，应急结束，善后恢复与评估等。

水库大坝突发事件应急处置过程描述如下。

① 突发事件发生。如水质污染事件。

② 发现突发事件。主要是通过人工巡视检查、水雨情监测、安全监测、水质监测等各类仪器监测以及群众上报等方式发现突发事件，水库管理人员及时向上级部门上报预警事件。

③ 突发事件分析。水库主管部门组织专家等相关人员开展突发事件事态分析，确定应急响应级别。

④ 启动预案。当突发事件发展到一定程度，达到应急预案中相应的条件，则应立即启动相应应急预案，发布相应级别的警报和预警信息。

⑤ 应急处置。根据突发事件和预案，政府机构、水利部门联合相应的医疗、电力、通信、气象等部门，协同开展应急处置，统一调度物资和抢险队伍，开展抢险救援，直到事态得到控制。

⑥ 应急结束。当突发事件得到控制后，结束应急处置，发布相应信息。

⑦ 善后评估。当突发事件得到控制后，开展突发事件的影响评估，进行应急预案的科学性和可操作性的后评估及完善。

6.7　水库大坝安全管理应急预案解析

6.7.1　应急预案简介

水库大坝安全管理应急预案（简称应急预案）是在水库大坝发生突发安全事件时避免或减少损失而预先制订的方案，预案内容一般包括前言、水库大坝概况、突发事件分析、应急组织体系、预案运行机制、应急保障、宣传、培训、演练（习）、附录等。编制应急预案是为了提高水库管理单位及其主管部门应对水库大坝突发事件的能力，切实做好大坝遭遇突发事件时的防洪抢险调度和险情抢护工作，力保水库工程安全，最大限度保障人民群众生命安全，减少损失，是一种降低大坝风险的非工程措施。

应急预案的编制依据是《中华人民共和国防洪法》《中华人民共和国防汛条例》《水库大坝安全管理条例》等有关法律法规,以及有关技术规范、规程和经批准的水库汛期调度运用计划。

应急预案作为水库大坝发生突发事件应急处置的行动指南,主要指导水库运行管理单位和主管部门(或业主)"做什么"和"如何做",包括突发事件预测预警、险情报告、应急调度、应急抢险、险情监测和巡查等。目前,我国水库管理单位的很多应急管理措施仍采用传统手段,当出现紧急情况时,主要依靠传统的决策方法和手段,可操作性较差,管理模式不利于信息共享,在应急响应方面资源配置缺乏系统性,运行效率较低。

6.7.2　应急预案编制原则

应急预案的编制原则如下:

① 贯彻"以人为本"原则,体现风险管理理念,尽可能避免或减少损失,特别是生命损失,保障公共安全。

② 按照"分级负责"原则,实行分级管理,明确职责与责任追究制。

③ 强调"预防为主"原则,通过对水库大坝可能突发事件的深入分析,事先制定减少和应对突发公共事件发生的对策。

④ 突出"可操作性"原则,预案以文字和图表形式表达,形成书面文件。

⑤ 力求"协调一致"原则,预案应和本地区、本部门其他相关预案相协调。

⑥ 实行"动态管理"原则,预案应根据实际情况变化适时修订,不断补充完善。

6.7.3　应急预案主要内容

预案内容一般包括前言(或总则),水库大坝概况,突发事件分析,应急组织体系,预案运行机制,应急保障,宣传、培训与演练(习),附录等。

1）前言

前言部分主要说明应急预案编制的目的、编制依据、编制原则和适用范围。

2）水库大坝概况

水库大坝概况主要指流域和社会经济概况、工程概况、水情和工情监测系统概况、汛期调度运用计划和历史病险及处置情况等几个部分。

流域和社会经济概况是描述水库所在流域有关的自然地理、水文气象及流域内水利工程建设等基本情况;水库上下游的社会经济基本情况,特别是当突发事件发生后可能受影响的居民居住区位置、人口、重要交通干线、重要设施、工矿企业等情况。工程概况包括:水库工程等级,坝型以及挡水、泄水、输水等建筑物的基本情况,列出水库工程技术特性表;有关技术参数及泄流曲线、库容曲线等;历次重大改建、扩建、加固等基本情况;大坝历次安全鉴定情况简述,附水库大坝安全鉴定报告书;工程存在的主要防洪安全问题等。水情和工情监测系统概况包括:水库流域水文测站(包括水文自动测报系统)分布和观测项目、报汛方式和洪水预报方案、预见期、预报精度及实际运用效果等;水库工程安全监测项目、测点分布以及监测设施、工况等;以往水库工程安全监测情况,重点分析发现的异常现象。汛期调度运用计划是指经批准的水库汛期调度运用计划。历史病险及处置情况包括:水库兴建以前,工程所在流域发生的洪水、地震、地质等重大灾害的相关情况;水库兴建以来,工程所在流域发生的大洪水、地震、地质灾害和工程重大险情等,以及水库调度、抢险和灾害损失等情况。

3）突发事件分析

突发事件分析主要包括工程安全现状分析，可能突发事件分析，突发事件的可能后果分析，可能突发事件排序等。

工程安全现状分析就是根据水库实际情况，分析可能导致水库工程出现重大险情的种类和主要因素；估计可能发生的部位和程度；分析可能出现的重大险情对水库工程安全的危害程度。

可能突发事件分析就是根据流域洪水特点、环境变化、工程地质条件，分析判断是否存在自然灾害类突发事件及其可能性大小；根据工程安全现状分析结果、水库运行管理条件和水平及水库功能，分析判断是否存在事故灾难类突发事件及其可能性大小；根据水库地处位置，社会经济发展环境与动态，分析判断是否存在社会安全事件类突发事件及其可能性大小；对其他突发事件发生的可能性进行分析。

突发事件的可能后果分析就是针对可能发生的溃坝事件，进行溃坝模式分析，计算大坝溃口流量等水力参数和过程线，选择最大溃口流量作为溃坝下泄洪水。土石坝应选择逐步溃决模式，混凝土坝应选择瞬时溃坝模式。参照有关技术规范，进行溃坝洪水计算；分析水库溃坝洪水对下游防洪工程、重要保护目标等造成的破坏程度和影响范围，绘制水库溃坝风险图；分析水库溃坝对上游可能引发滑坡崩塌的地点、范围和危害程度。根据溃坝风险图确定淹没范围内的风险人口，并分析不同报警时间、事件发生的不同时段、洪水的严重性等因素条件下可能发生的生命损失数量。淹没城镇时，可考虑利用钢筋混凝土结构作为紧急避险场所的可能。根据溃坝风险图，确定淹没范围内的直接经济损失，并估算间接经济损失；确定影响范围内的防洪重点对象，工程的防洪标准以及下游河道的安全泄量；确定下游社会环境影响程度。

可能突发事件排序就是根据突发事件后果，对可能发生的突发事件进行排序，选择发生可能性较大的突发事件，作为应急处置的主要目标。

4）应急组织体系

应急组织体系主要包括绘制应急组织体系框图、政府、水行政主管部门、水库主管部门或业主、水库管理单位、应急指挥机构、专家组、抢险队伍、突发事件影响区域的地方人民政府与有关单位等。

应急组织体系框图绘制了预案编制、审查、批准、启动、实施、结束等过程，明确了政府、水行政主管部门、行业主管部门或业主、水库管理单位之间的相互关系。政府按照分级负责、属地管理的原则，水库属地政府为水库大坝突发事件应急处置的责任主体，其职责一般包括：确定对应水库大坝突发事件的各职能部门的职责、责任人及联系方式；组织协调有关职能部门工作。

① 水行政主管部门。明确水行政主管部门的职责及相关责任人与联系方式。其主要职责一般包括：主要领导参加应急指挥机构；协助政府建立应急保障体系；参与并指导预案的演习；参与预案实施的全过程；参与应急会商；完成应急指挥机构交办的任务。

② 水库主管部门或业主。明确水库主管部门或业主的职责及相关责任人与联系方式。其主要职责一般包括：筹措编制预案的资金；负责预测与预警系统的建立与运行；组织预案的演习；参与预案实施的全过程；参与应急会商；完成应急指挥机构交办的任务等。

③ 水库管理单位。明确水库管理单位各部门在险情监测与巡视检查、抢险、应急调度、信息报告等工作中的职责、责任人及其联系方式。其主要职责一般包括：参与预案实施的全过程；参与应急会商；完成应急指挥机构交办的任务等。

④ 应急指挥机构。按照分级负责、属地管理的原则,明确水库大坝突发事件应急指挥机构,确定一名地方行政首长作为应急指挥机构的指挥长;明确应急指挥机构成员单位及其职责;明确应急指挥机构成员单位相关责任人及联系方式。

⑤ 专家组。预案中应明确为应急处置提供技术支撑的专家组及专家组组长与成员名单、单位、专业、联系方式。专家组主要负责收集技术资料,参与会商,提供决策建议,必要时参加突发事件的应急处置,一般由水利、气象、卫生、环保、通信、救灾、公共安全等不同领域专家组成。

⑥ 抢险队伍。明确抢险队伍的组成、任务、设备需求以及负责人与联系方式。

⑦ 突发事件影响区域的地方人民政府与有关单位。明确突发事件影响区域的地方人民政府与有关单位的职责和相关联系人及联系方式。其职责包括组织群众参与预案演习、负责组织人员撤离等。

5）预案运行机制

该部分主要包括预测与预警、预案启动、应急处置、应急结束、善后处理及调查与评估等内容。

（1）预测与预警

预测与预警工作要求按照“早发现、早报告、早处置”的原则,对坝体、坝基和坝肩渗漏点、溢洪道、输水洞等存在安全隐患的部位,每天进行重点巡视检查与监控,做好风险分析,对水库大坝可能发生的突发事件进行监测和预警。当即将出现洪水时,水库管理处应实时向局防汛领导小组报告实时雨量、水位、流量和洪水走势,为预警提供依据。

对应突发事件分级和溃坝事件发生的可能性,预警级别也划分为四级,依次用红色、橙色、黄色和蓝色表示。当工程出现险情时,白天应在出险处挂旗（按预警级别标识）示警,夜间使用红灯示警。预案要求明确给出各等级预案内容及处置措施,各级预案的应急组织机构包括:防汛领导小组、防汛抢险队、安检机构、水库管理处等。

（2）预案启动

预案启动一般有直接启动和会商启动,具体选择何种方式取决于预案启动条件。

预案启动条件是根据已出现或者可能出现的险情状况,决定启动什么样的预警方案。一般来讲,当水库大坝由于各种原因造成大坝溃决或即将溃决;库区水质污染,可能出现严重影响群众生产生活、严重破坏生态环境和威胁群众生命安全等情况,损失较大或一般,具备会商启动条件,应发出橙色或以下警报,并在会商后决定是否启动预案。当水库大坝由于各种原因造成大坝溃决或即将溃决;库区水质污染,可能出现严重影响群众生产生活、严重破坏生态环境和威胁群众生命安全等情况,并将造成特别重大损失或重大损失,具备直接启动条件,应发出红色警报,直接启动预案。

会商启动方式的启动流程:当水库大坝出现可能导致大坝溃决的险情或水污染等突发事件时,水库管理单位应在规定的时间内按程序报告;应急指挥机构根据险情报告,召集相关部门与专家组会商决定是否启动预案;当会商决定启动预案时,应急指挥机构指挥长应在规定的时间内发出启动预案的命令,预案启动。

直接启动方式的启动流程:水库管理单位将水库大坝溃决或即将溃决、严重水污染等突发事件的信息立即报告应急指挥机构指挥长;应急指挥机构指挥长接到大坝即将溃决的报告后,在规定的时间内发出启动预案的命令,预案启动。

（3）应急处置

应急处置主要包括险情报告、通报;应急调度;应急抢险;应急监测、巡查;人员应急转移和临时安置等。

当水库大坝出现裂缝、沉降、位移超标准等以及超标准洪水达到危险洪水位高程,可能出现洪水漫过坝顶并有可能溃坝时,水库管理单位工作人员应利用有线电话、移动手机和短信、书面通知等方式,在 3 h 内向市人民政府、水库所在地镇人民政府、水行政主管部门报告。

在防汛期,水库管理值班人员必须时时在岗,严阵以待地坚守岗位,尽职尽责,24 小时监视水情、雨情,及时准确地进行洪水预报,随时掌握水库的入库洪峰、洪量、水位等水情变化,认真做好记录,按防洪要求向市防汛办报告。

水库应急调度必须服从防汛指挥机构的统一指挥、统一调度,按照汛期下达的控制运行指标科学运行,入库洪水具有明显的季节变化规律,可实行分期防洪调度。若具备预报条件的,可根据预报手段、精度和预测,在不影响下游防护区防洪标准的前提下,适当提高汛期限制水位,但必须报请上级主管审批核定,严格执行。

当水库遇特大暴雨,持续时间长,可能危及堤坝安全或溃坝时,市、乡镇防洪抢险人员必须立即到位,24 小时监测水情及各种异常情况的发生,做到人员、物资、车辆三到位,并协调解决存在的问题。当水位超过非正常水位,还可能继续上涨时,水库管理单位必须立即通知水库下游群众做好转移准备,并组织广大群众立即往河道两岸的最高地区转移和临时安置。

水库下游威胁区群众的转移和财产撤离,由其下游涉及的乡镇直属单位干部、职工共同负责实施。

（4）应急结束

当遇险人员全部得救,事故现场得以控制,可能导致的次生、衍生事故隐患消除后,经现场应急指挥机构确认,由事故应急协调办公室协调,结束现场应急处置工作,应急救援队伍撤离现场,并由事故应急领导小组宣布应急结束。

（5）善后处理

事故发生当地人民政府及相关部门（单位）,应根据有关规定组织事故灾后善后处理工作,保证社会稳定,尽快恢复正常秩序。

（6）调查与评估

应急结束后,由市政府组织专家组对水库大坝突发事件的起因、性质、影响、责任、经验教训和恢复重建等问题进行调查评估。

（7）信息发布

信息发布（包括授权发布、组织报道、接受采访、举行新闻发布会）要坚持实事求是、及时准确、正确导向的原则。

6）应急保障

（1）组织保障

明确水库防汛指挥部指挥长、副指挥长及成员单位负责人;明确实施应急预案的职责分工和工作方式;确定水库应急抢险专家组的人员组成。

（2）队伍保障

根据抢险需求和当地实际情况,确定抢险队伍组成、人员数量和联系方式,明确抢险任务,提出设备要求等。

（3）物资保障

根据抢险要求,提出抢险物资种类、数量和运达时间要求;说明水库自备和可征调的抢险物资种类、数量、存放地点,以及交通运送、联系方式等。

（4）通信保障

规定紧急情况下，水情、险情信息的应急传送方式。

（5）其他保障

规定交通、卫生、饮食、安全等其他保障措施；规定宣传报道的发布权限和方式等。

7）宣传、培训与演练（习）

（1）宣传

宣传是根据应急预案及相关信息向水库所在镇政府和受影响区域乡（镇）报告水库大坝存在的风险情况。每年在汛期（汛前、汛中、汛后）检查时，利用广播、手册等方式向社会发布大坝安全状况和防灾、减灾知识。

（2）培训

预案制定后，由市政府于每年汛前（4月15日）组织相关职能部门、水行政主管部门、水库主管部门、水库管理单位及职工、受影响区域乡（镇）负责人进行培训。再由乡（镇）组织受影响区域公众进行培训，让其了解事件的处理流程，充分理解撤离的信号、过程和地点。

（3）演练（习）

由市政府确定，由应急指挥机构以适当的方式和规模组织相关部门、水库管理单位及职工、水库所在镇政府和受影响区域乡（镇）公众参与预案演练（习）。

8）附件

（1）附图

附图包括：水库及其下游重要防洪工程和重要保护目标位置图；水库枢纽平面布置图；水库枢纽主要建筑物剖面图；水库水位-库容-面积-泄量关系曲线图；水库洪水风险图。

（2）附表

附表包括：水库工程技术特性表；水库下游主要河段安全泄量、相应洪水频率和水位表；水库险情及抢险情况报告表。

6.8　应急响应及处置

6.8.1　业务简介

当突发公共事件发生时，及时、快速和妥善地进行处置，能够有效地控制事件的影响范围、降低损失和平息事态。当前虽然在各类应急响应系统中配备了相应的现场指挥调度系统，如公安系统等，但主要还是以语音通信、调度和视频会商为主。若能建立一个集成流域/省市自治区级、区域/市县/河流级、水库大坝等现场运维部门于一体的应急管理系统，使得在灾害发生的过程中能依托于预案，明确从个人到工作组再到团体等不同级别的响应者的各自分工及协作关系。通过系统来进行灾害处置的统一管理与指挥调度，并提供灾害应急处置、快速响应、灾情分析、应急监控等一系列应急支持服务体系，以辅助决策者完成应急指挥调度与处置。

应急响应是指应急抢险部门和组织对应急指挥与调度做出的反应。应急处置是当水库管理单位将巡检或通过自动化监测发现的应急事件向应急指挥机构上报后，应急指挥机构根据对应急事件的事态分析，基于应急预案对应急事件进行处置的过程。主要包括信息接报、事件管理、信息发布、指挥调度等功能。

应急指挥调度是在水库大坝发生突发事件时(如重大工程险情、超标准泄洪、水库水质污染等),水库运行管理单位和主管部门(或业主)基于突发事件的应急预案,通过信息技术、网络技术,组织和调度各类资源(包括人员、抢险队伍、抢险物资等),汇聚全方位信息,并利用应急响应系统上传下达,使多部门、多机构之间的互动能动态地进行,并保持协调一致,实现应急资源的统一管理,应急信息的共享,各级管理单位、多个部门以及下游人民群众等共同应对水库大坝突发事件。对事件进行科学、有序的处理,力争使突发事件在可控的范围内发展,避免或尽量减少突发事件造成的生命、经济损失。

应急指挥机构应当根据事态的发展,适时调整预警级别并重新发布;有事实证明不可能发生突发事件或者危险已经解除的,应当立即宣布解除警报,终止预警期,并解除已经采取的相关措施。应根据水库大坝突发事件发生的紧急程度、发展势态和可能造成的后果严重程度,确定突发事件预警级别。对应于突发事件分级,预警级别也分为四级,分别以红色、橙色、黄色和蓝色标示,Ⅰ级为最高级别。具体如下:

Ⅰ级,特别重大突发事件,红色预警。

Ⅱ级,重大突发事件,橙色预警。

Ⅲ级,较大突发事件,黄色预警。

Ⅳ级,一般突发事件,蓝色预警。

6.8.2　业务流程

一般来说,应急响应与处置的基本业务流程为:水库大坝发生典型突发事件后,水库运行管理单位对应急事件进行分析,并上报主管部门,确定应急响应级别,启动相应的应急预案,采取应急处置措施,进行应急资源调度,完成应急处置报告。突发事件应急处置流程见图 6.8.1。

水库主管部门(业主)及应急指挥机构应当及时汇总分析突发事件隐患和预警信息,必要时组织专家组进行会商,对发生突发事件的可能性及其可能造成的影响进行评估。当认为事件即将发生或者发生的可能性增大时,应按照规定的权限和程序,发布相应级别的警报和预警信息,决定并宣布有关地区进入预警期,同时向上一级人民政府报告。

应急指挥机构应当根据事态的发展,适时调整预警级别并重新发布预警信息;当事态达到应急预案中相应应急响应级别的启动条件时,应急指挥机构应在规定的时间内启动相应级别的应急响应,并立即实施以下应急处置措施。

当发布Ⅲ级、Ⅳ级警报,宣布进入预警期后,应急指挥机构应当根据即将发生的突发事件特点和可能造成的危害,采取下列关键措施:

① 启动应急预案。

② 责令有关部门、专业机构、监测网点和负有特定职责的人员及时收集、报告有关信息,向社会公布反映突发事件信息的渠道,加强对突发事件发生、发展情况的监测、预报和预警工作。

③ 组织专家随时对突发事件信息进行分析评估,预测突发事件发生可能性的大小、影响范围和后果以及可能发生的突发事件级别。

④ 责令应急抢险队伍、负有特定职责的人员进入待命状态,并动员后备人员做好参加应急抢险和处置工作的准备。

⑤ 调集应急抢险所需材料、设备、工具,确保其随时可以投入正常使用。

⑥ 定时向社会发布与公众有关的突发事件预测信息和分析评估结果,并对相关信息的报

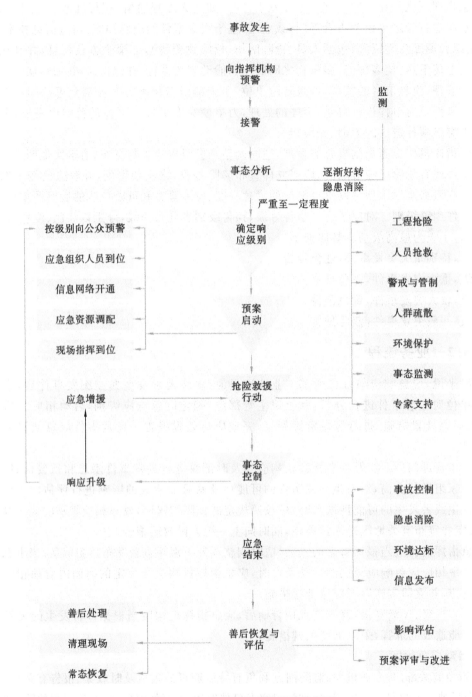

图 6.8.1 突发事件应急处置流程图

道工作进行管理。

⑦ 及时向社会发布可能受到突发事件危害的警告,宣传避免、减轻危害的常识,公布咨询电话。

当发布Ⅰ级、Ⅱ级警报,宣布进入预警期后,应急指挥机构除采取发布Ⅲ级、Ⅳ级警报规定的措施外,还应当针对突发事件特点和可能造成的危害,采取下列一项或者多项措施:

① 责令应急救援队伍、负有特定职责的人员进入待命状态,并动员后备人员做好参加应急救援和处置工作的准备。

② 调集应急救援所需物资、设备、工具,准备应急设施和避难场所,并确保其处于良好状态,随时可以投入正常使用。

③ 加强对重点单位、重要部位和重要基础设施的安全保卫,维护社会治安秩序。

④ 采取必要措施,确保交通、通信、供电等设施的安全和正常运行。

⑤ 及时向社会发布采取的有关特定措施,以及避免或者减轻危害的建议、劝告。

⑥ 转移、疏散或者撤离可能受到洪水危害的人员并予以妥善安置,转移重要财产。

⑦ 关闭或者限制使用可能受到洪水危害的场所,控制或者限制容易导致危害扩大的公共场所的活动。

6.9　应急演练

应急演练是在事先虚拟的事件(事故)条件下,应急指挥体系中各个组成部门、单位或群体的人员针对假设的特定情况,执行实际突发事件发生时各自职责和任务的排练活动,是一种模拟突发事件发生的应对演习。

为使水库管理人员熟悉应急处置业务及流程,水库管理单位及上级主管部门应定期通过合适的方式对预案进行宣传、测试和演练(习)。通过演练(习)可使参与应急处置的相关人员掌握突发事件应急处置的流程和各自的职责,让公众充分理解报警和撤离信号,熟悉撤离路径和避难场所。

6.10　大坝风险评估与应急管理信息化功能设计

6.10.1　概述

水库大坝安全评价与风险管理是大坝管理的重要内容,是保障大坝安全运行、发挥工程社会经济效益的重要措施。在水库大坝信息化管理系统整体框架的基础上开发安全评估与风险管理子系统,功能包括大坝风险管理以及大坝应急管理等模块。

6.10.2　水库大坝风险管理功能模块

风险评估包括风险标准、溃坝概率分析、溃坝后果分析、风险分析等。

(1)风险标准

各类风险标准包括水库大坝风险定性分级图、群体生命风险定量分级图、经济风险定量分级图、社会与环境风险定量分级图。风险标准编辑界面见图6.10.1。

(2)溃坝概率分析

针对不同荷载,在溃坝模式与路径分析基础上,依据主要溃坝模式与溃坝路径,采用事件树法计算溃坝概率。溃坝概率分析界面见图6.10.2。

(3)溃坝后果分析

通过溃坝洪水分析,确定溃坝洪水淹没范围,计算风险人口、溃坝生命损失、经济损失、社会与环境影响指数。溃坝后果分析界面见图6.10.3。

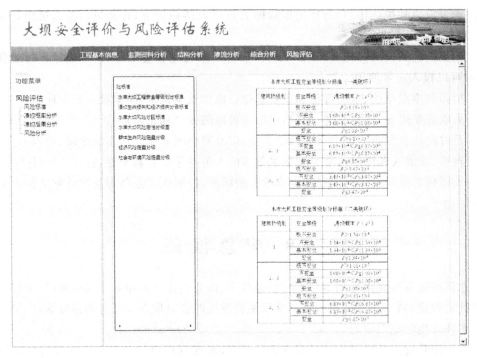

图 6.10.1　风险标准编辑界面

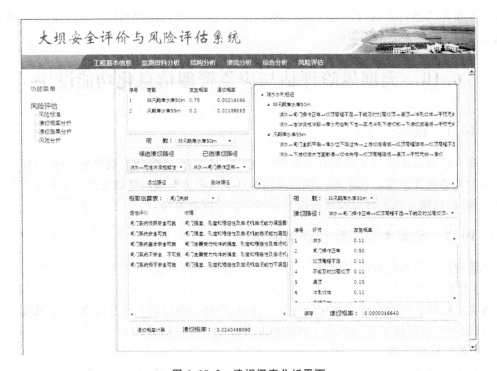

图 6.10.2　溃坝概率分析界面

（4）风险分析

计算生命风险、经济风险、社会与环境风险、大坝综合风险指数。风险分析界面见图6.10.4。

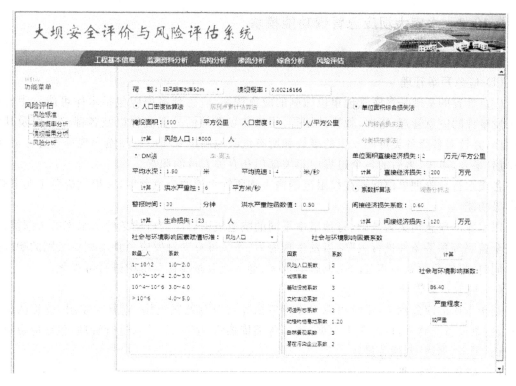

图 6.10.3　溃坝后果分析界面

图 6.10.4　风险分析界面

6.10.3　水库大坝应急管理功能模块

1. 功能模块

（1）应急预案管理

应急处置的基础是水库管理单位编制的应急预案，应急预案中应包括水库可能发生的各类突发事件的应急管理、指挥、救援计划等，明确突发事件的处置流程以及各部门职责及其处置顺序，并针对各级各类可能发生的事故和所有危险源制定专项应急预案和现场处置方案，明确事前、事发、事中、事后的各个过程中相关部门和有关人员的职责。

各级水行政管理单位能够在权限范围内查询所管水库的应急预案，并提供应急预案下载、打印等功能。

以水库的应急预案为基础，将预案中不同的响应级别对应的启动条件与水库的水雨情、大坝安全监测等预警条件进行关联，当发生预警后，系统可自动触发应急预案相应级别的响应措施。同时，将应急预案中相应的淹没影响范围、群众疏散路线在系统中进行可视化。

（2）应急资源管理

基于水库的应急预案，系统可对水库应急指挥与应急处置机构、应急专家组、应急队伍与人员、应急设备与物资，以及多类数据（现场各类传感器、摄头等）接入进行管理，包括应急资源的查询、录入、修改、删除等操作。

（3）应急事件管理

应急事件管理是当水库管理单位将巡视检查或通过自动化监测以及社会公众发现的应急事件向应急指挥机构上报后，实现从启动该应急事件的处置流程到事件结束的全过程管理，包括基于 GIS 的事件创建，事件的基础信息、发展过程、处置方式的记录，发布的消息以及事件的状态更新等。

（4）态势一张图

基于 GIS 技术，态势图可实时展示应急事件本身状况及其发展趋势、水利工程建筑物的运行状态、人员及物资调配情况，群众安全及疏散状况等事态因素。所有与应急相关的单位及人员均在权限内能掌握事态现状，保持信息的实时性和一致性。在态势图上对灾情进行分析，能为应急指挥的领导及专家提供科学直观的决策依据。应急指挥态势分析图见图 6.10.5。

（5）应急处置

应急处置主要包括信息接报、事件管理、信息发布、指挥调度等功能。应急指挥领导可在态势图上直接将决策分解为救灾队伍、物资调度、群众转移等附带地理信息（如队伍行进路线、物资投放点、群众转移路线及目标安全区域等）的具体指令，并能够在态势图上实时掌控指令执行状况。同时，系统会自动记录应急事件自发生至结束整个过程的处置执行情况，并可自动生成完整的应急处置报告，为后续的灾后评估以及灾后恢复与重建提供决策依据。

应急处置是应急指挥调度的核心。在一机双屏或多屏的工作站上将交互的智能地图与电话受理、调度、监控管理有机地结合在一起，供接警员、指挥调度员和领导使用。此模块集成了电子地图，提供基于事件的资源处置方案，如车辆位置、驾驶时间、单位类型、人员技能和是否可用以及其他相关因素，并且可以根据事先定义好的规则，自动匹配相关预案与资源信息。人性化的设计提高了指挥调度员的工作效率。具体包括：① 智能化地图；② 资源全方位监控；③ 基于地图的调度；④ 设备的优化分配；⑤ 热点分析；⑥ 实时警情共享；⑦ 自动反应。应急事件调度见图 6.10.6，应急处置调阅视频监控见图 6.10.7。

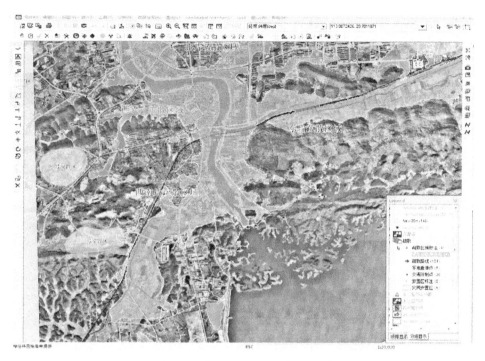

图 6.10.5　应急指挥态势分析图

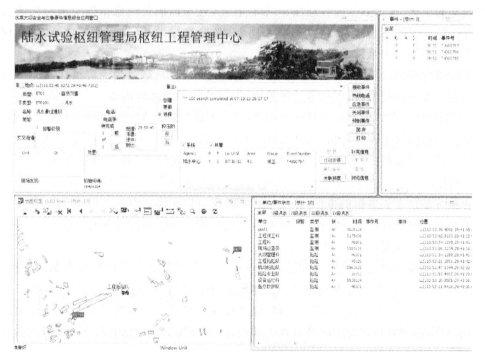

图 6.10.6　应急事件调度

（6）灾情评估

灾情信息既是应急决策的基础依据，也是灾后恢复与重建的决策依据。目前我国已建有灾情统计报表制度，各级机构在受灾后按要求逐级上报灾情，有一定的完整性和规范性。但是

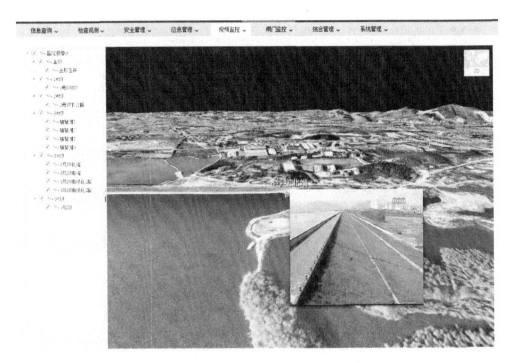

图 6.10.7　应急处置调阅视频监控

受人为因素的干扰,灾情数据的合理性、可靠性较差,且难以满足应急指挥决策对灾情信息多样化和时效性方面的要求。充分利用 RS/GIS 技术,合理设计、开发灾情评估系统,有利于提高水库大坝应急指挥决策科学化的水平。

① 基础资料管理。包括人口、土地、房屋、财产等实物指标,社会经济指标,以及地形、地貌、气象、水文等基础资料,也包括通过遥感解译,提取的洪水水面边线。

② 灾害损失估算。基于 GIS 技术,完成人口、土地、房屋、财产等损失估算。基于 DEM(数字高程模型)的洪水淹没分析,可计算淹没范围及淹没水深,计算典型洪水损失曲线。该损失曲线能体现出洪水损失与淹没水深的关系,综合空间数据计算(洪水)灾害损失。

（7）应急演练

应急演练是在事先虚拟的事件(事故)条件下,应急指挥体系中各个组成部门、单位或群体的人员针对假设的特定情况,执行实际突发事件发生时各自职责和任务的排练活动,是一种模拟突发事件发生的应对演习。

应急演练功能模块是为满足水库管理单位按应急预案开展演练的日常需求,在假设发现突发事件的情况下,针对所有参与应急处置体系中各个部门、单位以及社会公众,演练突发事件从发现、上报、分析、预警发布、疏散转移、应急抢险以及应急结束整个过程中各个单位及个人,模拟执行实际突发事件发生时各自职责和任务,以熟练掌握应急处置全过程以及各自承担事项。

2. 核心技术

1）多层级的信息传输与信息集成体系

多级数据获取系统(包括各类传感器、摄像头等)是整个系统的信息来源,见图 6.10.8。通信系统包括传统的通信网络(有线、无线)以及灾害过程中的应急通信方案。

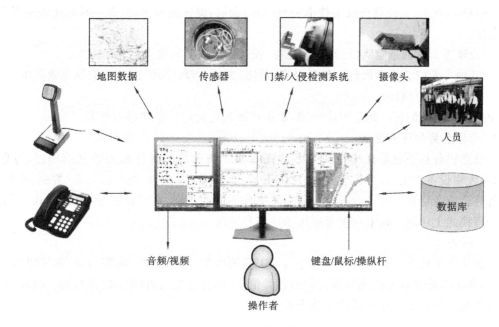

图 6.10.8　多级数据获取系统

2）以预案为核心的多级管理体系

（1）多级指挥体系的快速搭建

① 通过配置实现多级指挥。

② 众多模块提供业务支撑。

③ 与其他通信系统集成。

（2）分级管理、协同响应

① 低等级应急事件由大坝管理单位响应。

② 高等级应急事件由上级主管单位统一指挥。

③ 特大事件由政府监管。

（3）一点感知，处处可知

① 系统采用推送机制。

② 事件信息在各层级之间按指定规则自动发送、接收。

（4）应急指挥体系

① 按照分级负责、属地管理的原则，明确水库大坝突发事件应急指挥。

② 明确应急指挥机构成员单位及其职责。

③ 明确应急指挥机构成员单位相关责任人及联系方式。

（5）应急指挥与应急处置机构管理

在国家政府机构、流域/省市自治区级、区域/市县/河流级、水库大坝等现场运维部门各个层级，要配备相应的应急指挥与处置机构。

① 应急指挥。总指挥负责全面工作并协调各方应急资源。

② 应急指挥小组成员。根据分指挥统一部署，具体执行和操作应急指挥的各部工作。

③ 应急指挥办公室主任。在指挥、副指挥领导下，承担分指挥部日常工作。

④ 专家组。预案中明确为应急处置提供技术支撑的专家组及专家组组长与成员名单、单

位、专业、联系方式,主要负责收集技术资料,参与会商,提供决策建议,必要时参加突发事件的应急处置。

⑤ 抢险组。明确抢险队伍的组成、任务、设备需求以及负责人与联系方式。

⑥ 其他专业应急处置机构。包括公安、消防、交通、市政公用、医疗救护等专业队伍。

(6)预案管理与启动

根据预案规定的标准确定响应级别,根据预案规定的运行条件启动预案。

3)应急态势分析平台

应急态势分析平台是在统一的 GIS 地图上集中展示突发事件相关的基础地图、专题地图、水库大坝设备设施、各类传感器、应急队伍、突发事件发生位置、视频摄像头、警报、消息、水雨情等综合应急信息。该平台可以根据突发事件不同的级别,在巡视情况、监控模式、预案和应急处理模式上切换。该平台主要应用于预警和应急。

(1)预警

在该平台上展示出各种实时的监测与人工观测数据、巡检结果、预警信息、事件以及防护对象等,调度人员可以方便地掌握大坝的各类信息,结合已定义好的应急预案和判断规则,判断当前系统或下级系统在何时进入预警状态。

(2)应急

该平台可依据不同的事件或应急预案类型,选择不同的处理方式,以发布或接收调度指令,派遣队伍,接收现场队伍的响应消息,还可以在公共作业平台图上实现应急态势标绘。

4)应急采集设备

当水库大坝发生突发事件时,经常出现传感器故障、通信中断或者供电故障的情况,导致监测设备不能正常工作,无法获取水库大坝的监测数据,不能为水库管理人员进行应急事件的处置和调度提供支撑。为此,信息化管理系统应该配备一套具有通信、供电、传感器功能的移动监测采集设备,用于突发事件发生时水库大坝监测信息的采集。

该设备集信息采集与视频监控于一体,可实现对水库大坝安全监测主流传感器的数据采集、存储,并可在现场通过固定式显示屏或便携式显示屏查看数据。装置自身有一定的存储能力,采集数据可通过有线(网线、光纤等)、3G 等方式进行传输,可以通过 U 盘等提取数据。应急采集设备为高度集成的采集处理装置,当水库大坝发生应急事件时,可对现场传感器数据进行采集和智能处理。

5)无人机航拍监测技术

当重大事件发生时,人员往往因天气、道路等原因难以到达现场,且人员前往现场的风险较高,这对快速获取现场情况造成重大障碍。基于轻型无人机技术的快速发展,借助其轻巧、可精确控制、分辨率高、视野高、覆盖广以及效果逼真等优点,研发无人机航拍及配套后处理技术,可深入到人们难以到达的事件现场,拍摄现场画面,实时监测突发事件的发展情况、影响范围,如沿着堤岸巡检超标准洪水下的状况等,可获取突发事件影响的全貌,便于决策人员利用可视化的方式掌握事件的影响范围,进行科学调度与处置。

本章参考文献

[1] 彭雪辉. 风险分析在我国大坝安全上的应用[D]. 南京:南京水利科学研究院,2003.

[2] Thompson K D,Stedinger J R,Heath D C. Evaluation and presentation of dam failure

and flood risks[J]. Journal of Water Resources Planning and Management,1997,123(4): 216-227.

[3] Bicak H A, Jenkins G P, Ozdemirag A. Water flow risks and stakeholder impacts on the choice of a dam site[J]. Australian Journal of Agricultural and Resource Economics, 2002,46(2):257-277.

[4] Kwon H H, Moon Y I. Improvement of overtopping risk evaluations using probabilistic: concepts for existing dams[J]. Stochastic Environmental Research and Risk Assessment,2006,20(4):223-237.

[5] 徐祖信,郭子中. 开敞式溢洪道泄洪风险计算[J]. 水利学报,1989(4): 50-54.

[6] 冯平,陈根福,纪恩福,等.岗南水库超汛限水位蓄水的风险分析[J]. 天津大学学报:自然科学与工程技术版,1995,28(4):572-576.

[7] 冯平,卢永兰.水库联合调度下超汛限蓄水的风险效益分析[J]. 水力发电学报,1995(2): 8-16.

[8] 冯平,陈根福.超汛限水位蓄水的风险效益分析[J]. 水利学报,1996(6):29-33.

[9] 赵永军,冯平,曲兴辉.河道防洪堤坝水流风险的估算[J]. 河海大学学报:自然科学版, 1998,26(3):71-75.

[10] 王本德,周惠成,程春田,等.水库预蓄效益与风险控制模型简介[J]. 大连理工大学学报, 1999,39(5).

[11] 王才君,郭生练,刘攀,等. 三峡水库动态汛限水位洪水调度风险指标及综合评价模型研究[J]. 水科学进展,2004,15(3):376-381.

[12] 麻荣永,黄海燕,廖新添.土坝漫坝模糊风险分析[J]. 安全与环境学报,2004,4(5): 15-18.

[13] 程卫帅,陈进.防洪体系系统风险评估模型研究[J]. 水科学进展,2005,16(1):114-120.

[14] 张翔,夏军,贾绍凤.干旱期水安全及其风险评价研究[J]. 水利学报,2005,36(9): 1138-1142.

[15] 王冰,冯平.梯级水库联合防洪应急调度模式及其风险评估[J]. 水利学报,2011,42(2): 218-225.

[16] 范子武,姜树海.允许风险分析方法在防洪安全决策中的应用[J],水利学报,2005,36 (5):618-623.

[17] 彭雪辉,盛金保,李雷,等.我国水库大坝风险评价与决策研究[J]. 水利水运工程学报, 2014(3):49-54.

[18] Baecher G B, Pate M E,Neufville R D. Risk of dam failure in benefit-cost analysis[J]. Water Resources Research, 1980,16(3):449-456.

[19] Pate-cornell M E, Tagaras G. Risk costs for new dams economic analysis and effects of monitoring[J]. Water Resources Research,1986,22(1):5-14.

[20] Health and Safety Executive. The tolerability of risk from nuclear power stations[M]. London:Her Majesty's Stationery Office,1992.

[21] 李浩瑾.大坝风险分析的若干计算方法研究[D].大连:大连理工大学,2012.

[22] Laftte R. 大坝风险分类 [J].水利水电快报,1997,6(18):28-33.

[23] 郭恺丽.大坝安全分类新方法[J].水利水电快报,1996(14):8-11.

［24］彭雪辉,盛金保,李雷,等. 我国水库大坝风险标准制定研究［J］. 水利水运工程学报,2014 (4):7-13.

［25］Health and Safety Executive. Reducing risks, protecting people［R］,London:Her Majesty's Stationery Office,2001.

第7章 水库大坝日常管理信息化

7.1 概 述

水库大坝日常管理工作主要包括维修养护、注册登记、安全鉴定、管理考核、档案管理、办公自动化管理等[1]。我国水库运行管理方面的制度和技术规程、规范众多,针对水库运行、维护、巡视检查与监测均有相配套的技术标准,如《土石坝养护修理规程》(SL 210—2015)、《混凝土坝养护修理规程》(SL 230—2015)、《电子文件归档与管理规范》(GB/T 18894—2002)等。大多数水库管理部门根据这些规范编制了适合水库实际情况的维修养护、管理考核等方面的规章、规程,对水库大坝安全管理起到了非常重要的作用。因此,为提升水库管理水平,规范水库大坝日常运行管理工作,推动水库安全管理行业技术进步,有必要将水库日常运行业务进行管理信息化。

7.1.1 水库日常管理的主要内容

① 水库管理单位职责如下:
- 遵守国家有关安全生产的法律、行政法规以及有关的技术规程、规范。
- 编制大坝安全管理年度计划和长远规划,建立健全大坝安全管理规章制度,并认真执行。
- 负责大坝日常安全运行的观测、检查和维护。
- 负责对大坝勘测、设计、施工、监理、运行、安全监测的资料以及其他有关安全技术资料的收集、分析、整理和保存,建立大坝安全技术档案以及相应数据库。
- 按规定进行巡视检查、大坝安全鉴定、大坝注册登记的相关工作,开展和配合定期检查、特别检查。
- 定期对大坝安全监测仪器进行检查、率定,保证监测仪器能够可靠监测工程的安全状况。
- 配合组织实施大坝的除险加固、更新改造和隐患治理。
- 负责大坝险情、事故的报告、抢险和救护工作。
- 负责大坝安全管理人员的培训和业绩考核。
- 接受社会监督及安全信息汇报。

② 水库管理范围如下:
- 水库大坝及其两端各 50～80 m、大坝背水坡坝脚外 100～150 m。
- 库区水域、岛屿和校核洪水位以下的区域。
- 水库溢洪河道以及其他工程设施的管理范围按照《水库大坝安全管理条例》的规定确定。

③ 水库管理单位有权在水库管理范围内禁止下列活动,必要时应向上级水行政主管部门上报:
- 围垦、填库、圈圩。
- 建设宾馆、饭店、酒店、度假村、疗养院或者进行房地产开发。

- 在大坝上修建码头、埋设杆(管)线。
- 在大坝上植树、垦种、修渠、放牧、堆放物料、晾晒粮草。
- 在水库水域内炸鱼、毒鱼、电鱼,以及向水库水域排放污水和弃置废弃物。
- 擅自在水库水域内游泳、游玩、垂钓。
- 其他减少水库库容、危害水库安全以及侵占、损毁水库工程设施的活动。

④ 每年汛前应按照批准的水库调度原则,编制年度水库防洪调度方案,并报批。汛期应严格按照批准的水库汛期调度运用方案执行,并服从防汛指挥机构的统一指挥。

⑤ 水库管理单位应当按照防汛要求,做好防汛工作。每年汛前,对大坝安全监测系统、泄洪设施和水情测报、通信、照明等系统进行全面详细的检查,对泄洪闸门、启闭设备、动力电源进行试运转,做好防洪器材以及交通运输设施的准备工作。

每年汛期,加强对大坝的巡视检查,做好大坝的安全监测、水情测报和水库调度,确保泄水建筑物闸门和有关设施能够按照防洪调度原则和设计规定安全运行。

每年汛前、汛后,对大坝近坝库岸和下游近坝边坡进行巡视检查,发现险情及时报告并妥善处理。

⑥ 发生地震、暴风、暴雨、洪水和其他异常情况,水库管理单位应当对大坝进行巡视检查,增加观测的次数和项目。

⑦ 水库管理单位应编制大坝安全管理应急预案,并报批。水库管理单位应配置大坝应急需要的报警设施和通信系统。

⑧ 大坝出现险情征兆时,水库管理单位应当立即报告上级水行政主管部门、防汛机构,按照险情预测和应急处理预案处置。抢险工作结束后,水库管理单位应当将抢险情况向上级汇报。在排除险情后,应当及时组织修复工作。对排除的重大事故隐患,应报上级主管部门检查,经主管部门同意后,方可恢复运用。

⑨ 水库除险加固前,水库管理单位应当控制运用,并采取有效措施,保证水库安全;对存在安全隐患的水库大坝、泄洪与输水建筑物及有关设施,应当设立警示标志,并采取相应的防护措施。

⑩ 水库管理单位对在水库水域范围内进行的非法开发利用或影响水体安全的行为应及时上报上级水行政主管部门。

⑪ 水库管理单位负责开展安全检查工作,检查大坝及其运行的安全可靠性,及时发现异常情况或者存在的隐患、缺陷,提出补救措施和改进意见,及时整改和处理。

⑫ 水库管理单位应实事求是、真实准确地向上级水行政主管部门注册登记,并接受检查与复查。

当水库工程存在:完成扩建、改建的;或经批准升、降级的;或大坝隶属关系发生变化时,应在此后3个月内向上级水行政主管部门办理变更事项登记。

水库大坝安全鉴定后,水库管理单位应在3个月内,将安全鉴定情况和安全类别报上级水行政主管部门;大坝安全类别发生变化者,应向上级水行政主管部门申请换证。

⑬ 当责任人因故不能履行职责时,应进行授权委托,并建立授权委托制度。

7.1.2　工程管理业务概述

(1) 工程管理

工程管理由水库管理单位负责。

（2）大坝管理

① 坝顶路面平整，无积水坑，不应堆放杂物。

② 大坝下游坡面平整，草皮完好，无雨淋沟，无高秆杂草树木。

③ 大坝上游块石护坡平整完好，不应有杂草树木。

④ 下游坡纵横排水沟、坝脚排水沟排水畅通，沟内无杂物和淤土。

⑤ 搞好白蚁防治工作，每年 4—10 月进行普查，并做好记录、标记。

⑥ 禁止牛、羊等上坝。

⑦ 认真做好汛期检查，并做好书面检查记录，汛期高水位或降雨按防汛预案对大坝进行检查。

（3）泄洪设施管理

① 要经常检查设备性能，及时检查线路是否完好，有无异样。

② 每年汛前必须严格检修、保养，增添润滑油，确保安全度汛。

③ 机械运行必须按规程操作，不得擅自离岗。

④ 严格按防汛机构调度命令开启闸门，开启前，须检查保险丝等电气设备，是否符合标准，运行中要注意观察上下游水位、流量及流态，观察岸墙及底板等部位是否有冲刷现象发生，检查闸门启闭设施是否完好。

⑤ 保证闸房内清洁卫生，不得堆放杂物。

（4）涵洞（管）管理

① 运行前要检查洞内是否有漏水、管壁裂缝等现象，并应检查涵洞在坝段、坝面或竖井周围有无裂缝或塌坑现象，如有应及时采取措施。

② 经常检查闸门有无变形、裂缝等损坏现象，橡皮止水是否良好，连接闸门的钢丝绳、螺杆有无锈蚀、螺杆有无扭曲变形、是否可靠安全，启闭装置是否良好。

③ 涵洞运行时要注意闸门是否产生振动现象，通气孔是否通畅，如发现出口水流有深水流出，应及时降低库水位进行检查维修。

④ 涵洞运行时要观察涵洞出口水流流态是否正常，消能设施有无破坏现象。

⑤ 多次输水都应进行详细记录：输水时间、开启度、计算出流量，整理归档。

7.2　维修养护管理

7.2.1　维修养护概述

在水库工程的日常运行管理过程中，由于设计、施工、维修养护不及时等多种原因，会导致水库建筑物及设备的缺损和损坏。为加强水库工程维修养护的规范化管理，保证工程完整、安全运用，不断提高工程管理水平，我国制定了《水利工程维修养护管理办法》。水库大坝的维修养护是指对水利工程进行养护和年修，维持、恢复或局部改善工程面貌，保证工程安全正常运用。

管理单位根据检查和监测结果，依据《水利工程维修养护定额标准》编制次年年度维修养护计划，并按规定报主管部门。计划批准后，应按计划有序开展维修养护工作，及时消除缺陷与隐患，保持工程的使用功能，维持良好的形象面貌。工程维修养护完成后，应及时做好技术资料的整理、归档。

维修养护的范围包括坝顶的养护、坝体及护坡养护、溢洪道养护、闸门及启闭设备等的养护修理[2-3]。当发现工程险情,水库管理单位应立即组织力量抢修,并同时上报主管部门采取进一步处理措施。

水库工程维护内容规定包括工程维护规章制度,维护人员配置、资质及职责,维护程序,维护记录,维护资金安排,建筑物及与大坝安全有关的设备维护,年度维护报告等项。

7.2.2　一般规定

① 工程维护任务由水库管理单位技术负责人负责组织,并应根据"经常养护、随时维修、修重于抢"的维护原则完善制度建设。

② 工程管理人员应定期检查工程设施、管理设施和设备,对水库工程设施、安全监测设施、管理设施开展日常维护、大修和抢修工作,保持其处于完整、完好的运行状态。

③水库管理单位应明确人员岗位分工与责任,对人员的业务技能进行培训,建立岗位考核制度。

④ 工程维护记录由水库管理单位负责填写,维护记录应包括维护时间、记录人、维护内容、维护部位、维护结果、维护经费支出、上级主管部门意见等。维护工作具体情况均应记录翔实,并备案存档,以便查阅。

日常维护具体由工程组负责记录,并由水库技术负责人审阅;每次年修、大修和抢修工作记录,由水库技术负责人组织编写,水库主管领导审阅。

⑤ 工程设施包括大坝、泄洪设施、输水设施等主要水工建筑物及闸门、启闭设施、电气设备、电源等;监测设施包括水雨情观测设施和大坝安全监测设施;管理设施包括管理用房及办公设施、交通道路、通信设施、报警设施等。其他设施包括防汛快艇、交通车辆、消防设施、抢险物资与工具等。

日常维护是指水库工程管理和养护人员根据对这些设施进行日常检查所发现的问题,对这些设施进行简单的日常保养、维修和局部修补,从而保持这些设施完整、完好,能够正常、安全运行。

年修是指水库管理单位结合这些设施日常检查及年末检查所发现的问题,上报上级水行政主管部门,申请对这些设施进行保养、维修和修补,从而保持这些设施完整、完好,能够正常、安全运行。

大修是指当水库这些设施发生损坏,且修复工程量大、技术复杂时,水库管理单位将这些设施存在的问题上报上级水行政主管部门,必要时邀请设计、科研及施工单位共同研究制订专门的修复计划,报批后进行修复,从而保持这些设施完整、完好,能够正常、安全运行。

抢修是指当水库发生险情或突发事件,危及工程安全时,水库管理单位应立即组织管理单位力量进行自行抢修,并同时上报水行政主管部门采取进一步处理措施。

无论是日常维护,还是年修、大修或抢修,均以恢复局部、改善原有结构、保持设计功能、确保工程安全为原则,如需扩建、改建时,应列入基本建设计划,按国家、省和市规定的基建程序报批后进行。

7.2.3　维护程序及内容

1)　大坝维护

大坝维护包括坝顶道路、坝顶防浪墙、上下游坝坡护坡、坝体(包括裂缝、滑坡、沉陷、渗漏等)、下游排水设施等的维护。

① 应做好坝顶道路及坝肩整修、防汛道路养护、坝顶防浪墙勾缝修补、上下游坝坡杂草杂物及动物洞穴清除、坝体细小缺陷(包括局部不严重的裂缝、滑塌、沉陷、渗漏等)修补、排水沟清理、排水棱体表面堵塞物清理等日常性维护工作。

② 针对坝体裂缝、滑坡、沉陷、渗漏等问题,应在分析研究其原因的基础上,制订详细的维护计划,上报上级管理单位,待批复后实施维护。

2) 泄洪设施维护

泄洪设施包括混凝土建筑物、闸门、启闭设施、电气设备、备用电源。

① 闸门维护内容为定期清洗、修补与油漆、滚轮检修与加油、止水调整等。

● 应及时清理闸门杂物,保持闸门清洁完好,启闭运行灵活。

● 防止门叶变形、杆件弯曲(断裂)、焊缝开裂及气蚀等现象发生。调度运用中应做好闸门的防振、抗振;注意观察闸门边界形状,保持结构表面的平整度,已出现气蚀的部位应及时用耐蚀材料进行修复。

● 支承行走机构应定期进行检查、清洗、注油,使其运行灵活。

● 止水装置养护。应及时清理各种杂物,对松动锈蚀的螺栓及时处理更换,使止水表面光滑平整,橡胶止水老化时应及时更换。

● 门槽及预埋件的养护。对轨道的摩擦面采用涂油保护,预埋件要涂防锈漆,及时清理门槽的淤积堵塞,发现预埋件有松动、脱落、变形、锈蚀、气蚀等现象要及时进行处理。

● 闸门应进行防锈保护。

② 启闭机维护内容为各部位清洗、除锈、加油防护、运转部位的加油、螺杆校正、易损件更换、局部修补与油漆、制动装置等设备的维护、调整等。

● 维护应保持机体清洁。及时清扫电动机外壳的灰尘和污物,轴承的润滑油脂要足够并保持清洁,定子与转子之间的间隙要均匀,要定期量测电机相间对铁芯的绝缘电阻是否合格,保持电机干燥。

● 操作设备应定期检查、紧固,使电气设备接触良好,机械传动部件灵活自如,接头连接牢固,限位开关准确。

● 启闭机应定期润滑,润滑油料应根据工作条件选择,宜选择钙基润滑脂。

3) 机电设备及防雷设施维护

① 电气设备维护内容为电动机、开关箱、仪表、动力线路、照明等设备的清洁、测试、定期校验、调整、局部修补及易耗品的更换。

② 电动机的维护应遵守下列规定:电动机的外壳应保持无尘、无污、无锈;接线盒应防潮,压线螺栓如松动应立即旋紧;轴承内的润滑脂应保证占据空腔容积的 $1/3\sim1/2$,油质合格;轴承如松动、磨损,应及时更换;绕组的绝缘电阻值应定期检测,小于 $0.5\ \mathrm{M\Omega}$ 时,应干燥处理,如绝缘老化,应刷浸绝缘漆或更换绕组。

③ 操作设备的维护规定如下:

● 开关箱应经常打扫,保持箱内整洁;设置在露天的开关箱应防雨、防潮。

● 各种开关、继电保护装置应保持干净,触点良好,接头牢固。

● 主令控制器及限位装置应保持定位准确可靠,触点无烧毛现象。

● 保险丝必须按规定规格使用,严禁用其他金属丝代替。

④ 输电线路的维护规定如下：

● 各种电力线路、电缆线路、照明线路均应防止发生漏电、短路、断路、虚连等现象。

● 线路接头应连接良好，并注意防止接头锈蚀。

● 定期测量导线绝缘电阻值，一次回路、二次回路及导线间的绝缘电阻值都不应小于0.5 MΩ。

⑤ 指示仪表及避雷器等均应按供电部门有关规定定期校验。线路、电动机、操作设备、电缆等维修后必须保持接线相序正确，接地可靠。自备电源发电机应按有关规定定期维护、检修。

⑥ 建筑物的防雷设施应遵守下列规定：

● 避雷针（线、带）及引下线如锈蚀量超过截面面积 30％以上时，应予更换。

● 导电部件的焊接点或螺栓接头如脱焊、松动应予补焊或旋紧。

● 接地装置的接地电阻值应不大于 10 Ω，如超过规定值 20％时应增设补充接地极。

⑦ 电气设备的防雷设施应按供电部门的有关规定进行定期校验。

⑧ 防雷设施的构架上，严禁架设低压线、广播线及通信线。

4）监测设施维护

① 各种观测设施应保持完整并有保护装置，观测设施无变形、损坏、堵塞现象，并在适当明显位置标出其编号。

② 经常检查各种观测设施的保护装置是否完好，标志是否明显，随时清除观测障碍物；观测设施如有损坏，应及时修复，并重新进行校正。

水准基点应定期校测，正常情况下每 3 年 1 次；当水准基点附近出现较大变形，或附近发生地震时应及时重新引测。

③ 渗流监测设施如测压管口及其他保护装置，应随时加盖上锁；如有损坏应及时修复或更换。测压管淤积厚度超过透水段长度的 1/3 时，应进行掏淤；经分析确认副作用不大时，也可采用压力水冲淤。

④ 水位观测尺若受到损坏，应及时修复，并重新校正。

⑤ 量水堰板上的附着物和量水堰上下游的淤泥或堵塞物，应及时清除。

5）管理设施维护

① 按消防、防雷等要求对设施进行检查，不满足要求时应进行更换。

② 水库配备的交通工具应按要求进行维修养护。

③ 对备用电源、照明设备以及必要的防汛抢险储备物资、仓库、料场等进行检查维护。

④ 对水库内外通信设施、报警设施进行定期检查或测试，频率至少应每月一次。

7.2.4 年度维护报告

① 每年提交一次工程年度维护报告，由水库管理单位技术负责人负责编写，水库管理单位主管领导审阅，并报上级水行政主管部门审查。

② 年度维护报告内容应包括：

● 总结工程设施、监测设施、管理设施以及其他设施维护中出现过的问题。

● 分析问题原因、严重程度。

● 提出维护意见和建议，提出下一年度工作建议。

③ 报告应归档管理。

7.3　注册登记管理

7.3.1　注册登记概述

《水库大坝安全管理条例》第二十三条规定:大坝主管部门对其所管辖的大坝应当按期注册登记,建立技术档案。大坝注册登记办法由国务院水行政主管部门会同有关主管部门制定。据此,我国境内水库大坝实行注册登记制度,注册登记是掌握水库大坝的安全状况,加强水库大坝的安全管理和监督的重要措施。《水库大坝注册登记办法》规定,凡在我国境内已建成的库容在 10 万 m^3 以上的水库大坝,均应到指定的注册登记机构申报登记,没有专管机构的大坝,由乡镇水利站申报登记。水库大坝注册登记实行分部门分级负责制。

7.3.2　注册登记基本流程

水库大坝注册登记流程见图 7.3.1,整个注册登记过程需履行下列程序:

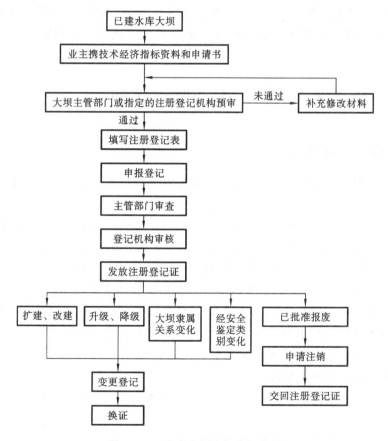

图 7.3.1　水库大坝注册登记流程

① 申报。已建成运行的大坝管理单位应携带大坝主要技术经济指标资料和申请书,按规定向大坝主管部门或指定的注册登记机构申报登记。注册登记受理机构认可后,即应发放相应的登记表,由大坝管理单位认真填写,经所管辖水库大坝的主管部门审查后

上报。

② 审核。注册登记机构收到大坝管理单位填报的登记表后,即应进行审查核实。

③ 发证。经审查核实,注册登记受理机构应向大坝管理单位发放注册登记证。注册登记证要注明大坝安全类别,属险坝者,应限期进行安全加固,并规定限制运行的指标。

7.3.3 注册登记的主要管理业务

已注册登记的大坝完成扩建、改建的;或经批准升、降级的;或大坝隶属关系发生变化的,应在此后3个月内,向登记机构办理变更事项登记。大坝失事后应向主管部门和登记机构报告。

水库大坝应按国务院各大坝主管部门规定的制度进行安全鉴定。鉴定后,大坝管理单位应在3个月内,将安全鉴定情况和安全类别报原登记机构,大坝安全类别发生变化者,应向原登记受理机构申请换证。

经主管部门批准废弃的大坝,其管理单位应在撤销前,向注册登记机构申请注销,填报水库大坝注销登记表,并交回注册登记证。

水库大坝注册登记的数据和情况应实事求是、真实准确,不得弄虚作假。注册登记机构有权对大坝管理单位的登记事项进行检查,并每隔5年对大坝管理单位的登记事项普遍复查一次。

7.4 安全鉴定管理

7.4.1 安全鉴定概述

根据《水库大坝安全鉴定办法》,我国大坝管理单位及其主管部门必须对大坝按期进行安全鉴定。大坝建成投入运行后,应在初次蓄水后的2~5年内组织首次安全鉴定。运行期间的大坝,原则上每隔6~10年组织一次安全鉴定。运行中遭遇特大洪水、强烈地震、工程发生重大事故或影响安全的异常现象后,应进行专门的安全鉴定。无正当理由不按期鉴定的,属违章运行,导致大坝事故的,按《水库大坝安全管理条例》的有关规定处理。

大坝安全鉴定实行分级负责:大型水库大坝和影响县城安全或坝高70 m以上的大中型水库大坝由省、自治区、直辖市水行政主管部门组织鉴定;中型水库大坝和影响县城安全或坝高50 m以上小型水库大坝由地(市)或以上水行政主管部门组织鉴定;坝高15 m以上或库容100万 m³ 以上的小型水库大坝,由县或以上水行政主管部门组织鉴定;水利部直辖的水库大坝,由水利部或流域机构组织鉴定。

水库管理单位应开展大坝安全鉴定工作。有下列情形之一的,应进行相应的安全鉴定工作:

① 除险加固水库正式蓄水前进行蓄水安全鉴定。

② 正常运行下,距前次安全鉴定已达6年,进行常规大坝安全鉴定。

③ 水库扩建、改建立项前,进行常规大坝安全鉴定。

④ 水库遭遇特大洪水、强烈地震等破坏性自然灾害,或者发生重大工程事故以及其他危及大坝安全的事件后3个月内,进行专项大坝安全鉴定。

蓄水安全鉴定按照《水利水电建设工程蓄水安全鉴定暂行办法》(水建管[1999]177 号)执行。常规大坝安全鉴定及专项安全鉴定按照《水库大坝安全鉴定办法》(水建管[2003]271 号)执行。

7.4.2　安全鉴定组织及基本流程

(1)鉴定组织

水库主管部门负责组织开展大坝安全鉴定,水库管理单位协助做好有关工作。

(2)基本流程

水库大坝安全鉴定工作流程见图 7.4.1,大中型水库大坝的安全鉴定工作应按下列基本程序进行;小型水库大坝的安全鉴定程序可适当简化。

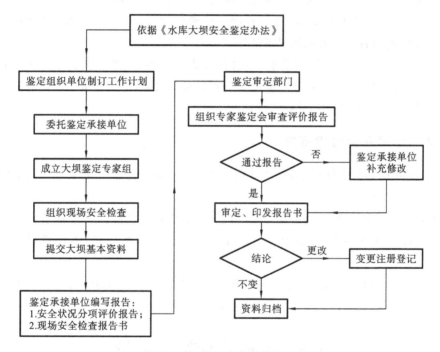

图 7.4.1　大坝安全鉴定流程

① 水库大坝的安全鉴定主管部门下达安全鉴定任务,编制大坝安全鉴定工作计划,组织有关单位进行资料准备工作,对大坝安全进行分析评价,编写分项分析评价报告和大坝安全论证总报告。

② 组织现场安全检查,编写现场安全检查报告,组建大坝安全鉴定专家组,审查安全分析评价报告、安全论证总报告和现场安全检查报告,召开鉴定会议,讨论并提出安全鉴定报告书。

③ 编写安全鉴定总结,上报和存档。

7.4.3　安全鉴定的工作内容

大坝安全鉴定工作,通常包括对大坝的实际状况进行安全性的分析评价和现场的安全检查。

　　大坝安全鉴定主管部门应组织设计、施工、运行管理单位,或委托大坝安全管理单位、科研单位、高等院校对大坝安全进行分析评价,提出报告。分析评价报告主要包括以下各项:

　　① 大坝洪水标准复核,包括水文和洪水调度计算的复核。

　　② 大坝抗震复核,包括地震烈度和大坝抗震的复核。

　　③ 大坝质量分析评价,包括施工期和大坝现状质量分析。

　　④ 大坝结构稳定和渗流稳定分析,包括变形稳定分析。

　　⑤ 大坝运行情况分析,包括工程老化分析。

　　⑥ 大坝安全综合分析,提出大坝安全论证总报告。

　　大坝安全鉴定主管部门应组织现场安全检查。现场安全检查工作由安全鉴定主管部门主持,组织有关单位专家参加,大坝的运行管理单位密切配合,检查后,应编写现场安全检查报告。现场安全检查内容按有关规范规定进行。

　　大坝安全鉴定过程中,发现尚需对工程补做探查或试验,以进一步了解情况作出判断时,鉴定主管部门应根据议定的探查或试验项目及其要求和时限,组织力量或委托有关单位进行。受委托单位应按要求提交探查、试验成果报告。

7.4.4　大坝安全分类标准

　　一类坝:实际抗御洪水标准达到防洪标准规定,工作状态正常,工程无重大质量问题,能按设计正常运行的大坝。

　　二类坝:实际抗御洪水标准不低于部颁水利枢纽工程除险加固近期非常运用洪水标准,但达不到防洪标准规定,工作状态正常,工程无重大质量问题,能按设计正常运行的大坝。

　　三类坝:实际抗御洪水标准低于部颁水利枢纽工程除险加固近期非常运用洪水标准,或者工程存在较严重的质量问题影响大坝安全,不能正常运行的大坝。

7.5　水库大坝管理考核

7.5.1　水库大坝管理考核概述

　　水库大坝管理考核是按照《水利工程管理考核办法》及其考核标准(水建管〔2008〕187号),按河道、水库、水闸等工程类别重点考核水利工程管理单位的管理工作,包括组织管理、安全管理、运行管理和经济管理四类,考核工作按照分级负责的原则进行。水利工程管理考核实行千分制,水管单位根据考核标准每年进行自检,并将自检结果报上一级水行政主管部门。上一级水行政主管部门应及时组织考核,并将考核结果反馈给水管单位。水管单位应采取相应措施,加强整改,努力提高管理水平。

　　水利工程管理考核工作按照分级负责的原则进行。水利部负责全国水利工程管理考核工作。县级以上地方各级水行政主管部门负责所管辖的水利工程管理考核工作。流域管理机构负责所属水利工程管理考核工作;部直管水利工程管理考核工作由水利部负责。

7.5.2　水库大坝管理考核内容和指标

水库大坝管理考核内容和考核指标见表 7.5.1。

表 7.5.1　水库大坝管理的考核内容和考核指标

类别	项目	考核内容	标准分	评分原则	备注
一、组织管理（150 分）	1. 管理体制和运行机制	管理体制顺畅,管理权限明确;实行管养分离,内部事企分开;分流人员合理安置;建立竞争机制,实行竞聘上岗;建立合理、有效的分配激励机制	40	没有完成水管体制改革的,此项不得分。管理体制不顺畅,管理权限不明确扣 10 分;未实行管养分离扣 5 分,内部事企不分扣 5 分;分流人员未得到合理安置扣 5 分;未实行竞聘上岗扣 5 分;未建立合理、有效的分配激励机制扣 10 分	管养分离包括内部实行
	2. 机构设置和人员配备	管理机构设置和人员编制有批文;岗位设置合理,按部颁标准配备人员;技术工人经培训上岗,关键岗位要持证上岗;单位有职工培训计划并按计划落实实施,职工年培训率达到 30% 以上	30	机构设置和人员编制无批文扣 10 分;岗位设置不合理,人员多于部颁标准配备或技术人员配备不能满足管理需要扣 10 分;技术工人不具备岗位技能要求,未实行持证上岗扣 5 分;无职工培训计划或职工年培训率未达到 30% 扣 5 分	
	3. 精神文明	管理单位领导班子团结,职工敬业爱岗;庭院整洁,环境优美,管理范围内绿化程度高;管理用房及配套设施完善,管理有序;单位内部秩序良好,遵纪守法,无违反《计划生育条例》行为发生;近三年获县级(包括行业主管部门)及以上精神文明单位称号	40	单位领导班子不团结,职工思想不稳定扣 10 分;绿化程度在本地区属差的,扣 5 分;环境不优美,庭院不整洁扣 5 分;管理用房及文、体等配套设施不完善扣 5 分;单位有违法违纪行为或违反《治安管理条例》的,每起扣 5 分;未获县级及以上(或行业主管部门)精神文明单位称号扣 10 分。发生违反《计划生育条例》行为的,此项不得分	近三年(从上一年算起)连续获省、部级精神文明单位,此项满分
	4. 规章制度	建立、健全并不断完善各项管理规章制度,包括人事劳动制度、学习培训制度、岗位责任制度、请示报告制度、检查报告制度、事故处理报告制度、工作总结制度、工作大事记制度等,关键岗位制度明示,各项制度落实,执行效果好	20	规章制度不健全,每缺 1 项扣 1 分;关键岗位制度未明示扣 5 分;制度执行效果差,扣 10 分	

续表

类别	项目	考核内容	标准分	评分原则	备注
一、组织管理（150分）	5. 档案管理	档案管理制度健全,有专人管理,档案设施齐全、完好;各类工程建档立卡,图表资料等规范齐全,分类清楚,存放有序,按时归档;档案管理获档案主管部门认可或取得档案管理单位等级证书	20	档案管理制度不健全扣2分;无专人管理扣2分;档案设施不齐全扣2分;工程没有建档立卡,每缺1项扣2分;工程技术档案分类不清楚、存放杂乱扣10分;不按时归档扣2分;未获档案管理主管部门认可或无档案管理单位等级证书扣4分	
二、安全管理（300分）	6. 注册登记	按照《水库大坝注册登记办法》进行注册登记,并及时办理变更事项登记	20	未进行大坝注册登记,此项不得分。未及时办理变更事项登记扣10分	
	7. 安全鉴定	按照《水库大坝安全鉴定办法》开展安全鉴定工作,鉴定成果用于指导水库的安全运行和除险加固	30	未进行大坝安全鉴定,此项不得分。未将鉴定成果用于指导水库安全运行或除险加固扣15分	
	8. 确权划界	按规定对水库工程的管理范围进行确权划界,领取土地使用证;界桩、标志明显;保护范围明确	30	管理范围未进行确权划界的,此项不得分。未完成确权划界,按边界长度每低10%扣3分;土地使用证领取率低于95%的,每低10%扣2分;界桩、标志不明显扣5分;保护范围不明确扣5分	
	9. 责任制	按照《水库大坝安全管理条例》及其有关规定,落实政府行政首长、水行政主管部门及水管单位责任人,并建立追究制度	20	政府行政首长、水行政主管部门及水管单位三级的任一级责任人不落实,此项不得分	
	10. 水行政管理	坚持依法管理;工程管理和保护范围内无违章建筑,无危害工程安全活动;危险区警示标牌醒目;无排放有毒或污染物等破坏水质的活动	40	工程管理和保护范围内有违章建筑,或有挖洞、爆破、打井、开矿、弃渣等危害工程安全活动,每处扣5分;危险区警示标牌不醒目扣5分;对向水库排放有毒或污染物等破坏水质的活动未及时制止并向上级报告的扣10分;水库水质三类以下(含三类)扣10分	
	11. 防汛组织	以行政首长负责制为核心的各项防汛责任落实,任务明确,措施具体,责任到人;防汛办事机构健全,人员精干;防汛抢险队伍的组织、人员、培训、任务落实	30	防汛责任制不落实,任务不明确扣10分;措施不具体扣5分;防汛办事机构不健全扣5分;防汛抢险队伍的组织、人员、培训、任务不落实扣10分	

续表

类别	项目	考核内容	标准分	评分原则	备注
二、安全管理（300分）	12. 防洪预案	有防洪水预案,抢险、调度、转移、通信、照明等预案内容齐全,且计划周密,措施得力,可操作性强	20	无预案,此项不得分。预案内容不全,每缺1项扣2分;计划不周密,措施不得力,可操作性不强扣10分	
	13. 防汛物料与设施	防汛物料按上级防汛部门下达的定额配备,有专人管理,建档立卡;防汛车辆、道路等齐备完好;备用电源使用可靠;预警系统、通信手段、抢险工具等设备完好、运行可靠	30	防汛物料不能按定额配备,无专人管理,管理制度不健全扣10分;防汛道路不平整、不畅通,无专用车辆或车辆不能正常运行扣10分;动力系统、预警系统、通信设施、抢险工具等完好率低,运行不可靠扣10分	
	14. 除险加固	大坝能按规划设计标准正常运行;病险水库有除险加固规划及实施计划,未除险前有安全度汛措施	20	一类坝或已除险加固工程,此项满分。二、三类坝,无除险加固规划（由有资质单位编制）及实施计划扣10分;除险前未制定安全度汛措施的扣10分	
	15. 更新改造	大坝及其附属工程更新改造有规划,经费落实,项目按时完成,质量符合要求,有竣工验收报告	20	工程更新改造无规划扣5分;经费不落实,项目不能按时完成扣5分;质量不符合要求扣5分;无竣工验收报告扣5分	
	16. 安全生产	有完善的《水库大坝安全管理应急预案》;能经常开展隐患排查治理,发现隐患及时整改;安全生产方面无重大责任事故	40	无《水库大坝安全管理应急预案》扣20分;有安全隐患,每发现1处扣5分;未按规定开展重大隐患排查治理扣20分;发生重大责任事故,此项不得分;在设计标准内,工程及设施、设备不能正常运行扣10分	
三、运行管理（400分）	17. 工程检查	主(副)坝、溢洪道、输水洞等建筑物及闸门机电设备等,平时每月检查2次(相邻2次检查时间不少于10天);汛前、汛后各检查1次(闸门机电设备要求进行试车);在高水位、水位突变、地震等特殊情况下应增加次数;工程各部位检查内容齐全,检查记录规范,有初步分析及处理意见,并有负责人签字	40	不能正常巡视检查扣10分;无汛前、汛后检查总结报告扣10分;特殊情况下未增加检查次数扣10分;检查内容不全,每缺1项扣5分;检查、试车记录不规范、无签字扣5分;无初步分析及处理意见扣5分	

续表

类别	项目	考核内容	标准分	评分原则	备注
三、运行管理（400分）	18. 工程观测	固定人员、固定仪器、固定测次、固定时间进行观测，观测项目、频率、精度应满足规范要求；高水位或异常情况时加测，观测设备完好率达到规范要求，观测设施先进、自动化程度高；观测有专门记录，有初步分析意见；观测资料内容齐全，符合规范要求，能用计算机按时整编刊印	40	观测工作不能做到"四固定"，观测项目、频率、精度不满足规范要求，每项扣5分；高水位或异常情况时未加测扣5分；观测设备完好率达不到规范要求，设备落后，自动化程度低扣10分；记录不规范，无初步分析意见扣5分；观测资料内容不齐全，成果达不到规范要求扣10分；不能用计算机按时整编刊印扣5分	
	19. 工程养护	主、副坝坝顶平整，坝坡整齐美观，无缺损，无树根、高草，防浪墙、反滤体完整，廊道、导渗沟、排水沟畅通，无蚁害。输、泄水建筑物进、出口岸坡完整，过水断面无淤积和障碍物，混凝土及圬工衬砌、消力池、工作桥、启闭房等完好无损。灌溉、发电、供水等生产设施完好、运行正常	40	坝顶、坝坡等建筑物不平整、不整齐、不美观，导渗沟、排水沟等有堵塞，坝坡有蚁害等，每项扣5分。 输、泄水建筑物进、出口岸坡不完整，过水断面有淤积和障碍物，每项扣5分；混凝土及圬工衬砌、消力池、工作桥、启闭房有碳化、裂缝、破损等，每项扣5分。 生产设施有损坏、不能正常运用，每处扣5分	
	20. 机电设备维护	有金属结构、机电设备维护制度并明示；设备维修养护好，运用灵活，安全可靠；备用发电机组能随时启动，正常运行；机房内整洁美观；维修养护记录规范	40	无维护制度或未明示扣5分；金属结构及机电设备主要构件有损伤、有锈蚀，油料不适宜扣10分；闸门漏水，启闭不灵活，不安全扣10分；备用发电机组养护不好，不能随时启动，不能正常运行扣5分；机房内不整洁、不美观扣5分；维修养护记录不规范扣5分	
	21. 工程维修	做好工程维修、抢修工作，发现问题及时处理、上报；维修质量符合要求；大修工程有维修设计、批复文件；修复及时，按计划完成任务；有竣工验收报告	40	发现问题未及时处理、上报扣10分；维修质量不合格扣10分；大修工程无设计、批复文件扣10分；未按计划完成修复任务扣5分；无竣工验收报告扣5分	
	22. 报汛及洪水预报	建立有库区水文报汛系统，并实现自动测报，系统运转正常；建立洪水预报模型，进行洪水预报调度，并实施自动预报；测报、预报合格率符合规范要求	40	无库区水文报汛系统扣5分；未实现自动测报扣10分；测报系统运行不正常扣5分；无洪水预报模型扣5分；未实施自动预报调度扣10分；洪水预报合格率达不到60%，或水文报汛系统有缺、漏报扣5分	

续表

类别	项目	考核内容	标准分	评分原则	备注
三、运行管理（400分）	23. 防洪调度	有调度方案、调度规程和调度制度；调度原则及调度权限清晰；严格执行调度方案，并有记录；及时进行洪水调度考评，有年度总结	40	无调度方案、调度规程、调度制度扣10分；调度原则、调度权限不清晰扣5分；未严格执行调度方案和上级（指有调度权）指令扣10分；洪水调度考评为好、一般、差的分别扣0分、5分、10分（未进行洪水调度考评的扣10分）；无年度总结扣5分	在不发生洪水情况下，洪水调度考评不扣分
	24. 兴利调度	有经批准的年度兴利调度运用计划并及时修正；认真执行计划，有年度总结	30	无批准的年度兴利调度运用计划扣10分；未进行季、月计划修正扣10分；不认真执行计划扣5分；无年度总结扣5分	
	25. 操作运行	有闸门及启闭设备操作规程，并明示；操作人员固定，定期培训，持证上岗；按操作规程和调度指令运行，无人为事故；记录规范	40	无闸门、启闭设备操作规程扣10分；规程未明示扣5分；操作人员不固定，不能定期培训，未做到持证上岗扣5分；未按操作规程和调度指令运行扣10分；有人为事故扣5分；记录不规范，无负责人签字扣5分	
	26. 管理现代化	有管理现代化发展规划和实施计划；积极引进、推广使用管理新技术；引进、研究开发先进管理设施，改善管理手段，增加管理科技含量；工程监测、监控自动化程度高；积极应用管理自动化、信息化技术；系统运行可靠、设备管理完好，利用率高	50	无管理现代化发展规划和实施计划扣10分；办公设施现代化水平低扣10分；未建立信息管理系统扣5分；未建立办公局域网扣5分；未加入水信息网络扣5分；工程未安装使用监视、监控、监测系统，每缺1项扣5分；系统设备运行不可靠、使用率低扣10分	
四、经济管理（150分）	27. 财务管理	维修养护、运行管理等费用来源渠道畅通，"两项经费"及时足额到位；有主管部门批准的年度预算计划；开支合理，严格执行财务会计制度，无违规违纪行为	30	资金来源渠道不畅通扣10分；公益性人员基本支出和工程公益性部分维修养护费未能及时足额到位，每低10%扣5分，低于60%，此项不得分；没有按照批准的年度计划执行扣10分；审计报告中有违规违纪行为的，每起扣10分	
	28. 工资、福利及社会保障	人员工资及时足额兑现；福利待遇不低于当地平均水平；按规定落实职工养老、失业、医疗等各种社会保险	30	工资不能按时发放扣5分；年工资不能足额发放扣5分；福利待遇低于当地平均水平扣5分；未按规定落实职工养老、失业、医疗等社会保险，每缺1项扣5分	

类别	项目	考核内容	标准分	评分原则	备注
四、经济管理（150分）	29. 费用收取	水价、电价等按批准文件执行,有水费征收办法;有用水、用电协议;管理单位有经主管部门批准的年度收入计划;100%完成计划;积极征收其他各种规费	30	水价、电价等未按批准文件执行,无收费办法扣10分;无用水、用电协议扣10分;未按计划完成征收任务(按农业用水、城镇用水、其他用水、发电分别计算征收率,取其算术平均值),每减少5%扣3分;未按规定收取其他规费扣10分	
	30. 水资源利用	有灌溉、发电、供水管理制度;有年度灌溉、发电、供水计划和实时修正计划;渠系利用系数高,开展发电优化调度,供水计量准确;按批准计划100%完成生产任务	30	无管理制度,每缺1项扣2分;无年度用水计划和实时修正计划,每缺1项扣2分;渠系利用系数达不到0.5,未开展发电优化调度,供水计量不准确,每项扣3分;未按计划完成生产任务,每项扣3分	
	31. 多种经营	充分利用水、土资源;经营方式多样,经济效益好	30	不能充分利用水库的水土资源扣10分;水产经济效益在全省(或流域)同类水库中处于好、中、差水平,分别扣0分、5分、10分;多种经营项目效益不好,有亏损扣10分	

7.5.3 水库大坝管理考核基本流程

在水库大坝管理单位内部,水库大坝管理考核的基本流程见图7.5.1。

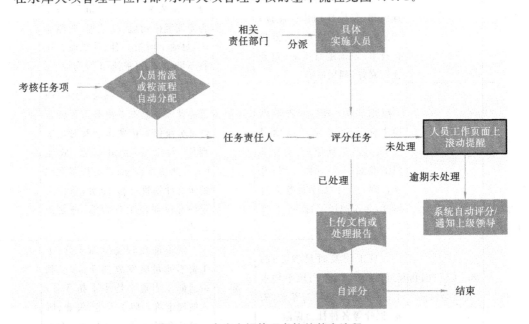

图7.5.1 水库大坝管理考核的基本流程

7.6　水库档案管理

7.6.1　概述

水库在建设期以及日常运行管理中,形成了大量的文献档案资料,包括设计图纸、设计报告、招投标资料、巡检资料、鉴定报告等,这些档案资料对水库的维修养护、科学调度、安全评价以及科学研究等意义重大。因此,加强档案资料的收集、保存以及利用,是水库管理单位档案管理的重要工作内容。

为了提高档案管理的效率和水平,加强档案资料的收集、整理工作,有效地保护和利用档案,根据《中华人民共和国档案法》《中华人民共和国保守国家秘密法》《中华人民共和国测绘法》和《中华人民共和国测绘成果管理规定》,水库管理单位应积极推进档案信息化建设,借助于现代信息技术、网络技术、数据存储技术以及物联网技术等,实现对水库档案资料的入库、储存、检索、借阅、归还等环节的管理信息化,逐步达到水库档案管理的数字化、网络化以及规范化。

7.6.2　一般规定

① 应设立档案室和兼职档案管理员,负责接收、收集、整理、保管和提供利用档案,集中管理中心档案。

② 档案室应配置必要设施,确保档案安全。档案库房设施应符合"八防"(防尘、防火、防盗、防潮、防高温、防光、防蛀和防腐)要求,要安装铁门(防盗门)铁窗;遇重大节日应提前对库房的安全保密设施进行检查,发现问题及时处理。要采用先进技术,实现档案管理现代化。

③ 档案工作人员应忠于职守,遵守纪律,具备专业知识。档案管理员工作变动时,应将所保管的档案和资料清点移交,否则不予办理调离手续。

④ 各科(办)所应按照本制度规定,定期向档案室移交档案材料,集中管理,任何个人不得据为己有。国家规定不得归档的材料,禁止擅自归档。

⑤ 办公室应定期清查档案文件,发现档案霉烂、破损或账物不符时,必须及时追查、处理和修复;发现丢失、泄密现象应及时向中心领导报告,并对造成损失、泄密的单位和个人按保密法规严肃处理。

⑥ 鉴定档案保存价值,确定档案保管期限,销毁档案的程序和办法,应执行国家有关规定。销毁保密档案文件,须按保密规定和销毁档案的工作程序进行。禁止擅自销毁档案。

⑦ 归档范围:计划与总结、统计资料、技术资料、财务审计资料、会计档案、安全生产资料、劳动工资资料、经营情况、人事档案、各种记录、公文、委托书、协议、合同、项目资料、图纸、重要书籍等文件资料和声像资料。

⑧ 资料收集与整理的相关规定如下:

● 归档资料实行"季度归档"及"年度归档"制度,即每年的四、七、十月和次年的一月进行季度归档,每年二月份进行年度归档。科技档案应分别在一个科研课题、一项工程或其他技术项目完成或告一段落后及时归档。其他各种专业档案均应按其形成规律及时归档。

● 在档案资料归档期,由档案管理员分别向各科(办)所收集应该归档的原始资料。各科(办)所应积极配合与支持,按要求做好归档工作,并保证归档文件材料的种类、稿本、份数以及每件文件的页数齐全完整。

● 各科(办)所专用的收、发文件资料,根据其密级确定是否归档。机密级以上的文件原件应存入档案室。

● 收进、移出档案和资料,应认真清点,严格履行交接手续。

● 对归档的文件材料,应在保持文件之间历史联系的同时,按文件的保存价值(即永久、长期、短期)组成保管单位(案卷)编目归档。

● 归档文件材料中的文件与电报应合一分类立卷。正件与附件、印件与定稿、请示与批示、转发文件的批文与原文、多种文字形成的同一文件不得分开立卷。

● 按年度归档的档案、跨年度的请示与批复一并归入复文年,没有复文的请示归入请示年;跨年度的规划归入针对的第一年;跨年度的会议文件归入会议开幕年;非诉讼案材料,归入结案年。

● 档案卷内文件应排列有序。一般按责任者、问题、时间排列,使同一文件的正件在前附件在后,印件在前定稿在后,重要文件的历次稿件依次排在定稿之后;非诉讼案文件,结论、决定、判决性的文件材料在前依据材料在后。

● 档案卷内文件应按排列顺序逐页逐件编所在页号或件号。在有文字的每页文件的正面或右上角加盖档号章,在章内填上顺序件号;图表和声像材料,应在装具上或在声像材料的背面逐件编号。

● 归档案卷不论永久、长期和短期保存价值,均应按规定格式逐卷填写卷内文件目录和备考表。

● 声像材料应用文字标出所摄录声像的人物名称、身份(或职务)及其活动时间、地点、中心内容和摄录者。

● 对归档的文件材料应去掉订书针、别针、大头针等金属物;如有破损者,应按裱糊技术要求托裱;如有字迹扩散褪色者,应复制出复制件与原件一并归档。

● 对归档的文件、材料应装订。装订的案卷应按卷内文件目录在其首、备考表在其尾,卷内文件依预先排列的顺序理齐,做到右、下侧齐整;采用直径 1～1.5 mm 粗细的纱绳进行"三孔一线"装订法装订;对不装订的案卷应用细线和缝纫机将卷内文件逐件装订。

● 归档文件材料的卷皮、卷盒和卷内文件目录、备考表、案卷目录等,应符合档案部门规定的标准和规范,并按规定格式和要求填写清楚。

● 归档案卷的标题要简明、确切地反映卷内文件内容,一般应由卷内文件的责任者(即作者)、内容和名称等部分组成,对责任者使用简称,要通俗易懂,保持一致。

● 档案资料库房必须坚固,安装铁门、铁窗和其他防盗、防火、防水、防潮、防霉、防虫、防尘、防鼠、防太阳光直射、防有害气体等"十防"设施。

● 随着气候变化,应调节好库房密闭、通风、温湿度,并适时进行除湿或除尘工作,以防档案霉变。

● 档案管理员进出档案室,应随手关门上锁;非专管人员,不得随意进入档案室。

⑨ 档案利用的相关规定如下:

● 办公室及其档案管理工作人员应牢记服务宗旨、端正服务态度,积极、热情地为中心各项工作利用档案和资料提供便利。

● 借阅档案应办理档案借阅手续。中心领导、各科(办)所负责人借阅非密级档案可直接通过档案管理员办理借阅手续。因工作需要,中心其他人员需借阅非密级档案时,填写《借阅档案申请表》报办公室主任核批。外来人员查阅档案、资料应持有关单位正式介绍信,按本制度规定办理借阅手续。

● 绝密级档案禁止调阅,机密级档案只能在档案室阅览,不准外借;秘密级档案经审批可以借阅,但借阅时间不得超过 4 小时。秘密级档案的借阅必须报中心主任批准,中心主任外出时可委托中心副主任审批。

● 任何人不得携带档案文件外出参观、游览、探亲、访友和办私事。确因工作需要时,须经中心领导审查批准,并指定专人保管。

● 档案借阅者应爱护档案,保持档案整洁,注意安全保密;严禁涂改或擅自翻印、抄录、转借档案或折叠、拆散、污损档案或资料;未经中心领导批准,不得摘抄、复制档案或资料,不得用私人笔记本或非抄摘档案、资料专用纸摘抄档案或资料。未经中心领导批准,不得擅自公布档案或资料。

● 用作凭证的档案、资料或其摘抄,须经中心盖章方为有效。

● 借阅期满应即时归还档案。

⑩ 档案统计相关规定如下:

● 档案统计包括档案登记和统计两部分,应以各种登记簿、名册、卡片、报表、图表等形式,建立档案收进、移出、销毁、整理、鉴定、保管(含破损档案的修复)、利用(含利用效果)及档案工作机构、人员、设备等基本情况的统计台账。

● 档案统计工作应按国家统计工作和上级档案部门规定的计量单位进行统计。

● 各项统计数字一律用钢笔、档案墨水和阿拉伯数字书写,字迹要工整。

● 档案统计工作应严谨、求实,杜绝错、漏;应及时保质保量完成上级布置的统计任务,不得拒报、瞒报、虚报和伪造数据。

⑪ 档案鉴定与销毁相关规定如下:

● 档案鉴定必须有组织地进行,由中心有关领导、专业人员和档案工作者组成鉴定小组,负责鉴定档案价值。

● 档案价值鉴定须用直接鉴定法,逐件、逐张审查,从内容、来源、时间、文本、名称、外形特点和完整程度等方面,分析研究其现实意义、历史意义和作用,确保档案文件价值判定准确。

● 经鉴定可销毁的档案,应编造销毁清册,写出报告,由中心主任审核签署意见,派两人在指定地点监督销毁。

● 任何个人或部门未经允许不得销毁中心的档案资料。

● 档案到销毁期时,由档案管理员填写《档案资料销毁审批表》交办公室主任审核,中心主任批准后执行销毁。

● 对经批准销毁的中心档案,档案管理员应认真核对,将批准的《档案资料销毁审批表》和将要销毁的档案资料做好登记并归档。登记表永久保存。

7.6.3　水库档案分类

一般地,水库档案资料主要包括以下内容:

① 水库建设相关的规划、设计、招投标、施工、验收等资料。

② 历年的工程检查、安全监测等资料。

③ 历次维修养护、除险加固、更新改造、防汛抢险等资料。

④ 历年的降雨、径流、水库水位、供水、灌溉、发电等资料。

⑤ 监测仪器的考证资料、维修资料等。

⑥ 水库管理的相关规章制度、规程规范等。

⑦ 其他资料。

7.6.4　档案管理信息化的主要需求

① 水库档案资料数字化。传统的水库档案资料主要是纸质化内容,随着时间推移,会出现破损、丢失等问题,不利于长期保存;同时,保存的档案资料数量会大大增加,为档案的保管、查阅等活动带来很大工作量。因此,迫切需要将水库档案信息进行数字化,此工作是水库档案管理信息化的基础。

② 水库档案资料入库和管理。在档案资料数字化的基础上,按电子档案标准格式将各类档案信息录入到数据库中;同时,需要对已入库的档案资料进行编辑,包括增加、删除、修改等。

③ 水库档案检索、利用。

④ 水库管理人员在日常工作中往往需要查阅历史档案,为了快速、高效地检索到所需资料,需要提供多种查询方式,如按关键字、按日期、按类别等,实现电子文件的共享利用。

7.7　防汛值班管理

为加强全国防汛抗旱值班管理,做好防汛抗旱工作,我国出台了《国家防总关于防汛抗旱值班规定》(国汛〔2009〕6 号),适用于我国各级防汛抗旱指挥机构的防汛抗旱值班管理工作。防汛值班管理主要工作包括人员安排、工作内容、信息传递、值班记录、交接班手续等。

7.7.1　一般规定

① 值班工作必须遵守"认真负责、及时主动、准确高效"的原则。

② 值班实行领导带班和工作人员值班相结合的全天 24 小时值班制度。

③ 值班起止时间由流域、省级防汛抗旱指挥机构决定。

④ 流域、省级防汛抗旱指挥机构带班领导由流域、省级防汛抗旱指挥机构办公室负责同志担任,必要时可由流域机构、省级水行政主管部门负责同志担任。省级以下防汛抗旱指挥机构带班领导由同级水行政主管部门负责同志担任。值班工作人员由防汛抗旱部门工作人员担任,必要时流域机构、水行政主管部门的其他职能部门工作人员参与值班。

⑤ 主汛期和江河湖泊超警戒水位或发生较大险情、灾情等防汛抗旱突发事件时,带班领导应驻值班室或办公室(含办公区)带班,其他值班时间带班领导应保证全天 24 小时联系畅通,并能在水旱灾害发生后第一时间赶到值班室处理应急事务。

⑥ 值班工作人员必须保证 24 小时在值班室,不得擅离职守,不得从事与值班无关的工作。

⑦ 值班人员(含带班领导和值班工作人员)应接受必要的培训,熟悉防汛抗旱业务,掌握水旱灾害应急处置程序,胜任防汛抗旱值班工作。

7.7.2　值班职责及要求

① 及时了解本地区的实时雨情、水情、工情、旱情、灾情和防汛抗旱、抢险救灾情况。在堤防、水库出险和发生山洪灾害、城市进水受淹后,要立即了解相关情况。

② 及时掌握本地区防汛抗旱工程运行及调度情况。

③ 认真做好各类值班信息的接收、登记和处理工作,重要信息要立即向领导报告。

④ 对重大水旱突发事件,要密切跟踪了解,及时做好续报工作。

⑤ 做好与上下级防汛抗旱指挥机构办公室、各有关部门的信息沟通,确保不漏报、不错报、不迟报。

⑥ 带班领导和值班工作人员应在电话铃响五声之内接听电话。接打电话、收发文件要礼貌到位,简洁高效。对群众来电来函要耐心答复处置,不能马上答复的,要做好记录。

⑦ 认真填写值班日志,逐项注明办理情况。

⑧ 认真做好交接班,交班人员要介绍值班情况,指出关注重点,交代待办事宜,接班人员要跟踪办理。

7.7.3　防汛值班主要业务

1) 登记值班记录

① 登记运行各岗位的值班记录,包括:值班日期、交接班人员、天气情况、岗位记事、关注设备等。

② 对值守人员、维护人员的排班、交接班管理。

③ 值守人员、汛期值班员的日志管理,自定义日志格式,提高日志的可读性和可扩充性。

④ 记录各岗位关注设备和关注指标,全面了解设备的运行参数和状态。

2) 工作日记制度

① 由水库管理单位工程管理岗位人员坚持准确及时填写工作日记,由水库管理单位主管领导对工作日记进行内部审核。

② 初汛期和末汛期,凡遇降雨量级达到中雨以上或库水位在初、末汛期限制水位以上,必须每天巡视检查一次,并填写工作日记;未发生降雨或小雨及库水位在汛期限制水位以下,逢双日巡视检查一次,并填写工作日记。

主汛期凡遇降雨量级达到中雨以上或库水位在主汛期限制水位以上,必须每天巡视检查一次,并填写工作日记;未发生降雨或小雨及库水位在主汛期限制水位以下,逢双日巡视检查一次,并填写工作日记。

③ 非汛期,凡遇降雨量级达到中雨以上或库水位在正常蓄水位以上,必须每天巡视检查一次,并填写工作日记;未发生降雨或小雨及库水位在正常蓄水位以下,每周巡视检查一次,并填写工作日记。

④ 凡当库水位在正常蓄水位以上,且发生强降雨(6 h 降雨量 50 mm 以上或 24 h 降雨量 100 mm 以上)时,必须每日上午和下午各巡视检查一次,并填写工作日记;必要时应加密巡视检查频次。

⑤ 当水库工程发生险情时,如坝体管涌、坝体滑坡、坝体裂缝、闸门无法正常启闭、泄洪设施底板及侧墙损坏、涵洞或隧洞坍塌等,或发生台风暴雨、地震等突发事件,视工程险情、突发事件的严重程度及发展趋势,应加密巡视检查频次,并及时填写工作日记。对巡视检查中发现的险情问题,经分析其严重程度并核实后,要及时上报上级水行政主管部门、防汛机构,并请求采取相应的除险措施,确保水库工程安全。

3) 工作日记内容

工作日记基本内容包括天气情况、异常水文降雨情况、运行是否正常、是否有异常事件出现、异常情况或险情描述、异常情况或险情类别、上级是否有所指令,大坝安全是否有异常迹象、是否进行了检查、检查结果、是否有警报和通知,记录人等。水库大坝安全运行日记的记录表格式见表 7.7.1。

表 7.7.1 水库大坝安全运行日记   记录人

年　　月　　日　天气　　降雨量_____　mm　库水位____ m
上级通知记录:(通知名和编号,何时通知领导,以及处理指示等)
上级调度指令记录:(电话或发文,电话内容,通知人,接讯人,何时报告有关领导等)
事故或报警:(是否有人报告事故以及事故情况,事故类型及严重程度,是否报告分管领导,何时报告,有何指示)
异常情况或险情描述: 异常情况或险情类别: □洪水异常情况或险情　　□渗流异常情况或险情　　□结构异常情况或险情 □金属结构异常情况或险情　□近坝库岸异常情况或险情　□地震险情 □其他异常情况或险情 大坝安全情况: □无任何异常　　□基本无异常　　□局部异常　　□较大异常　　□严重异常 报告情况: □尚未报告　　□已经按规定报告　　□已经紧急报告 处理情况: □尚未处理　　□正在处理　　□处理完毕

4) 工作日记报告制度

根据水库工程的安全状况,结合可能遭遇的险情描述,在对险情严重性程度分级的基础上,所制定的工作日记报告制度具体可参见表 7.7.2。

表 7.7.2 水库工程遭遇险情情况下的工作日记汇报制度

险情严重性	险情描述	汇报制度
特别严重	遭遇以下一个或一个以上的险情事件: ● 库水位到达校核洪水位以下 0.50 m,库区仍持续降雨,入库流量迅速增大,中短期天气预报近期有较强降雨,溢洪闸闸门启闭机无法正常启闭,或启闭电源及备用电源均损坏、无法应用,造成库水位持续上升,危及大坝安全; ● 因遭遇 VII 度及以上地震,坝体受损特别严重; ● 坝体裂缝特别严重,引起坝体渗流量迅速增大,造成坝体发生管涌破坏; ● 坝体滑坡(面积 20 m² 以上),危及大坝安全; ● 溢洪闸底板及侧墙损坏特别严重,危及大坝安全; ● 低涵隧洞坍塌特别严重,危及大坝安全; ● 溢洪闸闸门启闭机无法正常启闭,或启闭电源及备用电源损坏,危及大坝安全	立即向××水库管理所领导报告重要情况,并记录领导意见;由××水库管理所领导检查、核实后向××市水利局主管领导、××市人民政府防汛抗旱指挥部办公室汇报

险情严重性	险情描述	汇报制度
严重	遭遇以下一个或一个以上的险情事件： ● 库水位达到设计洪水位以下 0.50 m，库区仍持续降雨，入库流量迅速增大，中短期天气预报近期有较强降雨，溢洪闸闸门启闭机无法正常启闭，或启闭电源及备用电源均损坏，无法应用，造成库水位持续上升，危及大坝安全。 ● 遭遇 VI 度地震，坝体受损严重； ● 坝体裂缝严重，引起坝体渗流量迅速增大，可能造成坝体发生管涌破坏； ● 坝体发生滑坡（面积 10 m² ～20 m²），危及大坝安全； ● 溢洪闸底板及侧墙损坏严重，危及大坝安全； ● 低涵隧洞坍塌严重，危及大坝安全； ● 溢洪闸闸门启闭机无法正常启闭，或启闭电源及备用电源损坏，危及大坝安全	应在一小时内报告给××水库管理所所长或副所长，并记录报告时间；由××水库管理所所长或副所长检查、核实后向××市农机水利局主管领导、××市人民政府防汛抗旱指挥部办公室汇报
较严重	遭遇以下一个或一个以上的险情事件： ● 库水位高于正常蓄水位 0.50 m，库区仍持续降雨，入库流量迅速增大，中短期天气预报近期有较强降雨，溢洪闸闸门启闭机无法正常启闭，或启闭电源及备用电源均损坏，无法应用，造成库水位持续上升，危及大坝安全。 ● 遭遇 VI 度以下地震，坝体受损较严重； ● 坝体裂缝较严重，引起坝体渗流量增大，可能造成坝体发生管涌破坏； ● 坝体发生较小滑坡（面积 10 m² 以下），危及大坝安全； ● 溢洪闸底板及侧墙损坏较严重，危及大坝安全； ● 低涵隧洞坍塌较严重，危及大坝安全； ● 溢洪闸闸门启闭机无法正常启闭，或启闭电源及备用电源损坏，危及大坝安全	应在当天报告给××水库管理所所长或副所长；由管理所所长或副所长检查、核实后决定是否向××市水利局主管领导汇报
一般	上述险情以外的一般性险情	记录后不必报告，待××水库管理所所长或副所长自己检查

5）值班记录查询

查询值班记录中的岗位记事，对已经生成的记事根据查询统计条件，按值班岗位、值班日期范围、班次、值别、记事主题、记事内容查询相应的值班记录。

6）值班报表查询

查询各岗位值班记录生成的值班报表，根据年度、岗位可查看本岗位的值班报表。

7）值班报告编写

汛情值班人员需要根据要求收集水雨情、气象、值班情况等消息，及时编写值班报告，并提交给相关领导用于防汛会商。

7.8 物资与设备管理

7.8.1 概述

水库设施、设备分布广，数量大且新老交替，管理工作量大。为加强水库防汛储备物资、设备以及监测仪器的高效管理,需采用规章制度、信息化手段以及人员培训等多种手段。

7.8.2 物资管理

1. 一般规定

① 根据"安全第一,常备不懈,以防为主,全力抢险"的度汛工作方针,为满足水库度汛抢险需要,水库管理单位应按防汛物资储备定额标准储备防汛物资、社会号料工作。防汛物资管理业务主管部门为防汛办。

② 防汛物资应入库保管,并做好如下几点:

● 严格贯彻"安全第一,常备不懈,讲究实效,定额储备"的原则,对度汛物资进行管理。

● 了解度汛物资性能,注意度汛物资的日常化维护与保养,保证度汛物资完好无损。

● 掌握消防知识,注意防火、防盗,确保度汛物资安全。

● 保持库房内的整洁,定期清理,度汛物资存放应分区分类、整齐划一、合理堆放,料卡齐全,标志明显,确保调用方便。

● 建立度汛物资盘点制度,对度汛物资进行定期盘点,做到心中有数。

● 规范度汛物资出入库登记手续,认真办理产品和技术质量文件的交接,做好文字记录,并在现场进行实时监督,对违章行为应及时制止;健全度汛物资台账和管理档案,做到"实物、台账"相符。

③ 度汛储备物资属国家专项储备物资,必须"专物专用",未经领导批准同意,任何科室和个人不得擅自动用。

④ 防汛物资的调用程序:使用单位以书面的形式提出计划或申请,经单位负责防汛领导签字同意后,交保管部门发料。按"先进先出"的原则进行出库发放,专料专用。

⑤ 防汛物资出入库单据必须在防汛办有存根,以全面了解物资的使用、储备情况。

⑥ 做好度汛物资的回收、管理工作,具体如下:

● 度汛抢险结束后,防汛办应组织回收使用单位(或部门)未用完的物资,并办理好手续,作为结算依据。

● 对于非汛期借用的物资,由相关部门负责按期回收入库,并确保物资完好。

● 度汛抢险耗损的省、市储备防汛物资,由防汛办负责核销。

● 回收物资的维护保养,由相关部门负责。

● 度汛储备物资每年汛前清点一次,并根据实际需要,由防汛办提出本年度汛期储备物资添置计划,确保水库安全度汛。对防汛物资使用较多的年份,在汛期结束后应及时对防汛储备物资进行清点。

2. 物资管理的主要业务

(1) 采购管理

采购管理信息化可帮助采购管理人员迅速处理采购申请、采购询价、采购批准、采购订单下达等事项,快速接收物品,加强采购资金和采购费用开销的控制;也能帮助采购人员对采购物资的申请、订货、催货、收货等实行全过程的动态跟踪管理和分析,确保采购工作高质量、高效率和低成本地进行。采购管理模块提供增加新物资编码功能,由用户提出物资编码申请,通过审核后自动加入物资编码库。

（2）库存管理

库存管理主要管理仓库的各种台账和相关的到货登记、验收、收料、领料、退料缴库、退货、转储等业务内容，通过与采购管理相结合，对物资的各种入出库业务实现流程化管理。通过物资入出库管理和库存物资盘盈盘亏管理，保障库存物资账、卡、物的一致性。库存管理信息化模块的功能如下：

① 支持各种出库成本计算方法，包括先进先出、加权平均、移动平均、个别计价等。

② 支持批次、库位及安全库存管理，提供库存预警和提醒机制，避免人为遗漏和疏忽。

③ 提供及时盘点、定期盘点等，完善盘盈、盘亏处理，方便财务、账务处理。

④ 支持实时查询库存量、可用库存、已分配库存等。

⑤ 以采购收货单为依托，对采购物资的价、量、质实施有效控制。

⑥ 支持对发票未到的采购业务进行暂估及自动冲销。

（3）存货核算

存货核算信息化模块的功能如下：

① 支持登录数量金额账库存期。

② 支持自定义存货单号编号规则。

③ 支持依据入库通知单记入库数量金额账，支持取消记账。

④ 支持依据领料单记领料出库数量金额账，支持取消记账。

⑤ 提供记录数量金额账的用户界面、取消记账的用户界面，可查看记账结果。

⑥ 支持查看采购入库数量、采购入库金额、差异金额和采购入库明细账。支持：部门、事务类型、供应商、仓库、物料类别、物料等汇总方式，可以选择单项汇总，也可以选择多项汇总。

⑦ 支持查看领用物品的数量、金额。支持仓库、部门、供应商、物料类别、事务类型、领料人、物料、工程项目、预算账户等汇总方式，可以选择单项汇总，也可以选择多项汇总。

⑧ 支持库存货龄分析、库存周转率分析、库存资金占用分析、库存资金变动分析。

7.8.3　设备管理

1）设备台账管理

设备台账用来记录和提供设备信息，反映设备的基本参数以及维护的历史记录，为设备的日常维护和管理提供必要的信息。包括：设备基本信息、设备技术规范、设备变动、设备评级、设备台账查询、设备备品备件、设备检修历史、设备缺陷记录等功能。

设备技术标准库规定了设备的运行技术参数，主要内容包括：额定温度、额定电压、额定功率、额定流量以及相应的最大值、最小值。设备技术标准是其他标准管理的基础，可作为编制点检标准、设备预防维护标准等的技术依据。

设备台账管理信息化模块的功能如下：

① 设备基本信息：用于建立完整、准确的设备档案信息，是设备台账的重要组成部分，能够反映设备的基本情况，如设备名称、规格型号、设备类别、生产厂家、出厂编号等；对于设备其他相关的资料信息，如技术手册、使用手册、保修说明书等，可以通过附件形式添加。

② 设备技术参数：用于建立设备技术参数清单，以作为设备基本信息的一部分。设备对应的技术参数是对设备进行监控和分析的重要数据。

③ 设备变动记录：用于对设备生命周期内的变动情况进行管理，包括设备的调拨、异动、报废、出售、转让、租赁、封存、启动等变动处理，最终形成设备变动记录台账。

④ 设备评级：用于记录设备的评级情况，形成设备评级记录台账，便于水库对设备的统一管理。

⑤ 设备台账查询：用于查询设备台账的各种信息和记录。

⑥ 设备备品备件：支持通过设备台账查询设备备品备件。

⑦ 设备检修历史：支持通过设备台账查询设备检修历史。

⑧ 设备缺陷记录：支持通过设备台账查询缺陷记录。建立完备的设备台账，提供设备运行和维护中的各种信息，便于设备管理人员进行分析决策。

2）设备缺陷管理

缺陷管理信息化可以根据不同设备缺陷，对其进行分类，针对不同类别的设备缺陷，可以采取不同的处理流程及考核办法，并且在事后按照设备缺陷的所属专业、缺陷类别、机组、检修班组等信息进行汇总统计，使管理人员能够直接、方便地了解任意时间段的设备缺陷处理情况，为管理人员的决策提供可靠的数据支持。

（1）缺陷标准管理

① 建立缺陷类别标准，对设备所产生的缺陷进行分类管理，支持将缺陷分为一类、二类、三类等。

② 建立设备缺陷部位标准，在缺陷处理过程中，明确的缺陷部位可以保证对缺陷原因进行及时准确的诊断消除。

（2）缺陷流转

① 设备缺陷管理的基本过程为：登记设备缺陷—设备缺陷诊断—检修消缺作业—验收设备缺陷—缺陷归档。一般运行人员发现并登记缺陷，提交检修人员进行原因的诊断以及进行消缺处理，在检修人员完成消缺工作后，提交运行人员进行验收。

② 缺陷流转包括：缺陷登记、缺陷诊断、缺陷处理、缺陷验收等事务。

（3）缺陷查询

① 通过缺陷查询功能，可以准确、快捷地定位到用户需要查询的任意一条缺陷，方便管理人员对缺陷的管理。查询条件有：缺陷发生的时间范围、机组、专业、班组、所处流程等。

② 支持用户自定义缺陷统计口径，自动统计出本周或本月未处理缺陷、未及时处理缺陷、验收不及时缺陷，有利于落实缺陷考核制度。

③ 支持缺陷管理与工单的关联。

3）备品备件管理

支持新增、修改设备的备件清单，支持快速查询设备备件定额。

4）点检管理

建立设备点检作业标准库，在点检作业库中定义点检内容、点检方式、点检周期、点检人员等。

（1）点检记录

点检记录功能用于点检责任人根据点检作业标准，对每天需要完成的点检工作进行点检结果记录，包括作业记录和作业项目两个部分。

① 通过"取数"按钮，可从实时系统中取点检项目对应测点在检查时间点的数据，然后自动根据点检项目状态判断公式进行结果评价，结果评价为正常或异常。

② 通过"历史曲线"按钮，可查看点检项目对应实时测点的历史曲线。

③ 通过"系统图"按钮，可查看点检项目对应实时测点的系统图。

（2）点检分析

点检分析功能用于对点检作业的结果进行分析统计，可以对点检作业和作业项目进行分析。

① 可对满足条件的点检作业情况进行查询，了解做了哪些点检工作。

② 对于所查询的点检作业，可以查看作业项目的检查情况，并可分析每一个项目在所选择的检查时间范围内的检查情况。对于字符型的项目，可以按检查结果的次数来分析，并用直方图显示；对于数值型项目，可以分析结果的变化趋势，用曲线来显示。

5）设备管理综合分析与考核

该模块可查询员工、岗位的绩效数据，通过对统计数据的综合分析，为员工绩效考核提供依据，并支持按确定的考核规则和考核流程，对员工进行绩效考核。其功能具体如下：

① 支持将绩效考核结果以电子公告等形式公示。

② 考核过程支持工作流审批。

③ 员工、岗位绩效数据来源于设备管理子系统。

④ 部门负责人可根据部门员工的提议，对取得良好绩效的部门员工或小组进行及时奖励和表彰，对于嘉奖过程流转支持工作流；对违反既定规则的人员，相关人员可及时提出违规处罚，违规处罚过程流转支持工作流。

7.9　综合办公管理

7.9.1　概述

水库管理单位日常办公业务一般包括新闻公告发布、公文流转、流程审批、考勤管理、通讯录管理等。为实现水库管理单位内部办公信息交互和共享，部门内工作流程化定制与管理，水库管理应建设综合办公自动化系统，使部门以及下属各单位间办公信息互联互通、资源共享、协同办公，全面提高工作效率，以减轻工作人员的工作强度，提高管理效率和规范化水平。

7.9.2　主要管理业务

1．业务审批管理

系统设计时把具有共性的一部分应用（如流程定义、监督和管理、流转引擎、工作列表等）单独抽出来进行设计，以标准化的方式实现。这样，当对用户的需求把握不准或用户需求与设计有所不同的时候（主要是对处理流程的认识不清晰），可以比较快地进行调整，而不需要对系统的代码有较大的改动，从而把注意力从流程转移到每一步的具体处理任务上。具体要求如下：

① 将业务流程和其他应用逻辑分离开，通过图形化的定义来设计工作流程，可有效地避免由于组织结构和业务流程的变化导致对系统进行维护的负担，提高了系统的可扩展能力和适应变化的能力。

② 提高系统的组件化和可重用程度。系统的业务处理模块只负责完成相应的业务逻辑，不关联模块之间在流程上的衔接，因此，更容易设计出可重用程度较高的组件，从而降低系统的耦合程度。

③ 所有用户通过统一工作列表界面启动相应的应用程序模块，不需要到各个子系统中进

行查找。这种设计有利于提高办公效率,无论系统多么复杂,人口只有一个。

④ 能够对工作执行情况进行监督和统计分析,有力地支持管理决策。通过工作流管理系统,管理人员可以确切地知道各项工作的统计信息,以及在每项工作上所占据的时间等信息,有利于调整工作流程,提高办事效率。

2. 公文管理

(1) 收文管理

收文管理是通过计算机和网络完成文件的登记、批分、传递、审批、发送、催办和归档,实现收文的电子批阅流程,提供对收文批阅流程的可视化监控、有效查询和统计功能,可打印收文登记、收文登记簿等单据表格以及将文件进行电子归档。主要功能有:

① 收文登录。

② 系统自动对收文进行编号。

③ 根据收文的不同环节(如拟办、批阅、阅办、归档),系统自动进行不同操作和不同权限的控制。

④ 可设置收文拟稿人权限,权限范围内的收文者将收到系统发送的"待阅提示",权限默认值为文件办理人员。

⑤ 根据收文流程,灵活控制和定制收文传递流向以及流转时限。

⑥ 控制收文拟办、批阅、主办、阅办一系列操作的自动流转时间,自动按预先定制好的提醒方式进行催办。

⑦ 收文归档后的数据库可实现多种结构、不同方式的查询。

⑧ 通过网络进行权限范围内的公文检索和查阅。

(2) 发文管理

发文管理是通过计算机和网络完成发文的拟稿、传递、审批、编号、盖章、催办和归档等,实现发文的电子审批流程,提供对发文审批流程的可视化监控、有效的查询和统计功能,并可设置打印。主要实现的功能有:

① 根据公文的种类,灵活定制各种发文的文件格式,采用通用的流行软件 Microsoft Word 格式,可以满足各种格式公文的需求。

② 根据公文的类别,按照预先定义好的"文号"生成方式自动添加分配文号。

③ 根据发文流程,灵活控制公文的传递流向。

④ 根据发文的不同环节,系统自动进行不同操作和不同权限的控制。

⑤ 可设置发文拟稿人权限,默认值为所有人员。

⑥ 在公文流转过程中自动记录所有的修改信息,实现修改留痕功能,包括修改者、修改内容、修改时间等。

⑦ 根据不同角色可定制不同用户查看公文的权限。

⑧ 从发文管理中自动存档到档案库,作为永久备份。

⑨ 通过网络进行权限范围内的公文检索和查阅,支持全文检索。

3. 签报管理

签报管理模块主要实现的功能有:

① 实现电子签报管理,对于签报的流转过程提供灵活的控制机制,可由当前用户决定下一个环节的处理方式,如发送对象等。

② 提供定义、管理签报模板的功能,进行模板的发布,发布后的模板可被所有用户选用。

③ 支持痕迹保留。

④ 签报自动生成流水号。

⑤ 签报管理的审批流程允许用户自定义,使管理更灵活。

⑥ 具有完善的流程跟踪控制功能,详细记录签报的当前状态、审核过程、领导批示、签发意见。

⑦ 签报和收发文可以相互引用,使用者可以更及时地了解签报所对应的收文或发文信息。

⑧ 领导可以通过移动终端进行审批,以提高签报的效率。

4. 综合事务管理

（1）办公用品管理

该模块用以实现企业内部可分配办公用品类别的登记管理、办公用品分类列表更新维护等功能。系统提供一个通用的办公用品分类登记模板,用户可以根据不同的办公用品类别定制不同的办公用品登记表格。同时,通过定义分类来区分不同的办公用品类别,便于统计查询。

（2）车辆管理

车辆管理模块是针对内部的车辆进行申请、安排,给车辆建立档案,用以显示车辆的使用状态,记录车辆的使用情况,并实现对驾驶员的管理。

（3）会议管理

会议管理模块由会议申请、一周会议安排、会议室管理和会议资料管理组成。会议申请通过后,由会议管理员进行会议安排,形成一周会议安排表。针对每个会议,系统向每位与会者发送会议详细安排及主题通知,并实现相关会议文件的保存、查询、统计等功能。

（4）计划日程管理

本模块用于管理单位、部门或个人的工作计划和工作总结。通过对工作计划和总结的管理,能有效地帮助用户确定工作目标,合理地安排工作和进行总结提高。

7.10　日常管理信息化功能设计

日常管理业务的功能设计具体如下。

1）维修养护

基于精细化管理理念,将水库工程养护方式（经常性维护、年修、大修、抢修）与现代信息化技术有机地结合,根据检查和监测结果,实现维修养护计划的编制、上报、审批以及维护记录管理,可为工程安全运行提供技术支撑。

（1）维护计划编制

水库管理人员在水库大坝的日常巡查、检查、观测中发现安全隐患问题,可以按照水库大坝的维护保养规范,制订大坝安全的维修养护计划,提交给相应的上级主管部门审批,并发送短信通知相应的主管领导。维修养护计划安排功能界面见图 7.10.1。

（2）计划审批

水库主管部门领导可审查水库大坝管理人员提交的维修养护计划,给出审批意见,并发送短信通知相应的水库大坝负责人。

图 7.10.1　维修养护计划安排功能界面

（3）维护记录管理

维护记录管理可实现对水库维修养护计划执行情况的记录、查询。

2）注册登记管理

（1）注册信息统计

该功能主要用于上级主管部门对已注册的水库进行统计汇总，以便于掌握其管辖水库的总体注册情况。

（2）注册信息查询

该功能主要用于查询已注册的某一水库的详细注册资料，支持根据水库名称、所在区域、水库规模等条件进行筛选。水库注册信息查询界面见图 7.10.2。

图 7.10.2　水库注册信息查询界面

（3）注册申请

该功能主要用于水库现场管理单位进行注册登记申请。水库管理单位人员如实填写注册登记表，提交给管辖水库大坝的主管部门审查。

（4）注册审查

该功能用于水库大坝的主管部门审查其所管辖水库的注册申请，如存在问题，可以将流程回退，由水库管理单位补充修改后，再次提交直到通过审查。水库大坝主管部门审查通过后，注册登记流程自动提交给相应的登记机构审核。

（5）注册审核

该功能用于注册登记机构收到水库管理单位填报的登记表后,进行审查核实。审核通过后,注册登记流程自动流转到注册登记发证。

（6）变更登记

该功能主要用于水库的基础信息发生变化时,水库管理单位申请资料变更的情形。水库管理单位填写变更信息并提交申请流程,当审查通过后,修订的数据才能进入正式的注册登记数据中。

（7）注销登记

经主管部门批准废弃的水库大坝,其管理单位应在撤销前,向注册登记机构申请注销,填报水库大坝注销登记表,并交回注册登记证。

3）安全鉴定管理

（1）安全鉴定统计

该功能用于根据水库最新一次的安全鉴定时间,对管辖水库的安全鉴定情况进行统计汇总,并依据《水库大坝安全鉴定办法》自动分析下次进行安全鉴定的时间,对水库进行排序。对于已经逾期的水库管理单位,督促相关区县主管部门组织开展安全鉴定,以保障水库的安全运行和工程效益发挥。

（2）安全鉴定资料入库

该功能主要用于水库管理单位将安全鉴定信息进行入库,包括鉴定时间、安全评价单位、鉴定审核单位、鉴定结论、大坝安全等级等,并将鉴定报告、安全评价报告等资料进行归档。

4）水库管理考核

（1）指标管理

根据相关的国家及行业标准规范,将水库安全管理考核划分为组织管理、安全管理、运行管理、经济管理四个部分。管理人员能够针对水库的工程类型、工程级别等相关因素,对指标、考核内容、标准分、评分原则等相关信息进行管理和维护。系统提供各水利工程指标查询、编辑、删除等功能。管理考核指标界面见图 7.10.3。

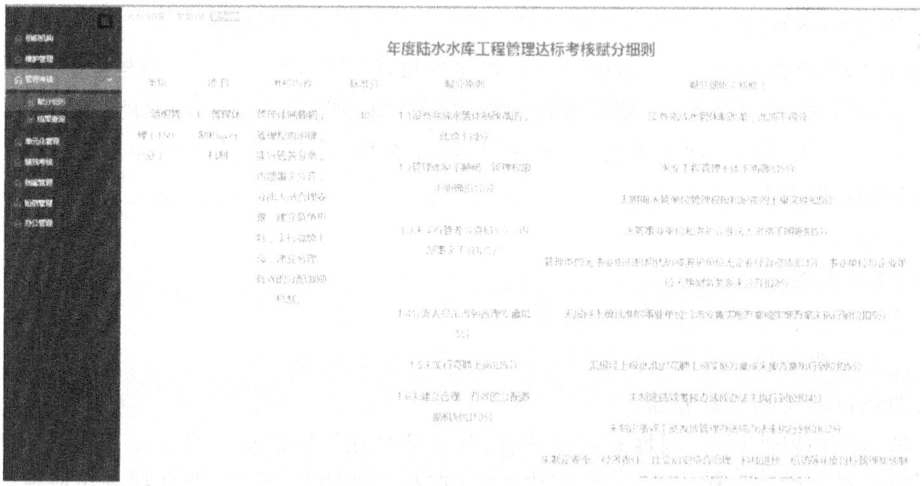

图 7.10.3 管理考核指标界面

（2）任务分配

水库管理单位领导可以基于水库安全管理考核指标,通过系统平台为各科室的职工制定相应的工作任务、时间节点、预期成果及配合的科室与人员等内容。

（3）任务考核

① 责任人自评。各科室职工须及时将自己的工作任务完成情况反馈到系统平台，根据考核标准、考核细则对自己的工作完成情况进行自评，并将考核结果报上级领导审查评分。

② 分管领导审查。水库管理单位分管领导根据各科室职工的任务完成情况，对自评结果进行审查评分，填写审查意见，并将审查意见及评分结果反馈给各职工。

③ 主管领导审核。水库管理单位主管领导根据各科室职工的任务完成情况，对各职工的评分结果进行审核，填写审核意见，将审核意见及评分结果反馈给各职工。

（4）考核结果管理

管理人员能够查询水库管理单位各科室职工的任务考核结果，查询结果以表格、柱状图、饼状图等多种方式进行展示，系统提供相关图表输出、打印的功能。考核结果查询界面见图 7.10.4。

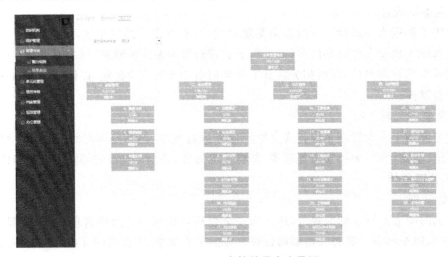

图 7.10.4　考核结果查询界面

5）档案管理

（1）整编归档管理

图档的归档有两种方式，一是由公文流程等模块进行直接归档，二是由档案管理员进行的手工归档。如果是第二种方式，则在进行图档的归档前需要建立或编辑图档存储的目录结构（即编目）。系统须提供添加新编目、修改编目、删除编目、发布/撤销发布编目、拷贝编目以及作废编目的管理功能。

（2）图档录入

图档录入步骤如下：

① 选择项目名称进入该项目结构树界面。

② 点击需要的设计阶段、分项或设计专业，进入图档列表。

③ 图档自动复制至服务器。

④ 填写图档属性页面（属性有项目信息、基本信息和归档信息三张卡片）。

⑤ 对已修改图档操作完成时，系统将有"已存在该图档"的提示，并选择升级或覆盖。

档案收集界面见图 7.10.5。

（3）查询检索管理

系统主要提供以下两种图档查询功能：

图 7.10.5　档案收集界面

① 编目查询。用户可以根据编目结构进行图档的搜索及浏览。

② 快速查询。用户可以根据"图档名称"及"关键字"进行图档快速搜索。

（4）图档的预览

图档录入后，系统提供对档案的预览功能，相关人员可以在大概了解图纸内容后，进行进一步的操作。

（5）分级授权功能

系统须提供强大的分级授权功能，以满足实际管理需要，并可以对分类目录、案卷、档案、原件进行相关权限操作设置，以保证数据在采集、存储、处理、传递、使用过程中的安全。

（6）检索、浏览、统计、查询服务

① 提供包括模糊查找等多种形式任意组合的查询方法。

② 可按用户权限浏览 JPG、TIFF 图像，DWF、DXF、DWG 等图形文件和 Word、Excel、RTF、PDF、TXT 等格式的文件，也可按用户需求提供其他格式的文件浏览。

③ 提供 Web 方式的查询界面。

④ 形成案卷目录汇总、卷内档案目录汇总、档案分类目录汇总，实现历年归档数量统计、归档电子原件或实物统计、部门/个人借阅情况统计、档案原件浏览/下载统计。

⑤ 实现归档率、完整率和准确率的统计及相关信息维护功能。

档案检索界面见图 7.10.6。

6）防汛值班

因汛期容易突然发生暴雨、洪水、台风等灾害，防洪工程设施在自然环境下运行也会出现异常现象，所以水库汛期执行 24 小时值班制度和领导带班制度。汛期值班人员的主要工作内容为：了解掌握汛情，包括雨情、工情、灾情等；对发生的重大汛情等要整理好值班记录，以备查阅和归档保存；及时掌握防洪工程运行和调度情况，及时报送险情、灾情及防汛工作信息；严格执行交接班制度，认真履行交接班手续等。针对防汛业务需求，系统开发了防汛组织查询、防汛值班管理、防汛日志记录、待办事项以及常用电话查询等功能。

防汛组织：可在线快速查询防汛组织机构，了解每个人的职责及联系方式，以便发现问题及时传达与上报。

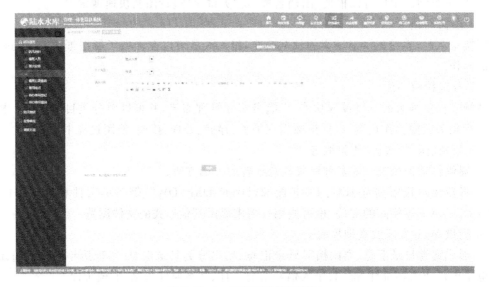

图 7.10.6 档案检索功能界面

值班人员：用于查询当前值班人员及带班领导信息，以及历史及未来的值班计划。

班次安排：主要用于在线编制防汛值班表，按照轮班规则排定班组班次。

值班记录填写：填写防汛值班过程中发生的汛情、险情及其处理情况以及指挥调度命令执行情况等。值班记录填写界面见图 7.10.7。

图 7.10.7 值班记录填写界面

防汛记录查询：可按照值班人员、记录类型、起止时间查询防汛值班记录。

待办事项登记：在交接班过程中，上一班次把未完成的事项记录到系统中，供下一个班次的人员参考执行。

待办事项查询：查询历史待办事项执行情况。

常用电话查询：主要用于快速查询防汛相关的单位、部门以及人员的电话，如气象预报单位、上级防指、下游村庄联系人等。

7）物资与设备管理

水库的物资作为水库防汛抢险的重要资源，其重要性不言而喻。为加强防汛物资的管理，发挥好度汛物资在防洪期间的作用，提高防汛仓库存储管理水平，系统开发了从物资采购计划制订到入库管理、出库管理、盘存以及物资库存查询等全面功能，可以对防汛物资的计划申请、采购、入库、出库、使用情况、实时库存情况、台账等有条不紊地进行管理。防汛物资计划制订界面见图 7.10.8。

图 7.10.8 防汛物资计划制订界面

计划录入：根据水库管理单位的需要录入防汛物资采购计划，需要录入的内容包括物资名称、数量、采购时间、单价、品牌、来源等信息，并可以发起防汛物资采购计划流程。

物资入库：对防汛物资进行入库登记，登记的内容包括采购人、物资信息、数量、采购单价、存放位置等。

物资出库：对防汛物资进行出库登记，登记的内容包括领料人、物资信息、数量、用途、领料时间等。

库存盘点：定期进行库存盘点，了解库存情况，对库存进行清理。

实时库存：显示水库运管单位防汛物资的实时库存，可以根据物资名称、物资类别进行查询。防汛物资实时库存查询界面见图 7.10.9。

8）综合办公管理

（1）公文管理

公文管理包括各种文件、公文的拟稿、审核、签发环节。系统具有公文的签收、登记、拟办、批办、承办等功能，可将办结的公文自动归档并进行网上流转，实现了公文处理和管理的自动化，包括收文管理、发文管理、公文传输、公文回执、归档管理以及督办催办和闭环处理。

（2）会议管理

会议管理功能可实现会议室资源的申请与撤销（有优先级别限制，会议室资源做到可视化），以及会议通知、会议纪要的发布等。会议通知除了具备在网上发布和个人消息提醒功能以外，还能将短信发布到参会者手机上，参会者亦可通过手机确认是否参会。

（3）信息发布管理

系统支持新闻稿件的分拣和选择，提高了新闻宣传工作的效率。

（4）考勤管理

该功能可按不同时间点来设置考勤时间，并可进行完善的考勤统计；能按职级显示个人工作日志。具体如下：

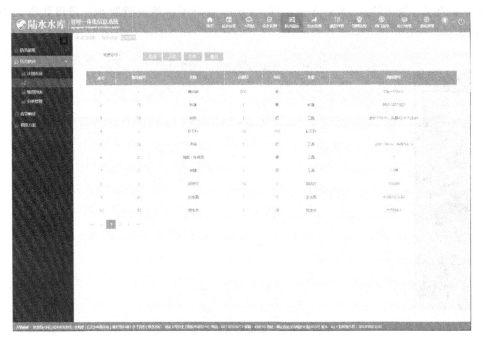

图 7.10.9　防汛物资实时库存查询界面

① 对于许多考勤活动,需要通过审批流程进行管理,通常包括外勤、加班、请休假等考勤分类。

② 支持以短信方式通知相关人员。

③ 可对某段时间内人员的个人考勤情况进行查询,查询的结果包括每日上下班的出勤记录以及考勤审批的记录。

④ 部门考勤员可根据自动考勤记录和个人考勤记录,确定部门人员的出勤情况。

⑤ 对登记的考勤记录,部门负责人可以定期进行确认,一般为按月确认。

⑥ 支持中控考勤机的配置和对接管理。

本章参考文献

[1] 叶舟.水库安全管理[M].北京:水利水电出版社,2012.

[2] 中华人民共和国水利部.土石坝养护修理规程:SL 210—2015[S].北京:中国水利水电出版社,2015.

[3] 中华人民共和国水利部.混凝土坝养护修理规程:SL 230—2015[S].北京:中国水利水电出版社,2015.

第8章　水库大坝管理信息化系统开发

8.1　概　　述

8.1.1　系统开发目标

基于我国水库大坝管理政策法规和管理现状,调研国内典型水利工程的现场运行管理部门、上级水行政主管单位、区(流)域水行政主管单位,了解水库大坝管理的政策、计划、执行、辅助技术应用等情况,分析、比较、总结我国水库大坝在日常运行管理的一般业务流程、管理机构部署形式、信息资源分布传输模式,研究并提出适合我国国情,能够用于辅助支持水库大坝管理信息化的系统架构。系统开发目标包括:

① 基于国内水库大坝管理政策法规框架和水库大坝管理现状,研究水库大坝管理的标准操作流程以及相关方的协调联动机制,建立水库大坝管理信息化的系统架构。

② 提出系统软件体系、业务功能、场景流程。

③ 引进国内外先进的平台,对水库大坝安全监测、水雨情、调度管理、日常运行管理、风险评估与安全评价、应急响应、公众信息发布等,按业务需求进行功能性开发部署。

8.1.2　设计原则和总体构思

整个系统的设计和实施涉及多个环节的众多方面,如系统架构、通信标准、数据组织、元数据设计、软件模块组织、开发测试,以及各个子系统集成等。根据系统建设目标及需求分析,系统的设计遵循以下五个原则。

(1) 先进性

为保证系统总体上能够达到国内领先、国际先进的水平,在系统设计和实施时,必须结合大坝管理和应急方面的先进理念,采用先进信息技术和架构。因此,至少需要从四个方面来保障系统的先进性。

① 大坝管理和应急管理方面的先进经验。

② IT 新技术的采用和先进的实现方法。

③ 先进的传感器和移动终端。

④ 先进的用户 GUI 体验。

(2) 实用性

水库大坝管理信息化涉及多个应用层级,包括流域机构、区域机构和大坝现场机构,同时涉及安全监测、水雨情、调度管理、大坝安全评估与应急响应管理、日常管理等具体业务。系统须有所侧重,重点开发以保证核心功能能够实用化。

(3) 系统性

系统设计时,应考虑可方便地扩展业务应用范围,以及系统各管理层级的部署单位;以此系统作为基本平台,在业务上扩展出更多的功能应用,纵向上可深入细化已有的功能。系统架构应能支持各个方面的扩展能力,例如从简单地加入一类新空间数据或专题数据,到基于现有的 Web 服务模式,扩展出全新的应用子系统,子系统在异构的情况下也能与已有的系统完整地融合到一起。

良好的开放性是系统可扩展的重要技术手段,要求系统具备如下几点:

① 主要数据结构清晰、规整,提供完整的数据字典。

② 元数据设计简洁明了,提供元数据数据字典以及元数据访问服务功能。

③ 提供粒度合适、封装良好的图形操作和业务功能类。

④ 统一的外围系统接口方式,接口数据结构和接口 API 公开。

⑤ 提供完整的系统部署和开发的帮助手册。

除了可扩展性,系统的可维护性也是系统性的重要体现,系统的错误可以方便地被诊断到某个较小的功能模块,通过升级或替换此功能模块,可方便地修复问题。

只有遵循 IT 标准,并采用合适的架构设计,才能保障系统性。具体体现主要包括子系统和模块划分合理,功能层次清晰,耦合方式简单且耦合度低,子系统和模块间依赖性小;数据结构组织合理,符合数据库三范式,元数据设置合理等。

(4) 面向用户

面向用户原则要求系统具备友好的用户界面,操作简单、直观、灵活,易于学习掌握。设计时,要考虑不同用户使用某些功能时的具体需求,界面上有用户想要看到的数据,既不缺少,也不多余。更重要的是,用户的操作体验,系统也必须给予足够的关注。

8.1.3　系统技术路线

系统总体技术路线基于系统总体架构,采用面向对象的分析和设计方法进行业务分析和设计,整体系统架构采用多层架构体系,以 SOA 思想来设计展现服务层,以统一消息中间件技术实现部分应用服务功能,系统技术架构见图 8.1.1。

在技术路线的选择上,采用了符合 SOA 体系架构的设计思想及当前业界主流的 J2EE 技术路线,可以满足跨硬件平台、跨操作系统的要求。体系结构采用 C/S 和 B/S 相结合的方式进行构建。

在技术体系中,应用支撑平台采用了 Web Service、AJAX、Spring、FLEX 及持久层框架等核心技术,在保证技术先进性的同时,兼顾了技术的实用性。同时,采用组件式开发技术,使彼此独立的业务组件通过 Web Service、XML 等松耦合的通信方式组织在一起,形成完整的业务系统。采用数据访问对象(remote object)来实现对数据库的存取,采用异步任务处理长时间请求,采用 OR Mapping 技术保证公共数据库的可扩展性,采用 XML 和 Web Service 作为数据发布标准,采用元数据、数据映射、原生 XML 数据库等技术实现数据处理。

Java 技术由于其跨平台特性、面向对象特性、安全特性等,把数据库访问、企业级 Java 组件、命名和目录服务、动态页面生成、XML、事务服务等有机地集成在一起,并且提供集群等高级特性,使之特别适合构建复杂的大型应用,并保证系统具有很好的可扩展性。使用 Java 开发的 B/S 架构系统,可以在绝大部分的硬件设备(IBM、SUN、HP 等)、操作系统(Windows、Unix、Linux、Solaris 等)、中间件(WebLogic、WebSphere、tomcat 等)上运行,支持多种数据库及其数据相互转换,目前支持 Oracle、MYSQL、SQL Server、SysBase 等数据库,支持 IE6、IE7、IE8、IE9 等各种版本的浏览器。

系统需要从外围或前置应用中,采集大量的实时或准实时数据,需要嵌入或接入大量的行

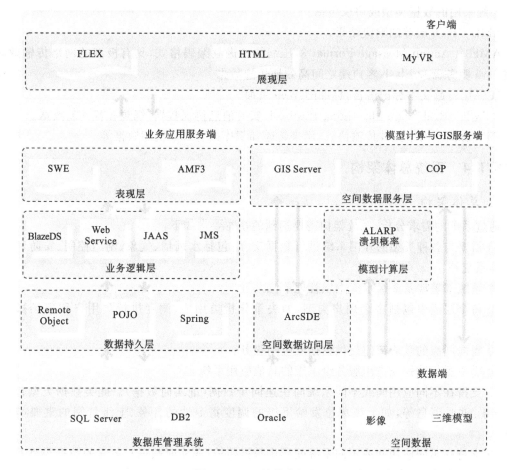

图 8.1.1　系统技术架构

业知识库、大坝和水库专业计算模型、大坝安全和风险分析模型以及大坝洪水调度和应急模型。在不同的系统层级或不同应用间,存在任务事件的生成、分解、综合、路径控制等,系统的许多子模块间的协调工作由事件驱动引擎完成。

　　系统采用 GeoMedia 对三维模型及空间数据库进行管理。GeoMedia 是数据仓库技术的GIS 平台,利用空间数据仓库形象化地展示空间数据的全方位关系,这种关系是分布式 GIS 计算的基础,基于这些关系的算法便于建立地理空间目标的自动综合。空间数据仓库通过工业标准数据库对空间数据和属性数据进行统一动态的管理,还可以实现多进程、多线程、内存缓冲、快速索引以及数据的完整性、一致性、分布性、并发控制、安全与恢复等特性。GeoMedia 内嵌关系数据库引擎,可对 Oracle、SQL Server、Access 等专业数据库直接进行数据读写,不需要中间件。此外,GeoMedia 还可把空间数据和属性数据放在数据库的同一记录,进行统一管理,这个特点为建库和数据更新提供了可靠、高效的数据管理措施。GeoMedia 还实现了多源数据的无缝集成,可以将 Arc/Info、ArcView、MGE、MapInfo、CAD(包括 AutoCAD 和 Mi-croStation)、Access、Oracle、SQL Server 等多个 GIS 数据源的数据,无须任何转换地置于一个统一的系统中,并能输出成其他 GIS 平台的数据格式。这种新型的 GIS 软件还可以同时把几种不同格式的数据集成在一个坐标系中进行分析,就像在处理同一种数据。同时,查询、分析等操作结果与原始数据库动态连接,以便对分析的结果进行再分析。

系统采用的数据类型或协议包括：

XML　Web 服务的响应结果。

AMF3　Action Message Format 3,压缩的二进制编码格式,具有极高的网络传输效率。可在 Java 服务器和 Flash 客户端之间高效地传递数据。

HTML　超文本标记语言,标准的 Web 页面。

RTMP　Real Time Messaging Protocol,实时消息协议数据,视频和音频流数据。

FTP 协议　网络文件传输协议,用来传递知识库内容、3D 模型数据等。

8.1.4　系统总体架构

1. 总体架构

通过系统的需求分析,系统架构需要达到的基本要求如下:

① 需要与各种类型的外围系统进行数据交互,包括水雨情、气象、闸门控制、安防和各类传感器系统等。

② 系统部署涉及多级水库大坝管理单位。

③ 每个层级中包括多个用户类型,如决策分析类用户、调度执行类用户和现场操作类用户。

④ 需向同级的政府部门提供数据或应用服务。

⑤ 需要提供数据或应用服务给本级的其他应用系统。

⑥ 支持在不同应用间或不同系统间快速同步数据(准实时数据)。此类数据类型包括事件、任务、重要消息等,如上级单位发给下级的调度指令性的任务、上级订阅的重要类型消息等。

⑦ 支持在不同应用间或不同系统间异步数据传输(非实时数据),包含的数据类型有知识信息、计算结果和地图 Web 服务等。

⑧ 支持消息生成和订阅。系统内部传递的消息可由多个子模块生成,通过设定订阅规则,被各个子模块来消费。系统中的任务、事件以及传感器数据的分析结果均可作为消息在系统内流转,图 8.1.2 为系统消息来源示意图。

针对以上需求,结合信息技术发展趋势和应用成熟度,水库大坝管理信息化系统采用先进的分布式面向服务架构(service-oriented architecture,SOA)进行系统设计,以满足水库大坝管理信息化系统紧密和松散耦合要求,并配以合理的网络结构及硬件部署,提高系统的可扩展性和灵活性。通过 SOA 架构,实现水库大坝管理信息化系统与其他业务子系统的整合互通,可极大地节省系统整合交互成本。通过 SOA 架构也能够简化与将来新上线系统的对接整合,提高系统的实用性、可扩展性。

基于 SOA 思想的系统架构模式具备提供云计算支持的能力,可为水库大坝管理信息化系统后续扩展到云计算环境奠定技术基础。

根据 SOA 架构模式,水库大坝管理信息化系统采用多层架构体系,见图 8.1.3。

系统总体架构设计自下而上分为三层:数据管理层、应用支撑层、应用层,分别简述如下。

数据管理层包括数据存储系统、数据备份系统、数据管理系统以及基础地理数据库、水雨情库、大坝安全信息数据库等数据库以及数据汇集平台,并提供水雨情实时监测信息的汇集、历史洪水信息汇集,气象云图、雷达图、洪水风险图、社会经济情况等相关信息接入交换功能。

应用支撑层是整个系统建设核心,基于底层数据库连接资源管理平台,是连接数据资源管

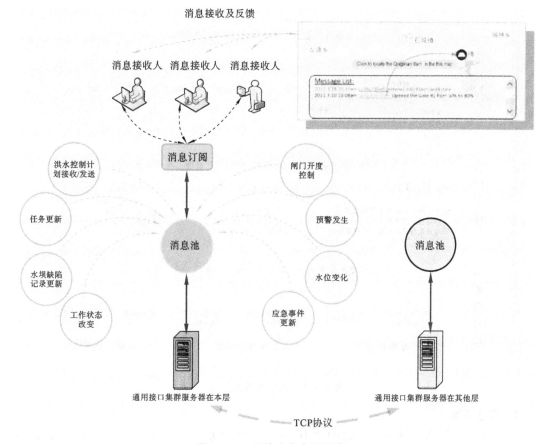

图 8.1.2 系统消息来源示意图

理平台和应用系统的桥梁。通过业务中间件、Web 服务、数据总线、消息总线等技术来实现数据的共享、处理与分析,并对各个子系统及各层级应用提供业务功能的 Web 服务接口。水库大坝管理信息化系统中的应用支撑层主要提供大坝和水库专业计算模型、大坝安全和风险分析模型以及大坝洪水调度和应急模型服务。

应用层是用户直接使用的与业务有关的各子系统或功能模块集合,应用层包括大坝安全监测及水雨情、日常运行管理、大坝安全评价、风险评估与预警、信息发布等功能。

2. 安全与保障环境

1) 安全环境

安全环境是指政务内网涉密信息系统信息保密防护措施和政务外网非涉密信息系统的信息安全保护措施,具体要求如下:

① 形成统一的安全技术标准和管理体系,规范信息系统的信息安全建设与管理。

② 建成完备的政务外网安全技术体系和统一的安全管理中心,达到云安全服务能力,使相关单位的重要信息系统具备抵御大规模、较强恶意攻击的能力。

③ 进一步完善政务内网安全保密防护措施,加强物理安全、运行安全、信息保密安全等管理,达到国家保密防护要求。

④ 建设同城异地灾备中心,实现生产业务系统的实时保护,实现应用级灾备保护和故障切换。

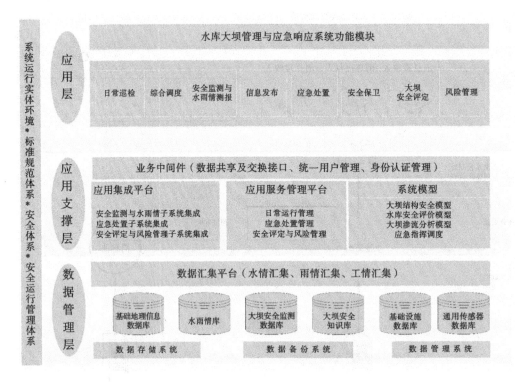

图 8.1.3　系统总体架构图

2）应急环境

应急环境是提高应对突发事件的能力，维护水利业务正常运行的基本保障。通过事前制订应急预案、事中应急响应、事后应急评价以及相应的人力、物力等应急准备，构建应急环境。

在面对影响到水利工程及其周边社会经济、人民生命安全的突发事件（如洪水、地震、泥石流等）时，实现市局、区县、现地管理单位等层级间纵向指挥响应，通过各层级内不同部门间横向协作的一体化平台，实现从应急准备、应急响应到应急恢复各个阶段对潜在险情、突发事件进行应急处置的全过程管理。

3）保障环境

保障环境建设以形成健全的组织管理体系、完善的政策制度措施、统一的标准规范体系、畅通的资金投入渠道、精干的信息化人才队伍为目标，多措并举，落实顶层设计的指导，保障信息化项目顺利实施，建立良好的水利信息化保障环境，全面提升水利信息化水平。

保障环境是水利信息化整体全面推进的基本保证，由组织保障、制度保障、标准规范保障构成。

（1）组织保障

理顺管理体制，落实管理责任，逐步将管理信息化纳入水行政管理日常轨道，实现管理信息化正规化和制度化，建成责任明晰、分工合理、运转高效的管理信息化组织体系和分工合作、责任明确的信息化协作机制。

（2）制度保障

根据信息化发展需要，以制度管理、规范程序为原则，将信息化建设管理和运行管理与相关政策、制度的建设紧密结合起来,不断研究、制定和落实与信息化发展需要相适应的政策、制度,切实保障信息化顶层设计的有力执行,使信息化建设有章可循,实现资源整合与共享有成效、立项与建设管理有次序、验收与评价考核有依据、经费投入与运行维护有保障、管理与技术人才有储备的管理信息化制度体系。

(3) 标准规范保障

统一信息化技术标准,提高信息资源开发利用效率,实现信息系统的互联互通、信息资源的共享利用、不同部门的业务协同。由信息中心牵头,组织相关单位,从满足信息化建设技术标准需求出发,明确信息化所遵循的国家或水利行业标准,在国家和水利信息化标准体系的框架内,结合信息化工作的特点,确定其信息化标准的分类、结构和层次,制定相应的标准规范,形成较为完备、科学、系统、开放的信息化标准体系,实现信息化建设标准化、规范化。

8.1.5　系统特点

系统旨在将信息化技术有机地运用到水库大坝安全管理流程中,因此其应具备以下特点:

① 功能覆盖水库大坝全面的管理业务,包括安全监测、水雨情、调度管理、大坝安全评估与应急响应管理、日常管理等。

② 系统定位服务于我国水库大坝多层级管理体系,支持根据各层级的实际业务进行自定义功能部署,其中管理层级包括水库大坝现场机构、区域管理机构、流域管理机构等,各层级互联互通。

③ 支持集成不同厂商的新旧监测设备,包括传感器、控制器和智能视频监控设备等,并提供 TCP、UDP、HTTP 等通信协议,对各类监测数据进行汇合与交换。

④ 支持移动终端巡视检查,可采用图片、视频多种方式进行巡检结果记录;支持对巡检执行过程的 GPS 跟踪,确保按时、按路线巡检等。

⑤ 支持针对单个水库或多个水库组合的综合调度;调度结果可利用三维仿真技术进行动态直观的展示。

⑥ 提供基于影像图以及三维水库大坝模型进行可视化的实时在线监测、展示;具备监测数据异常数据处理、时序分析、相关分析等离线分析功能。

⑦ 系统具备自动向各级管理机构、用户和公众发布应急预警信息以及水雨情监测数据等功能。

⑧ 支持基于实时态势图进行突发事件应急处置的全过程管理,包括应急信息的多手段获取、传输,应急资源及队伍的调度与跟踪,应急信息共享与交互,以及应急处置报告的自动生成;支持基于虚拟事件的日常应急演练。

⑨ 具有自备通信、供电、传感器的移动监测采集设备,用于突发事件发生时水库大坝监测信息的采集。

⑩ 支持采用多种检测手段,对大坝工程区域重点部位和大坝周界做好安全防范布控,及时发现和处置未经授权的进入行为。

⑪ 具备大坝结构分析、渗流安全分析等专业安全评估功能,分析大坝的安全状态。

⑫ 支持以风险度量为理念的事前管理机制,实现基于风险标准、风险识别、评估、处置的全过程管理。

⑬ 采用面向服务的系统架构,能灵活适应水库大坝管理业务需求的变化以及扩展。

8.2 数据库设计与建设

8.2.1 数据存储逻辑划分

水库大坝管理信息化体系的数据存储逻辑上可以分为两类:数据库、分布式文件系统。数据存储逻辑结构见图 8.2.1。

图 8.2.1 数据存储逻辑结构图

1. 数据库

数据库包括基础数据库、专题数据库和管理数据库,数据库整体结构见图 8.2.2。

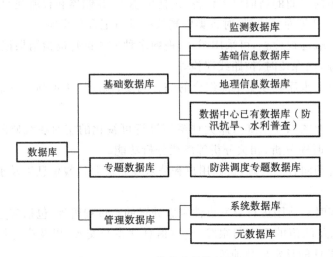

图 8.2.2 数据库整体结构

（1）基础数据库

基础数据库是整个数据中心基础数据库的一部分,汇集存储了新建采集点的实时监测数据、服务于防汛管理信息化体系所有业务系统的基础数据以及从原有监测系统汇集的数据。基础数据库包括水雨情监测数据库、工情监测数据库、视频数据库等监测数据,水文气象基础数据库、社会经济数据库等基础信息数据,基础地理数据库、水利基础地理数据库、三维数据库等地理信息数据,防汛抗旱数据库、水利普查数据库等原有数据库。

基础数据库通过数据视图映射到专题数据库中。

（2）专题数据库

专题数据库是指各完整支持业务系统的结构化数据的数据库，用于存储支持的业务数据，由从基础数据库中映射的数据视图和自身业务需要建设的数据库表构成。专题数据库在逻辑上相互独立，在物理上与基础数据库、管理数据库统一存储在数据中心的数据库中。

专题数据库与业务系统通过一般数据服务进行数据访问、交互与更新。

（3）管理数据库

管理数据库包括元数据库和系统数据库，是所有数据的说明以及系统数据，包含对数据库表、字段的描述，涉及业务数据的数据字典信息，系统功能权限定义以及用户信息。

2．分布式文件系统

分布式文件系统存储历史监测数据、视频数据以及文件数据。

（1）历史监测数据

专题数据库中的历史监测数据通过 ETL 工具进行数据抽取、转换和加载存储在分布式文件系统中。历史监测数据通过大数据分析服务供业务系统进行大数据分析处理。

（2）视频数据

分布式文件系统存储视频数据，通过视频服务供业务系统进行视频的查询和回放。

（3）文件数据

分布式文件系统存储业务系统中的文件数据，通过文件服务供业务系统进行文件上传、下载和浏览。

8.2.2　数据库设计架构

在充分利用国家和水利部现行相关的数据库表结构及标识符标准的基础上，系统数据库的设计应满足水库大坝管理信息化各业务应用开发需求，并适应多种不同的用户层级需求。系统的数据库主要有：

① 基础数据库。

② 知识库。

③ 大坝安全综合评价库。

④ 模型方法库。

⑤ 公共信息库。

⑥ 辅助管理库。

水库大坝管理信息化系统数据库设计架构见图 8.2.3。

8.2.3　基础数据库

1．基础数据库来源

基础数据库除了包括数据中心已有的数据外，新增数据的来源包括从原有系统抽取的数据、收集整编的数据。基础数据库的数据来源见图 8.2.4。

2．基础数据库划分

基础数据库包括水雨情监测数据库、工情监测数据库、视频数据库、水文气象基础数据库、社会经济数据库、基础地理数据库、水利基础地理数据库、三维数据库、防汛抗旱数据库、水利普查数据库等。

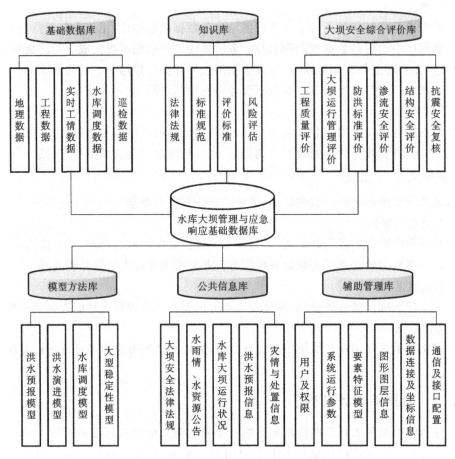

图 8.2.3　水库大坝管理信息化系统数据库设计架构

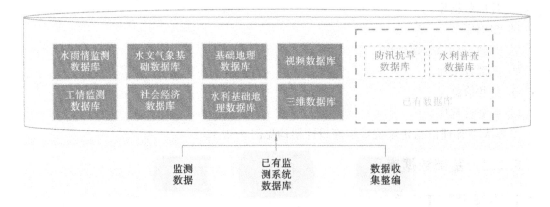

图 8.2.4　基础数据库的数据来源

1）水雨情监测数据库

水雨情监测数据包括测站的实时雨量信息、实时水情信息和实时蒸发信息。

2）工情监测数据库

工情监测数据主要包括水库运行状态以及闸门启闭状态监控数据，同时，包括监测大坝安全的渗流量、渗流压力水位、表面垂直位移、表面水平位移等监测数据。

3）视频数据库

视频数据包括视频采集的视频监测点数据以及视频存储的文件路径信息。视频数据来源于新建采集点的视频监控数据。

4）水文气象基础数据库

水文气象基础数据包括基础水文站网数据以及气象云图数据。水文气象基础数据来源于原有系统的基础数据以及收集整编的数据。

5）社会经济数据库

社会经济数据包括经济、社会、人口、科技和环境资源等基础性信息。社会经济数据来源于新录入的数据、原有系统的数据以及收集整编的数据。

6）基础地理数据库

基础地理数据包括 DLG、DEM、DOM。系统将按照统一的框架标准体系组织基础地理数据，并在数据库中按照分类分层组织。

系统的基础地理数据分层体系参照因素包括数据的类别（DLG/DEM/DOM）、比例尺。图层划分及分层分类编码主要参照国家及行业有关规定和约定进行，其中 1∶250000 地形数据作为基础底图。基础地理数据的分层组织见图 8.2.5。

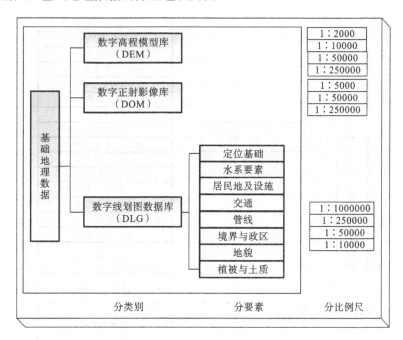

图 8.2.5　基础地理数据的分层组织

（1）数字线划图（DLG）

以矢量数据结构（DLG）描述的水系、居民地、交通及附属设施、地貌、境界政区等要素除了起基础定位作用之外，还可以进行长度、面积量算和各种空间分析，如缓冲区分析、图形叠加分析、栅格矢量图形叠加显示。数字线划图数据采用水平分区垂直分层的方式组织，根据国家标准对空间要素进行分层分类编码。数字线划图数据根据几何特征不同分为点、线、面三种，注记类要素以点要素表达。

（2）数字高程模型（DEM）

数字高程模型用一组有序数值阵列描述地面高程信息，正方形格网的 DEM 是最常用的一种,其水平间隔应随地貌类型的不同而改变。数字高程模型可作为工程建设土方量计算、通视分析、汇水区分析、水系网络分析、降雨分析、蓄洪计算、淹没分析等各类空间分析的基础,也可与影像数据集成形成三维地形场景。

数字高程模型数据根据年份及比例尺的不同建立不同的数据集进行管理。同一数据集中高程模型数据根据行政区范围不同分成不同数据块进行存储。

（3）数字正射影像（DOM）

数字正射影像是利用数字高程模型对扫描处理的数字化航空相片/遥感影像,经正射纠正和影像镶嵌,根据场景范围剪裁生成的影像数据。数字正射影像数据可以作为基础地理数据和各类专题数据采集的源数据,也可作为地理纹理,通过和 DEM 结合构建三维场景,为实现各种业务应用提供三维可视化服务。

数字正射影像数据根据年份及比例尺的不同建立不同的数据集进行管理。同一数据集中正射影像数据根据行政区范围不同分成不同数据块进行存储。

7）水利基础地理数据库

水利基础地理数据包括:水利普查地理数据和监测站点地理数据。水利基础地理数据分层组织见图 8.2.6。

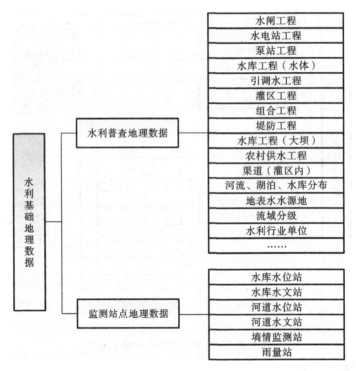

图 8.2.6　水利基础地理数据分层组织

8）三维数据库

三维数据库由三维地形模型和三维建筑物模型组成,见图 8.2.7。

三维地形模型是指由 DEM 和 DOM 叠加后生成的三维地形场景数据,是实现交互式三维浏览、查询的基础。

三维建筑物模型是指通过 AutoCAD 与 3Dmax 等流行的建模软件建立的三维模型。这种模型可以表现水利工程的外部及内部的真实细节。模型建立后,将其嵌入态势图的三维场

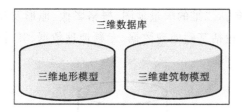

图 8.2.7 三维数据库构成图

景中,结合水利工程的属性信息,可以实现水利工程对象的三维立体浏览和信息查询。

水利基础地理数据分层见表 8.2.1。

表 8.2.1 水利基础地理数据分层表

图 层 名	名 称	几 何 类 型
一、水利普查地理数据		
GEO_BAS_1st_5	一级流域	面
GEO_BAS_2nd_5	二级流域	面
GEO_BAS_3rd_5	三级流域	面
GEO_BAS_4th_5	四级流域	面
GEO_BAS_5th_5	五级流域	面
GEO_BAS_6th_5	六级流域	面
GEO_BAS_7th_5	七级流域	面
GEO_WB_EDGE_5	河流、湖泊、水库	面
GEO_WB_LAKE_5	湖泊	面
GEO_WB_LINE_5	水系轴线	线
GEO_HYDR_CORP_5	水利行业单位	点
GEO_IND_DAM_5	水库工程(大坝)	线
GEO_IND_DIKE_5	堤防工程	线
GEO_IND_DL_5	坝地、谷坊	点
GEO_IND_GATE_5	水闸工程	点
GEO_IND_DAM_5	水库工程(大坝)	点
GEO_IND_POWER_5	水电站工程	点
GEO_IND_PUMP_5	泵站工程	点
GEO_IND_RSRV_5	水库工程(水体)	面
GEO_SYST_CH_5	组合工程	点
GEO_SYST_IRR_5	灌区工程	点
GEO_SYST_TR_5	引调水工程	点
二、监测站点地理数据		
水库水位站		点
水库水文站		点
河道水位站		点
河道水文站		点

地理数据的表现形式包括二维的矢量地图、栅格影像、地形及建筑物等的三维场景、视频等。从组成上看,地理数据包括基础地理数据、专题地理数据、3D 模型数据、视频数据。地理数据的分类及组成见图 8.2.8。

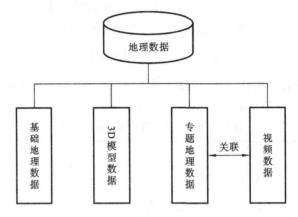

图 8.2.8　地理数据的分类及组成

其中,基础地理数据起基础定位作用。基础地理数据以二维、三维地图提供定位支持,在此基础上加载专题地理数据形成专题地图。专题属性数据通过关联与空间要素联系,见图8.2.9。

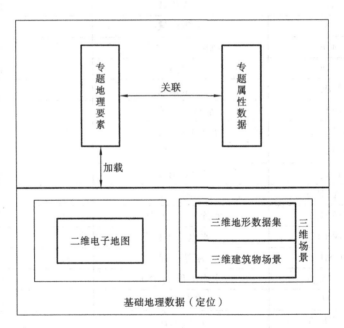

图 8.2.9　基于二维、三维基础地理数据的数据之间的逻辑关系

地理数据的管理是以图层为核心的。无论是基础地理数据还是专题地理数据,都是由一系列图层构成,每个图层的几何字段和属性字段都遵守基本的国家标准。地理数据的分层组织见图 8.2.10。

每种类型的地理数据项,如 1∶250000 地图、交通专题图等,都有国家标准的图层定义规范,包括基本的要素分类编码、基本属性字段、属性字段中枚举值、几何类型等。下面分别对基

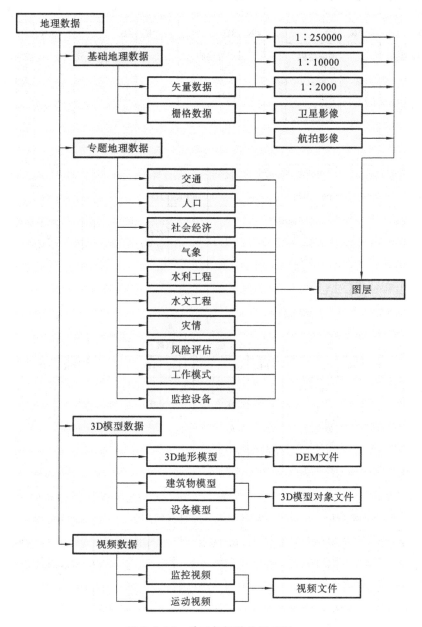

图 8.2.10　地理数据的分层组织

础地理数据项及各个专题地理数据项的图层定义规范做出详细说明。

（1）基础地理数据实体图层

基础地理数据依据国家标准，共 18 个图层，每个图层有标准的字段及字段规范，每个图层的对象都有国标编码字段（GB）。基础地理数据有多种比例尺的格式，如 1：250000、1：10000、1：2000、1：500 等，每个比例尺的基础数据，其图层规范基本一致。系统可以灵活增加不同比例尺的基础数据，见图 8.2.11。

（2）交通专题实体图层

交通专题实体图层见图 8.2.12。

测量控制点

PK	ID
	国标编码
	点名
	点号
	等级
	高程
	比高
	点几何

水系（面）

PK	ID
	国标编码
	名称
	高程
	水质
	面几何

水系（点、线）

PK	ID
	国标编码
	名称
	高程
	比高
	点几何
	线几何

管线（点、线）

PK	ID
	国标编码
	名称
	电压
	比高
	备注
	点几何
	线几何

影像图层

PK	ID
	图幅编号
	名称
	左上角经度
	左上角纬度
	宽度
	高度
	分辨率
	栅格图

居民地及设施（面）

PK	ID
	国标编码
	名称
	类型
	层数
	材质
	面几何

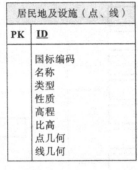

居民地及设施（点、线）

PK	ID
	国标编码
	名称
	类型
	性质
	高程
	比高
	点几何
	线几何

境界与政区（面）

PK	ID
	国标编码
	名称
	面几何

境界与政区（线）

PK	ID
	国标编码
	编号
	类型
	线几何

交通（面）

PK	ID
	国标编码
	名称
	编号
	等级
	铺设材料
	宽度
	面几何

交通（线）

PK	ID
	国标编码
	名称
	编号
	等级
	铺设材料
	宽度
	线几何

交通（点）

PK	ID
	国标编码
	名称
	类型
	高程
	比高
	点几何

植被与土质（面）

PK	ID
	国标编码
	面几何

植被与土质（点、线）

PK	ID
	国标编码
	点几何
	线几何

地貌（面）

PK	ID
	国标编码
	名称
	高程
	比高
	深度
	面几何

地貌（点、线）

PK	ID
	国标编码
	名称
	高程
	比高
	类型
	点几何
	线几何

图廓

PK	ID
	国标编码
	经度
	纬度
	边框线几何

注记

PK	ID
	国标编码
	注记内容
	字体
	颜色
	大小
	文本几何

辅助制图

PK	ID
	国标编码
	备注

图 8.2.11　基础地理数据图层实体

（3）气象专题实体图层

在大坝管理中，人们比较关心的是区域内的降水量，包括历史降水量、实时降水量，如某年的累计降水量分布、某年的月平均降水量分布、某月的累计降水量分布、72/48/24 小时内的降水量分布等。降水量的分布图通常用降水量等值线图来表示，对降水量进行分层设色，生成降水量分层设色图。气象专题实体图层见图 8.2.13。

统计时间段：指统计降水量的时间范围，如某年、某月、2011 年 3 月 9 日 08 时前 48 小时。

统计方法：分平均值和累计值两种。

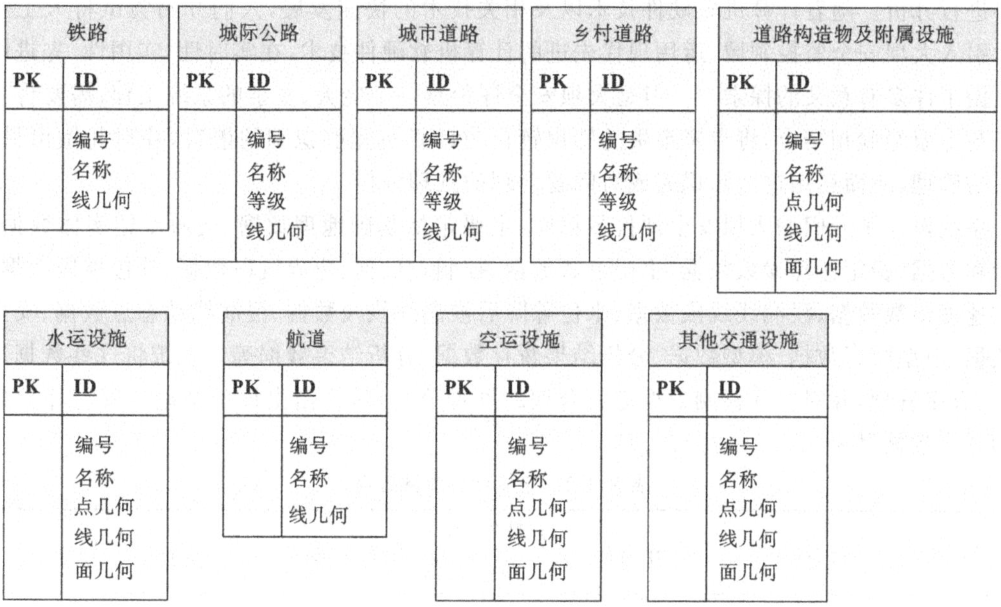

铁路	
PK	**ID**
	编号 名称 线几何

城际公路	
PK	**ID**
	编号 名称 等级 线几何

城市道路	
PK	**ID**
	编号 名称 等级 线几何

乡村道路	
PK	**ID**
	编号 名称 等级 线几何

道路构造物及附属设施	
PK	**ID**
	编号 名称 点几何 线几何 面几何

水运设施	
PK	**ID**
	编号 名称 点几何 线几何 面几何

航道	
PK	**ID**
	编号 名称 线几何

空运设施	
PK	**ID**
	编号 名称 点几何 线几何 面几何

其他交通设施	
PK	**ID**
	编号 名称 点几何 线几何 面几何

图 8.2.12　交通专题实体图层

降水量:浮点型的降水量值。

降水量等值线:为线几何字段,每条线对应一个降水量值。

降水量等值面:为面几何字段,每个面对象对应一个降水量值。

降水量图:为已经生成的降水量图,是一张栅格图像。

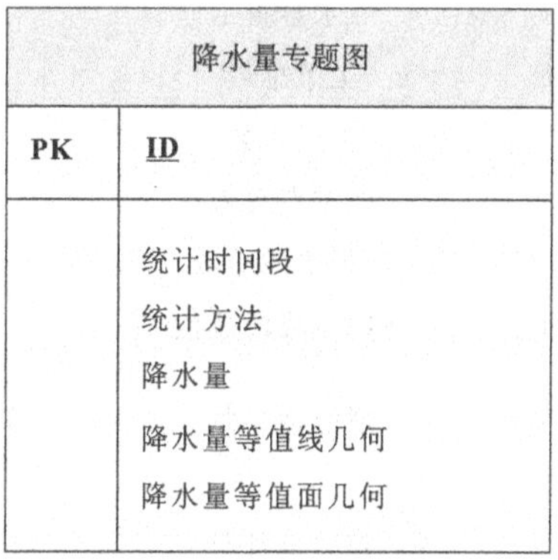

降水量专题图	
PK	**ID**
	统计时间段 统计方法 降水量 降水量等值线几何 降水量等值面几何

图 8.2.13　气象专题实体图层

8.2.4　知识数据库

大坝管理信息化系统实质上是一种知识系统,知识处理不仅涉及大量的工程安全监测数据,而且涉及很多与大坝安全相关的规章制度、法规、条例、评价标准以及专家的经验性知识。如何运用人工智能技术,通过先进的计算机工具,对大量的知识进行有效的存储、管理和利用,已成为开发智能型大坝安全监控系统的"瓶颈"[1]。目前已有很多相关文献对大坝安全监控知识库系统进行了较系统的研究[2-4]。

为了较好地实现水库大坝安全管理系统的管理信息化功能,系统设计了比较完善的知识库,主要包括知识的表示、知识的获取、知识的推理以及知识的管理四大部分。知识库中存放大坝安全相关规章制度、法规以及评价标准等知识的数据库,采用结构化的存储方式存放各种类型的数据,通过关键字搜索相关资料,提供给各层级系统人员。

8.2.5　大坝安全评价数据库

在水库大坝管理信息化系统中,对大坝进行实时安全监控是必不可少的。以前多是采用数学手段,通过对大坝物理模型的简化处理来建立数学模型,然后利用数学模型对大坝的实测资料进行分析。随着计算机软硬件技术以及相关技术的快速发展，人们开始尝试将人工智能技术引入大坝安全监控领域，运用现代先进的计算机软硬件技术，在实时性、实用性、先进性等方面做了许多有意义的探索[5]。但是大坝安全评价是一个庞大、复杂的系统工程，需要将数学模型与专家经验相结合，将专家宝贵的知识转化为计算机能够识别的语言，并对此做出科学、有序的管理，从而运用这些知识完成对问题合理的推理分析。

系统设计了专门的大坝安全评价数据库，主要包括基础地理数据、交通专题实体数据、气象专题数据、稳定计算参数数据、土层参数数据、控制点数据、边界线段数据、外边坡段数据、地震加速度系数数据、浸润线线段数据、水位骤降后浸润线线段数据、浸润线动态点数据、安全指标数据、模型暂存数据、模型数据、分析结果暂存数据、分析结果数据等。系统将这些数据进行科学、有序管理，并对实际检测数据进行合理的推理分析，最终给出评价结论。安全评价数据库的各类数据见表 8.2.2～表 8.2.15。

表 8.2.2　稳定计算参数数据

序号	字段名	标识符	类型及长度	有无空值	单位	主键	备　注
1	水工建筑物编码	HYCNCD	C(13)	N		1	
2	桩号	CH	VC(8)	N		2	
3	水容重	RW	N(6,3)	N			
4	土条总数	NS	N(3)	N			N＝NS+1
5	土层总数	INI	N(3)	N			IN 为 Oracle 关键字
6	控制点总数	NN	N(4)	N			
7	边界线段总数	IN1	N(3)	N			
8	外边坡线段总数	LSL	N(3)	N			
9	滑裂面形状	ID_C	N(1)	N			0:任意形状(缺省值) 1:圆弧
10	拉力缝计算	IWR5	N(1)	N			0:无(缺省值) 1:有
11	拉力缝底 Y 坐标	YTENSION	N(8,3)	N	m		缺省值为 0
12	坡外水位 Y 坐标	UWL	N(8,3)	N	m		缺省值为 0
13	水位骤降后坡外水位 Y 坐标	UWL1	N(8,3)	N	m		缺省值为 0
14	地震烈度	IQUA	N(2)	N			＝0:无地震 ＝7,8,9:输入的地震烈度 ＜0:水平地震加速度沿高程输入 ＝−2:需输入 2 个方向(缺省值)
15	坝底高程	HBAS	N(7,3)	N	m		
16	坝高	HBO	N(7,3)	N	m		
17	垂直地震力方向	IDIR	N(1)	N			0:向上(缺省值) 1:向下
18	地震加速度系数总数	LQH	N(3)	N			缺省值为 0
19	浸润线线段总数	IPH	N(3)	N			缺省值为 0

续表

序号	字段名	标识符	类型及长度	有无空值	单位	主键	备注
20	水位骤降后浸润线线段总数	IPH1	N(3)	N			缺省值为 0
21	平均坡度	ASP	N(8,4)	N	(°)		<0：罗厄法 >=0：工程师团法，缺省值为 0
22	优化方法	LL2	N(1)	N			0：枚举法（网格法）（缺省值） 1：两个自由度搜索 2：三个自由度搜索
23	圆弧布置方式	LL0	N(1)	N			0：圆心、滑弧深度（缺省值） 1：上下交点 2：上（下）交点和滑弧深度
24	上游圆心 X 坐标	UPCCX	N(8,3)	N			
25	上游圆心 Y 坐标	UPCCY	N(8,3)	N			
26	上游滑弧深度	UPCCD	N(8,3)	N			−1000：不分析
27	下游圆心 X 坐标	DWCCX	N(8,3)	N			
28	下游圆心 Y 坐标	DWCCY	N(8,3)	N			
29	下游滑弧深度	DWCCD	N(8,3)	N			−1000：不分析
30	网格在 X 方向延伸格数	NGRIX	N(3)	N			
31	网格在 X 方向上步长	BCX	N(6,3)	N			
32	网格在 Y 方向延伸格数	NGRIY	N(3)	N			
33	网格在 Y 方向上步长	BCY	N(6,3)	N			
34	网格滑弧深度延伸格数	NGRID	N(3)	N			
35	网格在滑弧方向上步长	BCD	N(6,3)	N			
36	备注	RM	VC(200)				

表 8.2.3　土层参数数据

序号	字段名	标识符	类型及长度	有无空值	单位	主键	备注
1	水工建筑物编码	HYCNCD	C(13)	N		1	
2	桩号	CH	VC(8)	N		2	
3	土层编号	SLSN	N(3)	N		3	
4	土层名称	SLNM	VC(50)				
5	摩擦角	PF	N(8,3)	N			
6	黏聚力	PC	N(8,3)	N			
7	非线性指标 A	PF1	N(8,3)	N			缺省值为 0

序号	字段名	标识符	类型及长度	有无空值	单位	主键	备　注
8	非线性指标 B	PC1	N(8,3)	N			缺省值为 0
9	天然容重	PDW	N(8,3)	N			
10	饱和容重	PDS	N(8,3)	N	(°)		
11	孔隙水压力处理方式	LRU	N(2)	N			0:静态分布、较平缓,简化处理(缺省值) 1:非静态分布,输入网络、内插 —1:输入孔隙水压力系数
12	孔隙水压力系数	RUS	N(8,3)	N			
13	浸润线选用	CPHS	N(1)	N			0:实测(缺省值) 1:人工置入
14	备注	RM	VC(200)				

表 8.2.4　控制点数据

序号	字段名	标识符	类型及长度	有无空值	单位	主键	备　注
1	水工建筑物编码	HYCNCD	C(13)	N		1	
2	桩号	CH	VC(8)	N		2	
3	点号	PTNUM	N(4)	N		3	
4	X 坐标	XN	N(8,3)	N			
5	Y 坐标	YN	N(8,3)	N			

表 8.2.5　边界线段数据表

序号	字段名	标识符	类型及长度	有无空值	单位	主键	备　注
1	水工建筑物编码	HYCNCD	C(13)	N		1	
2	桩号	CH	VC(8)	N		2	
3	线段号	LNNUM	N(3)	N		3	
4	点号 1	IC1	N(4)	N			
5	点号 2	IC2	N(4)	N			
6	下卧土层编号	IC3	N(4)	N			

表 8.2.6　外边坡线段数据

序号	字段名	标识符	类型及长度	有无空值	单位	主键	备　注
1	水工建筑物编码	HYCNCD	C(13)	N		1	
2	桩号	CH	VC(8)	N		2	
3	外边坡线段序号	LSLNUM	N(3)	N		3	
4	外边坡线段号	LNUM	N(3)	N			

表 8.2.7　地震加速度系数数据

序号	字段名	标识符	类型及长度	有无空值	单位	主键	备　注
1	水工建筑物编码	HYCNCD	C(13)	N		1	
2	桩号	CH	VC(8)	N		2	
3	转折点 Y 坐标	CYE	N(7,3)	N		3	
4	水平地震加速度系数	COE	N(8,5)	N			
5	垂直地震加速度系数	VOE	N(8,5)	N			

表 8.2.8　浸润线线段数据

序号	字段名	标识符	类型及长度	有无空值	单位	主键	备　注
1	水工建筑物编码	HYCNCD	C(13)	N		1	
2	桩号	CH	VC(8)	N		2	
3	线段号	ICPHNUM	N(3)	N		3	
4	点号 1	ICPH1	N(4)	N			
5	点号 2	ICPH2	N(4)	N			
6	下卧土层编号	ICPH3	N(4)	N			

表 8.2.9　水位骤降后浸润线线段数据

序号	字段名	标识符	类型及长度	有无空值	单位	主键	备　注
1	水工建筑物编码	HYCNCD	C(13)	N		1	
2	桩号	CH	VC(8)	N		2	
3	线段号	CHP1NUM	N(3)	N		3	
4	点号 1	CPH11	N(4)	N			
5	点号 2	CPH12	N(4)	N			
6	下卧土层编号	CPH13	N(4)	N			

表 8.2.10　浸润线动态点数据

序号	字段名	标识符	类型及长度	有无空值	单位	主键	备　注
1	水工建筑物编码	HYCNCD	C(13)	N		1	
2	桩号	CH	VC(8)	N		2	
3	点号	PTNUM	N(3)	N		3	
4	点类型	PTTP	N(1)	N			一1:上游水位 0:渗流压力 1:下游水位
5	测点编号	MPCD	VC(10)	N			

表 8.2.11 安全指标数据

序号	字段名	标识符	类型及长度	有无空值	单位	主键	备 注
1	指标类型	INTP	C(3)	N		1	001:渗流压力水位变化允许范围 002:渗流压力水位正常值范围 003:渗流量变化允许范围 004:渗流量正常值范围 101:沉降率允许值 102:沉降速率允许值 103:纵向倾度允许值 104:纵向拉应变允许值 105:水平位移变化速率允许值 106:上游坡稳定期瑞典法安全系数允许值 107:上游坡稳定期毕肖普法安全系数允许值 108:下游坡稳定期瑞典法安全系数允许值 109:下游坡稳定期毕肖普法安全系数允许值 110:上游坡非稳定期瑞典法安全系数允许值 111:上游坡非稳定期毕肖普法安全系数允许值 112:浸润线允许值 113:渗透坡降允许值
2	水工建筑物编号	HYCNCD	C(13)	N		2	
3	测点编号/断面	MPCDCHNG	VC(10)	N		3	
4	测点编号 1	MPCD1	VC(10)				
5	测点编号 2	MPCD2	VC(10)				
6	最大允许值	MAXALVL	N(12,6)				
7	最小允许值	MINALVL	N(12,6)				
8	备注	RM	VC(200)				

表 8.2.12 模型暂存数据

序号	字段名	标识符	类型及长度	有无空值	单位	主键	备 注
1	水工建筑物编号	HYCNCD	C(13)	N		1	
2	测点编号	MPCD	VC(8)	N		2	
3	模型类别	MDTP	C(2)	N		3	01~07:对应于垂直位移 7 个非线性统计模型 08:水平位移统计模型 09:渗流压力和渗流量多元逐步回归统计模型 10:一元线性统计模型
4	开始时间	BGTM	Date	N			
5	结束时间	ENTM	Date	N			
6	模型参数 00	MDPR00	N(18,9)				
7	模型参数 01	MDPR01	N(18,9)				
8	模型参数 02	MDPR02	N(18,9)				

续表

序号	字段名	标识符	类型及长度	有无空值	单位	主键	备注
9	模型参数 03	MDPR03	N(18,9)				
10	模型参数 04	MDPR04	N(18,9)				
11	模型参数 05	MDPR05	N(18,9)				
12	模型参数 06	MDPR06	N(18,9)				
13	模型参数 07	MDPR07	N(18,9)				
14	模型参数 08	MDPR08	N(18,9)				
15	模型参数 09	MDPR09	N(18,9)				
16	模型参数 10	MDPR10	N(18,9)				
17	模型参数 11	MDPR11	N(18,9)				
18	模型参数 12	MDPR12	N(18,9)				
19	模型参数 13	MDPR13	N(18,9)				
20	模型参数 14	MDPR14	N(18,9)				
21	模型参数 15	MDPR15	N(18,9)				
22	模型参数 16	MDPR16	N(18,9)				
23	模型参数 17	MDPR17	N(18,9)				
24	模型参数 18	MDPR18	N(18,9)				
25	模型参数 19	MDPR19	N(18,9)				
26	相关系数	CRCF	N(6,5)				
27	模型标准差	MDSTDV	N(18,9)				
28	F 检验值	FTSVL	N(12,5)				
29	模型评价	MDEV	VC(40)				
30	漏测沉降量	MSST	N(7,2)		m		
31	滞后时间	DLTM	N(3)		d		
32	启用统计模型	USMD	N(1)				0:不启用(缺省值) 1:启用
33	启用漏测沉降量	USMSST	N(1)				0:不启用(缺省值) 1:启用
34	启用滞后时间	USDLTM	N(1)				0:不启用(缺省值) 1:启用
35	分析时间	ANTM	Date				
36	备注	RM	VC(500)				

表 8.2.13　模型数据

序号	字段名	标识符	类型及长度	有无空值	单位	主键	备　注
1	水工建筑物编号	HYCNCD	C(13)	N		1	
2	测点编号	MPCD	VC(8)	N		2	
3	模型类别	MDTP	C(2)	N		3	01~07:对应于垂直位移 7 个非线性统计模型 08:水平位移统计模型 09:渗流压力和渗流量多元逐步回归统计模型 10:一元线性统计模型
4	开始时间	BGTM	Date	N			
5	结束时间	ENTM	Date	N			
6	模型参数 00	MDPR00	N(18,9)				
7	模型参数 01	MDPR01	N(18,9)				
8	模型参数 02	MDPR02	N(18,9)				
9	模型参数 03	MDPR03	N(18,9)				
10	模型参数 04	MDPR04	N(18,9)				
11	模型参数 05	MDPR05	N(18,9)				
12	模型参数 06	MDPR06	N(18,9)				
13	模型参数 07	MDPR07	N(18,9)				
14	模型参数 08	MDPR08	N(18,9)				
15	模型参数 09	MDPR09	N(18,9)				
16	模型参数 10	MDPR10	N(18,9)				
17	模型参数 11	MDPR11	N(18,9)				
18	模型参数 12	MDPR12	N(18,9)				
19	模型参数 13	MDPR13	N(18,9)				
20	模型参数 14	MDPR14	N(18,9)				
21	模型参数 15	MDPR15	N(18,9)				
22	模型参数 16	MDPR16	N(18,9)				
23	模型参数 17	MDPR17	N(18,9)				
24	模型参数 18	MDPR18	N(18,9)				
25	模型参数 19	MDPR19	N(18,9)				
26	相关系数	CRCF	N(6,5)				
27	模型标准差	MDSTDV	N(18,9)				
28	F 检验值	FTSVL	N(12,5)				
29	模型评价	MDEV	VC(40)				
30	漏测沉降量	MSST	N(7,2)		m		
31	滞后时间	DLTM	N(3)		d		
32	启用统计模型	USMD	N(1)				0:不启用(缺省值) 1:启用

序号	字段名	标识符	类型及长度	有无空值	单位	主键	备 注
33	启用漏测沉降量	USMSST	N(1)				0:不启用(缺省值) 1:启用
34	启用滞后时间	USDLTM	N(1)				0:不启用(缺省值) 1:启用
35	分析时间	ANTM	Date				
36	备注	RM	VC(500)				

表 8.2.14 分析结果暂存数据

序号	字段名	标识符	类型及长度	有无空值	单位	主键	备 注
1	类型	TP	C(3)	N		1	101:沉降率 102:沉降速率 103:纵向倾度 104:纵向拉应变 105:水平位移变化速率 106:实时安全上游坡稳定期瑞典法安全系数 107:实时安全上游坡稳定期毕肖普法安全系数 108:实时安全下游坡稳定期瑞典法安全系数 109:实时安全下游坡稳定期毕肖普法安全系数 110:实时安全上游坡非稳定期瑞典法安全系数 111:实时安全上游坡非稳定期毕肖普法安全系数 112:实时安全浸润线 113:实时安全渗透坡降 114:实时安全综合结论 206:安全水位上游坡稳定期瑞典法安全系数 207:安全水位上游坡稳定期毕肖普法安全系数 208:安全水位下游坡稳定期瑞典法安全系数 209:安全水位下游坡稳定期毕肖普法安全系数 212:安全水位浸润线 213:安全水位渗透坡降 214:安全水位综合结论
2	水工建筑物编号	HYCNCD	C(13)	N		2	
3	测点编号/断面	MPCDCHNG	VC(10)	N		3	
4	数值结果	DTRS	N(12,6)				
5	结论	CN	VC(1000)				
6	分析时间	ANTM	Date				
7	备注	RM	VC(500)				

表 8.2.15　分析结果数据

序号	字段名	标识符	类型及长度	有无空值	单位	主键	备注
1	类型	TP	C(3)	N		1	101:沉降率 102:沉降速率 103:纵向倾度 104:纵向拉应变 105:水平位移变化速率 106:实时安全上游坡稳定期瑞典法安全系数 107:实时安全上游坡稳定期毕肖普法安全系数 108:实时安全下游坡稳定期瑞典法安全系数 109:实时安全下游坡稳定期毕肖普法安全系数 110:实时安全上游坡非稳定期瑞典法安全系数 111:实时安全上游坡非稳定期毕肖普法安全系数 112:实时安全浸润线 113:实时安全渗透坡降 114:实时安全综合结论 206:安全水位上游坡稳定期瑞典法安全系数 207:安全水位上游坡稳定期毕肖普法安全系数 208:安全水位下游坡稳定期瑞典法安全系数 209:安全水位下游坡稳定期毕肖普法安全系数 212:安全水位浸润线 213:安全水位渗透坡降 214:安全水位综合结论
2	水工建筑物编号	HYCNCD	C(13)	N		2	
3	测点编号/断面	MPCDCHNG	VC(10)	N		3	
4	数值结果	DTRS	N(12,6)				
5	结论	CN	VC(1000)				
6	分析时间	ANTM	Date				
7	备注	RM	VC(500)				

8.2.6　风险评估数据库设计

大坝安全风险评估就是通过大坝风险因子分析,定量估算大坝的风险指标,最后估算出风险值并与社会可接受的风险值比较,从而判定大坝的安全状况。大坝风险评估包括风险标准、溃坝概率分析、溃坝后果分析、风险分析,需要设定风险标准,还需要大量的相关数据,并对数据进行合理的推理和分析判断,因此,大坝管理信息化系统设计了专门的风险评估数据库。风险评估数据库数据见表 8.2.16~表 8.2.23。

表 8.2.16　风险标准图数据

序号	字段名	标识符	类型及长度	有无空值	单位	主键	备注
1	风险标准图名称	ENDRNM	VC(40)	N		1	
2	文件名	FLNM	VC(200)	N			jpeg 文件

表 8.2.17 溃坝路径集数据

序号	字段名	标识符	类型及长度	有无空值	单位	主键	备注
1	路径序号	PTSN	N(3)	N		1	
2	环节序号	LNSN	N(3)	N		2	
3	环节	LN	VC(100)	N			

表 8.2.18 概率估算数据

序号	字段名	标识符	类型及长度	有无空值	单位	主键	备注
1	事件序号	EVSN	N(3)	N		1	
2	定性评价序号	QLEVSN	N(3)	N		2	
3	事件名称	EVNM	VC(100)	N			
4	定性评价	QLEV	VC(100)	N			
5	依据	BS	VC(1000)	N			
6	概率	PR	VC(100)	N			

表 8.2.19 影响因素赋值

序号	字段名	标识符	类型及长度	有无空值	单位	主键	备注
1	影响因素序号	FCAFSN	N(3)	N		1	
2	分级序号	CLSN	N(3)	N		2	
3	影响因素	FCAF	VC(100)	N			
4	分级标准	CLST	VC(100)	N			
5	系数	CF	VC(100)	N			

表 8.2.20 荷载风险分析结果

序号	字段名	标识符	类型及长度	有无空值	单位	主键	备注
1	水库编码	RSCD	C(11)	N		1	
2	荷载序号	LDSN	N(3)	N		2	
3	荷载	LD	VC(100)	N			
4	发生概率	OCPR	N(5,4)	N			
5	溃坝概率	DMFLPR	N(18,9)				
6	淹没面积	INAR	N(9,2)		km^2		
7	人口密度	PPDN	N(9,2)		人/km^2		
8	风险人口	RSPP	N(9)		人		
9	平均水深	AVDP	N(6,2)		m		
10	平均流速	AVFLVL	N(6,2)		m/s		
11	洪水严重性	FLSV	N(6,2)		m^2/s		

续表

序号	字段名	标识符	类型及长度	有无空值	单位	主键	备注
12	警报时间	ALTM	N(5,1)		min		
13	洪水严重性函数值	FLSVFNVL	N(4,2)				
14	生命损失	LFLS	N(9)		人		
15	单位面积直接经济损失	UNARDRECLS	N(9,2)		万元/km^2		
16	直接经济损失	DRECLS	N(9,2)		万元		
17	间接经济损失系数	INECLSCF	N(4,2)				
18	间接经济损失	INECLS	N(9,2)		万元		
19	风险人口系数	C1	N(7,2)				
20	城镇系数	C2	N(7,2)				
21	基础设施系数	C3	N(7,2)				
22	文物古迹系数	C4	N(7,2)				
23	河道形态系数	C5	N(7,2)				
24	动植物栖息地系数	C6	N(7,2)				
25	自然景观系数	C7	N(7,2)				
26	潜在污染企业系数	C8	N(7,2)				
27	社会与环境影响指数	SCENIMIN	N(7,2)				
28	生命损失严重系数	F1	N(18,9)				
29	经济损失严重系数	F2	N(18,9)				
30	社会与环境影响严重系数	F3	N(18,9)				
31	溃坝综合后果	DMFLCMCN	N(18,9)				

表 8.2.21　溃坝路径

序号	字段名	标识符	类型及长度	有无空值	单位	主键	备注
1	水库编码	RSCD	C(11)	N		1	
2	荷载序号	LDSN	N(3)	N		2	
3	路径序号	PTSN	N(3)	N		3	
4	溃坝概率	DMFLPR	N(18,9)				

表 8.2.22　溃坝环节

序号	字段名	标识符	类型及长度	有无空值	单位	主键	备注
1	水库编码	RSCD	C(11)	N		1	
2	荷载序号	LDSN	N(3)	N		2	
3	路径序号	PTSN	N(3)	N		3	
4	环节序号	LNSN	N(3)	N		4	
5	环节	LN	VC(100)	N			
6	发生概率	OCPR	N(18,9)				

表 8.2.23　风险分析结果

序号	字段名	标识符	类型及长度	有无空值	单位	主键	备注
1	水库编码	RSCD	C(11)	N		1	
2	溃坝概率	DMFLPR	N(18,9)				
3	生命风险	LFRS	N(9)		人		
4	经济风险	ECRS	N(9,2)		万元		
5	社会与环境风险	SCECRS	N(7,2)				
6	综合风险指数	CMRSIN	N(18,9)				

8.2.7　防洪调度专题数据库设计

1. 数据库划分

防洪调度专题数据库是防汛管理信息化数据存储与管理的专题数据库之一,主要包括社会经济数据、水利工程基础数据、实时水雨情数据、模型计算数据、洪水淹没特征数据、洪灾损失数据、防汛指挥参考数据、防洪地理数据等信息,由数据存储与管理系统进行统一管理与维护。其中社会经济数据、水利工程基础数据、实时水雨情数据来自于基础数据库的映射数据。防洪调度专题数据库划分见图 8.2.14。

2. 数据库构成

（1）社会经济数据

社会经济数据的建设是从基础数据库中将经济、社会、人口、科技和环境资源等基础性信息映射到防洪调度专题数据库中。

各数据表的字段见表 8.2.24。

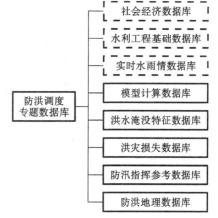

图 8.2.14　防洪调度专题数据库划分

表 8.2.24　社会经济数据表清单

数据库名称	数据表	字段
社会经济专题库	行政区划代码与名称 tb_addv_b	行政区划代码、行政区划名称、行政区划简称、上级编码、水利主管部门
	行政区划地理坐标统计信息表 tb_addv_gis	行政区划代码、地理方位、经度、纬度、四邻关系、东西长（千米）、南北宽（千米）、总面积（公顷）、水域面积（公顷）、河流总数（条）、湖泊总数（个）、水库数量（个）、塘堰总数（个）、地貌、最低海拔、最高海拔、邮政编码、电话区号
	社会发展主要经济指标信息表 tb_se_ecn_b	行政区划代码、年份、财政收入（万元）、工农业总产值（万元）、农业总产值（万元）、林业总产值（万元）、主要经济作物、人均 GDP（元）、人均年收入（元）

数据库名称	数据表	字 段
社会经济专题库	环境资源统计表 tb_se_env_rsr_s	行政区划代码、陆地面积(平方千米)、水域面积(平方千米)、耕地面积(公顷)、林业用地面积(公顷)、有林地面积、森林覆盖率(%)、植被覆盖率(%)、主要植物资源、主要动物资源、主要矿产资源、水资源、土壤类型、自然带类型、气候带、年均降水量(mm)、日照时数(h)、最高温、最低温、年均气温、积温、河川年径流量、水力资源理论蕴藏量、活立木蓄积量、立木总蓄积量
	土地面积构成 tb_se_land_s	行政区划代码、土地利用类型、单位、面积、占总面积百分比
	人口状况表 tb_se_ppl_s	行政区划代码、年份、总人口数、农业人口数、非农业人口数、男性人口数、女性人口数、人口自然增长率
	国民生产总值和指数表 tb_se_gdpi_s	行政区划代码、年份、国民生产总值、国内生产总值、第一产业国内生产总值、第二产业国内生产总值、第三产业国内生产总值、人均国内生产总值、国民生产总值指数
	居民生活表 tb_se_reslf_s	行政区划代码、年份、城镇居民年人均收入、城镇居民年人均可支配收入、城镇居民年人均生活消费支出、农村居民年人均纯收入、农村居民年人均总支出、农村居民年人均生活消费支出
	全社会流动资产投资表 tb_se_wsnfai_s	行政区划代码、年份、合计、第一产业流动资产投资、第二产业流动资产投资、第三产业流动资产投资、其他投资
	全社会固定资产投资表 tb_se_wsfai_s	行政区划代码、年份、合计、国有经济单位、集体经济单位、其他经济单位、私营个体经济、国家预算内投资、国内贷款、利用外资、自筹投资、其他投资、第一产业固定资产投资、第二产业固定资产投资、第三产业固定资产投资
	就业情况表 tb_se_employ_s	行政区划代码、年份、从业人员总数、职工(国有经济,集体经济,其他)总数、城镇私营及个体劳动者总数、农村劳动者(及乡镇企业)总数
	工业总产值和指数表 tb_se_iovi_s	行政区划代码、年份、全部工业总产值、"规模以上"工业总产值、"规模以上"企业数、"规模以上"年末在岗职工、"规模以上"资产总计、"规模以上"利润总额、"规模以上"利税总额、工业总产值指数
	农林牧渔业总产值和指数 tb_se_afahf_oi_s	行政区划代码、年份、农林牧渔业总产值、农业产值、林业产值、牧业产值、渔业产值、农林牧渔业总产值指数
	建筑业信息统计表 tb_se_arch_s	行政区划代码、年份、建筑业总产值、本市产值完成情况、建筑业增加值、从业人员
	交通运输业基本情况 tb_se_transp_s	行政区划代码、年份、铁路里程、公路里程、客运量、货运量、旅客周转量、货物周转量、机动车拥有量、邮电局所数量、邮电业务总量、市话交换机容量、电话机拥有量
	畜牧业生产情况表 tb_se_animal_s	行政区划代码、年份、肉类总产量、禽蛋产量、奶类、毛绒皮类、大牲畜年末存栏、猪年末存栏、羊年末存栏、家禽年末存栏
	耕地面积和粮食产量表 tb_se_plgrn_s	行政区划代码、年份、耕地面积、粮食产量

续表

数据库名称	数据表	字　段
社会经济专题库	商贸业信息统计表 tb_se_commerce_s	行政区划代码、年份、法人企业数量、企业从业人数、企业销售额（批发业和零售业企业）、企业营业收入（其他服务业企业）、资产总计、负债合计、主营业务收入、主营业务利润、其他业务收入、三项费用（营业、管理和财务）合计、营业利润、利润总额
	财政金融及物价表 tb_se_fnprc_s	行政区划代码、年份、财政收入、财政支出、居民储蓄存款余额、社会消费品零售总额、商品零售价格总指数

（2）水利工程基础数据

水利工程基础数据用于存储河流、水库、控制站、堤防（段）、蓄滞（行）洪区、湖泊等 18 大类水利工程数据的基本信息，从基础数据库中映射而来，为防汛管理提供信息化手段支持。

水利工程基础数据包含 16 张表，分别为河流名称代码表、水库基本信息表、水库下游水位流量关系曲线、水库水位库容曲线表、水库水头出力曲线表、水库保证出力表、水库泄流能力曲线表、水库安全鉴定资料表、库（湖）站汛限水位表、发电机信息表、发电机效率曲线表、发电机耗水率曲线表、发电机单机发电信息表、泵站信息表、溢流闸门信息表、堤防信息表。

各数据表的字段见表 8.2.25。

表 8.2.25　水利工程基础数据表清单

数据库名称	数据表	字　段
水利工程基础数据库	河流名称代码表 tb_rvnmcd_b	河流代码、河流名称、水系名称、时间戳、备注
	水库基本信息表 tb_rs_b	水库编码、水库名称、经度、纬度、水库位置、行政区划代码、所在水资源三级区名称、所在水资源三级区编码、河流名称、河流代码、所在湖泊名称、所在湖泊编码、水库类型、主要泄洪建筑物形式、生产安置人口（万人）、搬迁安置人口（万人）、工程建设情况、建成时间（年）、建成时间（月）、开工时间（年）、开工时间（月）、既有行业代码、记录创建时间、记录修改时间
	水库下游水位流量关系曲线 tb_rs_d_zqrl_b	水库编号、测站编码、曲线名称、启用时间、点序号、水位、流量、备注、时间戳
	水库水位库容曲线表 tb_rs_zval_b	水库站编号、测站编码、施测时间、点序号、库水位、蓄水量、水面面积、时间戳
	水库水头出力曲线表 tb_rs_hdop_b	水头出力序号、水库编码、水头、出力
	水库保证出力表 tb_rs_dp_b	水库编码、测站编码、时间、保证出力、备注
	水库泄流能力曲线表 tb_rs_disch_b	泄流能力序号、水库编码、上游泄流能力、上游水位
	水库安全鉴定资料表 tb_rs_sfchk_b	水库编码、安全鉴定时间、安全鉴定主要结论、安全鉴定单位、备注
	库（湖）站汛限水位表 tb_rs_vrfsr	水库编码、测站编码、开始月日、结束月日、汛限水位、汛限库容、汛期类别、记录创建时间、记录修改时间

数据库名称	数据表	字　段
水利工程基础数据库	发电机信息表 tb_ps_pm_b	水库编码、电站编号、发电机编号、发电机名称、发电机型号、额定功率、定子电压、定子电流、发电效率、最大出流、最大出力、功率因子、发电机转速、投入运行时间、发电机运行状态、有效水头、备注
	发电机效率曲线表 tb_ps_pm_rc_b	水库编码、电站编号、分组编号、水头、单机发电量、发电流量、单机和分组标志
	发电机耗水率曲线表 tb_ps_pm_wrc_b	水库编码、电站编号、分组编号、水位、耗水率、单机和分组标志、备注
	发电机单机发电信息表 tb_ps_pm_ap	水库编码、电站编号、发电机编号、时间、标志、单机运行时间、单机发电量、单机发电用水、单机耗水率
	泵站信息表 tb_pump_b	泵站id、测站编码、测站名称、河流名称、水系名称、流域名称、经度、纬度、站址、行政区划码、基面名称、基面高程、基面修正值、站类、报汛等级、建站年月、始报年月、隶属行业单位、信息管理单位、交换管理单位、测站岸别、测站方位、至河口距离、集水面积、拼音码、启用标志、备注、记录创建时间、记录修改时间
	溢流闸门信息表 tb_gate_b	测站编码、闸门编号、闸门名称、闸门高、闸门宽、闸门底坎高程、是否连续可调、闸门最大泄量、闸门使用状态、行政区划码、备注、记录创建时间、记录修改时间
	提防信息表 tb_embk_b	堤防id、堤防名称、堤防等级、行政区划码、县市、几何对象、内外坡、堤高程、内堤脚高程(m)、堤顶高程(m)、堤长、岸别、堤顶宽(m)、起止桩号、起止地点、代表站名、代表站设计水位(m)、保护面积(千平方米)、保护耕地(万亩)、保护人口(万人)、记录创建时间、记录修改时间

（3）实时水雨情数据

实时水雨情数据包括由基础数据库中的实时水雨情监测数据映射而来的数据以及防汛调度系统使用的洪水过程和特征数据，存储的主要数据有雨情信息、河道水情信息、水库站水情信息、闸坝站水情信息、蒸发量信息等。

实时水雨情数据包含 28 张表，分别为流域分区及基本参数表，水文测站基本属性表，水文测站水文信息表，水库与水文测站关系表，水文测站控制水位配置表，水文测站类型及其代码表，雨量站设计雨量值表，雨量站设计雨量过程表，洪水传播时间表，水文测站（控制站）洪水频率分析参数表，水文测站（控制站）设计洪水过程表，控制站水位（流量）频率分析成果表，库（湖）站防洪指标表，河道站防洪指标表，河道设计（调查）洪水水位、水面线，实时降水表，暴雨加暴表，多日降水量统计表，旬月降水量表，流域面平均降水量表，场次降雨资料表，水文测站实时水情表，水库实时水情表，水库水情多日均值表，河道实时水情表，河道水情多日均值表，日蒸发量表，闸门启闭实时情况表。各数据表的字段见表 8.2.26。

（4）模型计算数据

在防洪调度系统中，模型计算数据主要包括两大类信息：第一类是模型信息，包括演进模型、溃坝模型、调度模型、模型初始率定参数、模型边界条件等信息；第二类是正常预报调度、优化预报调度、设置未来降雨、堤坝出现险情调度等的调度计算结果信息，主要包括防洪对象下泄流量过程数据、坝前水位过程数据、时间序列数据等。

表 8.2.26　实时水雨情数据表清单

数据库名称	数据表	字　段
实时水雨情数据库	流域分区及基本参数表 tb_subarea_b	流域分区代码、流域分区名称、出口站点、纯降雨径流标志、水库调蓄标志、流域子分区权重、创建时间、父分区代码、预报时间长、预报方案小时数、提取资料时间长、退水系数、基流、PA 计算模式、流域最大缺水量、流域面积、备注
	水文测站基本属性表 tb_st_b	测站编码、测站名称、河流名称、水系名称、流域名称、经度、纬度、站址、行政区划码、基面名称、基面高程、基面修正值、站类、报汛等级、建站年月、始报年月、隶属行业单位、信息管理单位、交换管理单位、测站岸别、测站方位、至河口距离、集水面积、拼音码、启用标志、备注、时间戳
	水文测站水文信息表 tb_st_hy_b	测站编码、流入何处、河岸类型、站点断面河道走向、冻结基面与绝对基面高差、是否为预报断面、警戒水位、警戒流量、左堤高程、右堤高程、保证水位、保证流量、平滩流量、实测最高水位、实测最高水位出现时间、调查最高水位、调查最高水位出现时间、实测最大流量、实测最大流量出现时间、调查最大流量、调查最大流量出现时间、历史最大含沙量、历史最大含沙量出现时间、历史断面最大平均流速、历史断面最大平均流速出现时间
	水库与水文测站关系表 tb_rs_st	测站编码、水库编号、时间戳、备注
	水文测站控制水位配置表 tb_st_cwl_b	水文测站编码、保证水位
	水文测站类型及其代码表 tb_sttp_d	站类、测站类型代码
	雨量站设计雨量值表 tb_dr_b	测站类型代码、雨量测站编码、资料生成日期、设计暴雨频率、设计暴雨历时、设计雨量、备注
	雨量站设计雨量过程表 tb_drg_b	雨量测站编码、设计暴雨频率、设计暴雨历时、时间、时段雨量、备注
	洪水传播时间表 tb_fsdr_b	上游站码、下游站码、河段长、安全泄量、流量量级、最小传播时间、最大传播时间、平均传播时间、时间戳
	水文测站(控制站) 洪水频率分析参数表 tb_frapar_b	测站编码、典型年、统计变量类别、平均值、离差系数、偏差系数、开始年份、结束年份、样本数量、备注、时间戳
	水文测站(控制站) 设计洪水过程表 tb_dfldhg_b	测站编码、资料生成日期、典型年、重现期、时间、水位、流量
	控制站水位(流量) 频率分析成果表 tb_zqfrar_b	测站编码、典型年、重现期、流量、水位、一日洪量、三日洪量、五日洪量、七日洪量、十日洪量、十五日洪量、三十日洪量、六十日洪量、备注、时间戳

数据库名称	数据表	字　段
实时水雨情数据库	库(湖)站防洪指标表 tb_rsvrfcch_b	测站编码、水库类型、坝顶高程、校核洪水位、设计洪水位、正常高水位、死水位、兴利水位、总库容、防洪库容、兴利库容、死库容、历史最高库水位、历史最大蓄水量、历史最高库水位(蓄水量)出现时间、历史最大入流、历史最大入流时段长、历史最大入流出现时间、历史最大出流、历史最大出流出现时间、历史最低库水位、历史最低库水位出现时间、历史最小日均入流、历史最小日均入流出现时间、低水位告警值、启动预报流量标准、时间戳
	河道站防洪指标表 tb_rvfcch_b	河道断面代码、河道断面名称、测站编码、左堤高程、右堤高程、警戒水位、警戒流量、保证水位、保证流量、平滩流量、实测最高水位、实测最高水位出现时间、调查最高水位、调查最高水位出现时间、实测最大流量、实测最大流量出现时间、调查最大流量、调查最大流量出现时间、历史最大含沙量、历史最大含沙量出现时间、历史最大断面平均流速、历史最大断面平均流速出现时间、历史最低水位、历史最低水位出现时间、历史最小流量、历史最小流量出现时间、高水位告警值、大流量告警值、低水位告警值、小流量告警值、启动预报水位标准、启动预报流量标准、时间戳
	河道设计(调查) 洪水水位、水面线 tb_rb_diwl_b	河道断面代码、河道断面名称、资料生成日期、洪水重现期、水位
	实时降水表 tb_pptn_r	时间、测站编码、时段降水量(mm)、时段长(h)、降水历时、天气状况
	暴雨加暴表 tb_p_storm_r	测站编码、时间、暴雨历时、暴雨量、天气状况、发送标志
	多日降水量统计表 tb_p_mltd_s	测站编码、标志时间、统计时段标志、累计降水量
	旬月降水量表 tb_p_tmrn_s	测站编码、年月旬别、旬月降水量、标志
	流域面平均降水量表 tb_p_bs_avg_s	流域分区代码、年、月、面平均降水量
	场次降雨资料表 tb_p_dfld_s	雨量场次代码、雨量场次名称、降雨起始时间、降雨结束时间、洪水起始时间、洪水结束时间、备注
	水文测站实时水情表 tb_st_p_r	测站编码、监测时间、在三维地图中显示的最小级别(1~18)、高度、流量(m³/s)、警戒水位、水位(m)、时间、最后更新时间
	水库实时水情表 tb_rs_vr_s	测站编码、时间、库上水位、入库流量、蓄水量、库下水位、出库流量、库水特征码、库水水势、入流时段长、测流方法
	水库水情多日均值表 tb_rs_vrav_s	测站编码、标志时间、统计时段标志、平均库水位、平均入流量、平均出流量、平均蓄水量

续表

数据库名称	数据表	字　　段
实时水雨情数据库	河道实时水情表 tb_river_r	河道断面代码、河道断面名称、测站编码、时间、水位、流量、断面过水面积、断面平均流速、断面最大流速、河水特征码、水势、测流方法、测积方法、测速方法
	河道水情多日均值表 tb_rv_av_s	河道断面代码、河道断面名称、测站编码、标志时间、均值标志、平均水位、平均流量
	日蒸发量表 tb_dayev_r	测站编码、时间、蒸发器类型、日蒸发量(mm)
	闸门启闭实时情况表 tb_gate_r	闸门编号、测站编码、时间、扩展关键字、设备类别、设备编号、开启孔数、开启高度、过闸流量、测流方法

模型计算数据包含 15 张表,分别为库区断面资料表、河道(水库入库)水情预报成果表、河道典型控制断面水位流量关系曲线、断面地形资料表、马斯京根模型水文站配置信息表、河道横断面里程表、河道横断面表、分区预报成果表、水库调度图表、水库调度图区域参数表、模型调度规程表、回水模型结果输出表、调度方案表、调度预报成果表、水库(电站)调度水情结果表。

各数据表的字段见表 8.2.27。

表 8.2.27　模型计算数据库数据表清单

数据库名称	数据表	字　　段
模型计算数据库	库区断面资料表 tb_mod_rs_sect_b	水库编码、断面编号、断面名称、高程、横向距离、断面特性分类、糙率
	河道(水库入库)水情预报成果表 tb_mod_forecast_f	方案代码、测站编码、预报流量(m^3/s)、预报水位(m)、预报单位、发生时间、发布时间、依据时间、最后更新时间
	河道典型控制断面水位流量关系曲线 tb_mod_zqrl_b	测站编码、曲线名称、启用时间、点序号、水位、流量、备注、时间戳
	断面地形资料表 tb_mod_sect_tr_b	断面编号、断面名称、流量模数、距坝里程、是否重要断面、移民水位、糙率
	马斯京根模型水文站配置信息表 tb_mod_up_st	测站编码、c0 参数值、c1 参数值、c2 参数值
	河道横断面里程表 tb_mod_rcsd_b	河流代码、资料生成日期、河道横断面代码、至起始断面距离、断面所在位置、断面控制站代码
	河道横断面表 tb_mod_rcss_b	河流代码、断面编号、测量日期、起点距、测点高程
	分区预报成果表 tb_mod_forecast_out	方案 id、测站编码、控制站的分洪总量(如果该水文站是控制站)、流量过程(以";"分割)、水位过程(以";"分割)

数据库名称	数据表	字　段
模型计算数据库	水库调度图表 tb_mod_rsvr_opt_b	序号、测站编码、时间、行政区划代码、上限水位
	水库调度图区域参数表 tb_mod_rsvr_opt_par_b	测站编码、行政区划代码、行政区划名称、区域控制条件、控制项目数据大小、备注
	模型调度规程表 tb_mod_regul_rl_b	调度规程序号、水库编码、库水位上限、库水位下限、流量上限、流量下限、控泄方式（敞泄、控泄、规则拦蓄）、控泄参量
	回水模型结果输出表 tb_mod_sect_out	方案 id、断面编号、流量过程（以";"分割）、水位过程（以";"分割）
	调度方案表 tb_mod_scheme	方案 id 集合、方案名称、方案的类型（0 表示私有（默认）；－1 表示设计方案类型）、模型 id 集合（以";"分割）、该方案的创建时间、创建该方案的用户 id、是否已归档（0 表示未归档（默认）；1 表示归档）、该方案的状态（0 表示临时的（默认）；1 表示保存过的）、开始时间、结束时间、该方案的完成时间、时间步长
	调度预报成果表 tb_mod_reglat	发生时间、方案 id、测站编码、预报单位、预报蓄水量（10^6m³）、预报出流（m³/s）、预报水位（m）、依据时间、发布时间
	水库（电站）调度水情结果表 tb_mod_rs_out	水库编码、方案 id、入库流量过程（以";"分割）、出库流量过程（以";"分割）、水位过程（以";"分割）

（5）洪水淹没特征数据

洪水淹没特征数据库包括历史洪水淹没信息、不同方案模拟的洪水淹没计算分析结果等信息，可实现洪水淹没历史数据与实时数据的存贮、管理、利用、综合分析及更新，为洪水信息提取、灾情评估、灾害的遥感检测提供可靠的数据保障。

洪水淹没特征数据库包含：历史水灾淹没范围、历史水灾堤防溃决分布、历史水灾特征点淹没水深、历史水灾暴雨积水点分布（城市）、历史水灾暴雨积水淹没范围（城市及内涝区）、历史水灾最大淹没范围、场次水灾特征点淹没情况、场次水灾堤防溃决情况、特征点淹没水深、最大流速分布、洪水演进（水深分布）、洪水演进（流速场）、洪水风险图标识。

各数据表的字段见表 8.2.28。

表 8.2.28　洪水淹没特征数据库数据表清单

数据库名称	数据表	字　段
洪水淹没特征数据库	历史水灾淹没范围 tb_fld_inundarea_his	时间、水灾代码、淹没水深、水位、淹没历时
	历史水灾堤防溃决分布 tb_fld_dk_his	时间、溃决点编号、溃决点名称、堤防 id、堤防名称、水灾代码、角度
	历史水灾特征点淹没水深 tb_fld_p_dpth_his	时间、特征点编号、特征点名称、淹没水深、淹没历时、水灾代码

续表

数据库名称	数据表	字　段
洪水淹没特征数据库	历史水灾暴雨积水点分布（城市）tb_fld_rs_his	时间、积水点编号、积水点名称、淹没水深、淹没历时、水灾代码
	历史水灾暴雨积水淹没范围（城市及内涝区）tb_fld_hcwlard_his	时间、水灾代码、淹没水深、水位、淹没历时
	历史水灾最大淹没范围tb_fld_hmfia_his	时间、水灾代码、最大淹没水深、水位、淹没历时
	场次水灾特征点淹没情况tb_fld_spfc	场次水灾代码、特征点编号、特征点名称、特征点详细地址、淹没描述、平均水深、最大水深、淹没历时描述、淹没历时、淹没原因描述、淹没图片图像文件代码、资料来源、备注
	场次水灾堤防溃决情况tb_fld_dkbrk	场次水灾代码、堤防溃决点编号、堤防溃决点名称、所在堤防代码、所在堤防名称、溃口起止桩号、溃决时间、最大溃口宽度、溃口最大高度、溃口平均高度、溃口修复时间、堤防溃决时河道水位、溃口及灾害图片图像文件代码、溃口原因及灾害后果描述、备注
	特征点淹没水深tb_fld_fpsd	特征点编号、特征点名称、淹没水深、淹没历时
	最大流速分布 tb_fld_mfvd	网格编号、流速、流速 X、流速 Y
	洪水演进（水深分布）tb_frwdd	网格编号、时间、高程、淹没水深、水位、流速、流速 X、流速 Y、糙率
	洪水演进（流速场）tb_frvf	网格编号、时间、流速、流速 X、流速 Y
	洪水风险图标识 tb_frml_b	风险图编号、风险图名称、风险图类型、纸图比例

（6）洪灾损失数据

洪灾损失数据分为历史洪灾损失数据与实时洪灾损失数据。历史洪灾损失数据主要包括灾害发生的时间、灾害发生等级、发生区域、损失情况统计等；实时洪灾损失数据包括实时洪灾损失数据存储、实时淹没区范围面积统计、人财物灾情损失情况、工农业损失情况等。对于洪灾损失数据库，最重要的是数据的标准化、可靠性和动态管理，需借助于气象、水利、民政等各专业部门的配合，共同建立灾害信息的数据标准。

洪灾损失数据库包含 8 张表，分别为实时受灾情况表、实时洪灾影响人口统计表、实时工业交通受灾情况表、场次水灾代码表、场次水灾降雨过程记录表、场次水灾受灾情况统计表、场次水灾影响人口统计表、场次水灾历史工业交通受灾情况表。

各数据表的字段见表 8.2.29。

（7）防汛指挥参考数据

防汛指挥参考数据库是洪水灾情及其可能产生的社会化后果，主要涉及工程运用、工程抢护和防灾减灾，用以向各级防汛指挥机构提供其管辖范围内气象、水文资料及历史上的洪水情况。

表 8.2.29　洪灾损失数据库数据表清单

数据库名称	数据表	字　段
洪灾损失数据库	实时受灾情况表 tb_dst_r	地区、受灾范围(县)、受灾范围(镇)、影响人口(万人)、受淹城市(个)、倒塌房屋(万间)、转移人口(人)、直接经济总损失(亿元)、农作物受灾面积(小计)、农作物受灾面积(粮食)、农作物绝收面积(小计)、农作物绝收面积(粮食)、因灾减产粮食(万吨)、经济作物损失(万元)、农林牧渔业直接经济损失(亿元)、停产工矿企业(个)、铁路中断(条次)、公路中断(条次)、机场/港口关停(个次)、供电中断(条次)、通信中断(条次)、工业交通运输业直接经济损失(亿元)、损坏水库(大中型)、损坏水库(小型)、水库垮坝、损坏堤防、堤防决口(处数)、堤防决口(长度)、损坏护岸(处)、损坏水闸(座)、冲毁塘坝(座)、损坏灌溉设施(处)、损坏水文测站(个)、损坏机电井(眼)、损坏机电泵站(座)、损坏水电站(座)、水利设施直接经济损失(亿元)
	实时洪灾影响人口统计表 tb_dst_ppl_s	序号、地区、影响人员基本信息、影响原因、备注
	实时工业交通受灾情况表 tb_dst_itd_r	淹没范围、死亡人口、受淹过程、主要街道最大水深、生命线工程中断历时、建筑物受淹、城区直接经济损失
	场次水灾代码表 tb_dst_hfld_r	场次水灾代码、场次水灾名称、场次水灾降雨起始时间、场次水灾降雨结束时间、场次水灾洪水起始时间、场次水灾洪水结束时间、备注
	场次水灾降雨过程记录表 tb_dst_hfldrr_r	场次水灾代码、雨量测站编码、时间、时段降水量、时段长、降水历时
	场次水灾受灾情况统计表 tb_dst_s	因灾减产粮食、经济作物损失、农林牧渔业直接经济损失、停产工矿企业、铁路中断、公路中断、机场/港口关停、供电中断、通信中断、工业交通运输业直接经济损失、损坏水库、水库垮坝、损坏堤防、堤防决口、损坏护岸、损坏水闸、冲毁塘坝、损坏灌溉设施、损坏水文测站、损坏机电井、损坏机电泵站、损坏水电站、水利设施直接经济损失
	场次水灾影响人口统计表 tb_dst_fld_affppl_s	场次水灾名称、地区、受灾范围、影响人口、受淹城市、倒塌房屋、转移人口、直接经济总损失、农作物受灾面积、场次水灾代码、场次水灾名称、地区、影响原因、备注
	场次水灾历史工业交通受灾情况表 tb_dst_indtrf_s	场次水灾名称、地区、淹没范围、受灾人口、死亡人口、受淹过程、主要街道最大水深、生命线工程中断历时、建筑物受淹、城区直接经济损失

防汛指挥参考数据库包括:防汛应急项目建设情况统计表、防汛物资仓库基本信息表、抗洪抢险物资消耗统计表、防汛简报。

各数据表的字段见表 8.2.30。

表 8.2.30　防汛指挥参考数据库数据表清单

数据库名称	数据表	字　段
防汛指挥参考数据库	防汛应急项目建设情况统计表 tb_fld_prv_pro_constr_s	填报时间、项目名称、市财政下达-文号、市财政下达-金额、区县财政拨付、公示情况、主要建设内容、工程建设、竣工及验收、完成投资、工程效益、备注
	防汛物资仓库基本信息表 tb_fld_prv_mwminf_b	资料生成日期、存放物资类别、物资单位、物资定额
	抗洪抢险物资消耗统计表 tb_fld_prv_mcons_s	地区、防汛物资消耗、出动情况、投入抢险人数、抢险设备情况、资金投入、防洪减灾效益
	防汛简报 tb_fld_prv_blt	简报时间、第几期、区县、内容、备注

8.2.8　模型方法库和公共信息库

模型方法库用于保存洪水计算模型、水库调度模型等各种模型数据；公共信息库用于存储大坝安全法律法规、水雨情水资源公告、大坝运行状态信息、灾情与处置信息等各类公共服务信息。

8.2.9　管理数据库设计

数据库中管理数据库包括系统数据和元数据。

系统数据包括系统功能、用户、权限的定义数据，配置信息，管理方式以及对数据 ETL 的定义、数据的管理与维护信息。

元数据是用于对数据库中的各类实体数据进行描述的数据。描述属性数据和地理信息数据的定义、内容、质量、表示方式、空间参考系等，用于标识数据，向用户提供所需数据是否存在和怎样得到这些数据的途径、方法等方面的信息，帮助用户了解、使用数据。

8.2.10　数据库物理结构设计

对于结构化数据可以通过关系型数据库存储与管理，非结构化和半结构化以及历史数据可以使用 Hadoop 作为数据存储与管理平台，空间地理数据采用关系型数据库与空间数据引擎结合的方式存储。比如历史监测数据、视频数据、文件数据可以采用 Hadoop 分布式文件系统存储。数据库物理模型设计确定数据库的存储空间的划分，确定专题数据库、基础数据库、管理数据库中表、索引等数据库对象对应存储的数据文件，确定 Hadoop 分布式文件系统中数据表的存储文件划分。

数据按形式可以分为结构化数据和非结构化数据两类。结构化数据即常说的属性表格数据，非结构化数据主要是历史监测数据、视频数据、文件数据、空间数据（矢量、栅格）及以文件方式管理的建筑物三维模型数据。数据库将采用关系型数据、分布式文件系统、空间数据引擎的方式实现对数据的统一存储和管理。

1）结构化数据存储管理

对于结构化数据，可直接采用常用的关系型数据库系统进行存储和管理。利用开发的基础信息资源管理系统，为用户提供对数据库中的数据进行录入、修改、删除等功能。

① 确定索引，即确定关系表中需要建立索引或者联合索引的字段。

② 确定数据的存储结构，即确定数据的存放位置和存储结构。在 Oracle 中，每一个数据表和索引都会对应到表空间，每一个表空间都能对应到硬盘上的数据文件。一般表和索引的表空间和数据文件分开，相关联的表使用相同的表空间和数据文件，超过 500 万条记录的数据库表，使用单独的表空间和数据文件存储。

③ 确定系统配置参数，Oracle 数据库软件提供了系统配置变量、存储分配参数的缺省值，在进行物理设计时，需要根据数据量、数据访问情况、服务器的性能，对这些变量、参数重新赋值，以改善数据库的性能。

2）非结构化数据存储管理

（1）空间数据

空间地理数据库内容一般比较完整，和其他属性数据库耦合性不强，数据存储时应存储在一起，存取效率高。在存储方式上，空间地理数据容量较大，涉及海量空间数据的管理问题，当前 GIS 技术的发展趋势是采用关系型数据库系统管理海量空间数据，数据存取方式则是通过空间数据引擎实现。

水利地理数据库的存储方式是：直接利用关系型数据库的存储结构来存储空间数据，空间和非空间数据通过关联字段进行连接，在存储和使用上并无本质的不同，实现了真正的一体化存储和利用。

（2）三维模型数据

重点水利工程三维模型数据采用文件方式进行管理，即根据行政区及建筑物类别的不同，建立不同的数据目录存储到数据库服务器，在属性表中记录其索引信息。

（3）历史监测数据、视频数据、文件数据

历史监测数据、视频数据、文件数据采用分布式文件系统进行存储，视频数据和文件数据的存储目录存在关系数据库表中。

8.3　数据管理与维护

数据管理与维护系统要实现对基础地理数据（数字线划图、数字高程模型、数字正射影像）、三维模型数据、水利地理数据、水利属性数据（结构化数据）、管理数据等多源、海量数据的管理和维护，实现数据集创建、数据导入、数据更新、数据浏览、数据查询及数据输出等数据维护管理功能，确保数据的准确性、一致性和完整性。

8.3.1　数据维护流程

专题数据库数据的维护操作在数据管理与维护系统提供的统一客户端中进行。在整个维护流程中，需要重视维护操作的审核，并考虑数据流通链路上的数据同步需要。

如果维护工作中需要涉及审核的操作太多，将导致审核的工作量特别大，直接影响维护工作的效率，因此，在维护人员维护质量比较高（可信任度高）的情况下（主要结合权限分配），也可以将审核设置成自动审批的状态,让维护工作自动进行,而不是每一个维护操作都需要人工干预进行审核。数据维护流程见图 8.3.1。

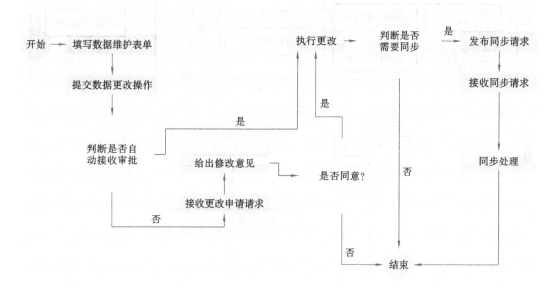

图 8.3.1　数据维护流程

对于数据操作的维护同步,流程通过变化数据捕获与复制以及数据交换服务将维护的操作同步到可能需要进行同步维护的数据库中。

数据库抽取数据中心已有数据库提供的数据,由数据中心提供维护手段,数据库原则上不负责这部分数据的更新。使用数据中心对数据进行更新后,由数据抽取服务工具定期将数据变更同步到数据库中。

8.3.2　系统设计

1. 系统框架结构设计

数据管理与维护系统以水利地理空间数据及属性数据的管理为核心,采用大型关系型数据库 Oracle 存储多源、海量的信息资源数据,运用先进的 GIS 软件作为空间数据的管理平台,实现基础信息资源的海量存储和高效管理。建成后的数据管理与维护系统实现了基础地理数据(DLG、DOM、DEM)、水利地理数据、水利属性数据、管理数据、三维模型数据的统一管理及维护。

数据管理与维护系统由后台数据库及管理与维护系统两部分组成。数据管理与维护系统涉及空间地理数据的录入、分发、更新工作,这部分业务涉及的用户较多,对图形和数据的操作又较为复杂,要求具有较强的数据访问交互能力。因此,为了保证运行速度和效率,其设计将采用 C/S 结构进行数据管理及 GIS 图形应用的功能开发,主要完成基础地理数据、水利地理数据及三维模型数据的入库、更新、浏览和管理功能。水利属性数据是结构化的数据,操作简单,数据量小,将采用 B/S 结构进行属性数据管理,实现属性数据的录入、查询及修改。数据管理与维护系统的逻辑结构见图 8.3.2。

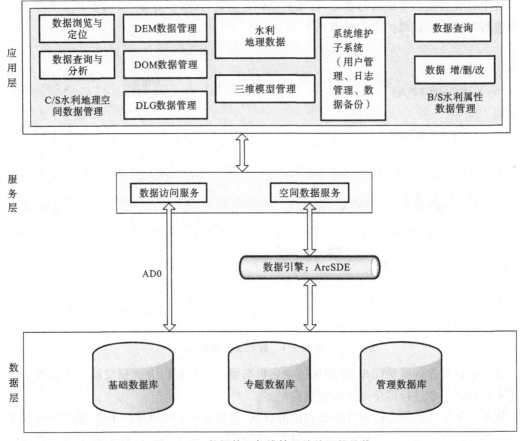

图 8.3.2 数据管理与维护系统的逻辑结构

2. 系统功能模块划分

数据管理与维护系统包括数据浏览与定位模块、地理数据查询与分析模块、基础地理数据管理模块、水利地理空间数据管理模块、水利属性数据管理模块、管理数据管理模块、三维实体模型管理模块以及系统维护与管理模块等。系统功能模块的组成见图8.3.3。

3. 系统功能描述

1）地图操作

功能描述：实现对地图显示的基本操作，包括放大、缩小、前一视图、后一视图、漫游、全图显示。

2）图层管理

功能描述：实现对图层的管理，包括图层开关设置、图层标注设置、图层显示设置（矢量数据、显示符号、栅格数据、分段显示或不同波段组合显示）、设置图层显示的比例范围、图层叠放顺序。

3）数据定位

（1）标准图号定位

功能描述：用户输入标准图幅号（1∶250000、1∶50000、1∶10000 等），系统根据图幅号来计算图幅所在的坐标范围，将地图窗口定位到该图幅所在空间范围。

（2）坐标定位

功能描述：通过输入一个中心点坐标（CGCS2000 坐标或 WGS84 坐标），系统将地图窗口

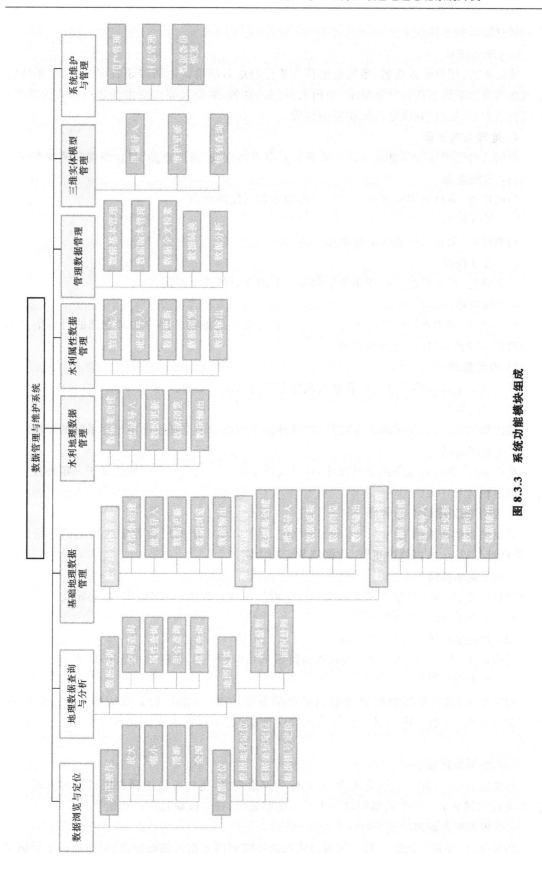

图 8.3.3 系统功能模块组成

中心移到输入的坐标点上。

（3）地名定位

功能描述：用户输入地名，系统返回符合条件的地名结果。返回多条查询结果时，系统将根据地名类别对地名进行分组显示（如山名、村名、乡名、单位名等），双击任意一条查询结果，地图窗口中心将定位到该地名所在空间位置。

4）地理数据查询

根据条件实现地图信息的查询。查询方式有空间查询、属性查询、组合查询和模糊查询。

（1）空间查询

功能描述：通过地图点击实现对感兴趣的地物属性的查询。

（2）属性查询

功能描述：根据属性查询空间地物。

（3）组合查询

功能描述：根据属性条件和指定空间范围的组合条件进行查询。

（4）模糊查询

功能描述：利用查询信息的关键字来查询符合条件的地物。用户在对查询的目标信息不是很明确的时候，可以使用模糊查询。

5）地图量测

实现地图上任意两点空间位置量测或任意多边形面积量测。

（1）距离量测

功能描述：通过对地图的交互操作，测量地图上两点或多点基于一定坐标系统的距离。

（2）面积量测

功能描述：通过对地图的交互操作，计算地图上多点围成的一定区域的基于一定地理坐标系统的面积。

6）数字线划图（DLG）管理

提供基础地理数据 1：10000、1：250000、1：1000000 比例尺的数字线划图的数据集创建、数据批量导入、数据维护更新、数据浏览管理功能。

（1）数据集创建

功能描述：根据用户输入的数据类别、比例尺、所在行政区、时间版本、图层定义文件和地理坐标信息创建 SDE 数据集。

（2）数据批量导入

功能描述：从一个目录下批量装载数据到 SDE 后台数据库，数据形式是 .mdb 或 shp 文件。

（3）数据维护更新

功能描述：提供更新的数字线划图代替原有的数据，更新过程系统应检索并更新已存在的图元文件，并更新这些图元文件的元数据信息；若不存在更新的图元文件，则进行批量导入。

（4）数据加载显示

功能描述：显示用户权限范围内的 DLG 数据集列表，用户可以选择权限范围内的任意数据集进行加载显示。一个数据集以一个层组加载显示，符号以缺省方式初始化。

（5）数据裁剪输出

功能描述：实现对地图上某一区域范围内数字线划图数据的裁剪输出，可以通过坐标确定裁剪区域,也可以通过在地图上画图确定裁剪范围;根据需要将数据转换成特定的格式进行输出,实现数据的共享。

7) 数字高程模型(DEM)管理

提供基础地理数据 1∶2000、1∶10000、1∶250000 比例尺的数字高程模型的数据集创建、数据批量导入、数据维护更新、数据浏览管理功能。

(1) 数据集创建

功能描述:根据用户输入的数据类别、比例尺、所在区段、时间版本和空间参照信息创建 SDE 数据集。

(2) 数据批量导入

功能描述:从一个目录下批量装载数据到 SDE 后台数据库,数据格式是 Tiff、Img。

(3) 数据维护更新

功能描述:选择更新的数字高程模型文件,系统应首先检索并更新已存在的图元文件,并更新这些图元文件的元数据信息;若不存在更新的图元文件,则进行批量导入。

(4) 数据加载显示

功能描述:显示用户权限范围内的 DEM 数据集列表,用户可以选择权限范围内的一个或多个数据集进行加载显示。一个数据集以一个图层方式加载显示,DEM 数据默认显示方式是根据高程值拉伸显示,用户可以选择根据高程分段显示。

(5) 数据裁剪输出

功能描述:实现对地图上某一区域 DEM 数据裁剪输出,可以通过输入坐标确定裁剪区域,也可以通过在地图上画图确定裁剪范围。

8) 数字正射影像(DOM)管理

提供基础地理数据 1∶5000、1∶50000、1∶250000 比例尺的数字正射影像的数据集创建、数据批量导入、数据维护更新、数据浏览管理功能。

(1) 数据集创建

功能描述:根据用户输入的数据类别、比例尺、所在区段、时间版本和空间参照信息创建 SDE 数据集。

(2) 数据批量导入

功能描述:从一个目录下批量装载数据到 SDE 后台数据库,数据格式是 Tiff、Img。

(3) 数据维护更新

功能描述:选择更新的数字正射影像文件,系统应首先检索并更新已存在的图元文件,并更新这些图元文件的元数据信息;若不存在更新的图元文件,则进行批量导入。

(4) 数据加载显示

功能描述:显示用户权限范围内的数据集列表,用户可以选择权限范围内的一个或多个数据集进行加载显示。一个数据集以一个层组方式加载显示,默认采用标准偏差方式显示。

(5) 数据裁剪输出

功能描述:实现对地图上某一区域 DOM 数据裁剪输出,可以通过输入坐标确定裁剪区域,也可以通过在地图上画图确定裁剪范围。

9) 水利地理数据管理

管理水利基础地理数据以及水利专题地理数据,实现数据集创建、数据批量导入、数据维护更新、数据浏览管理功能。

（1）数据集创建

功能描述：根据用户输入的数据类别、比例尺、所在区段、时间版本、图层定义文件和地理坐标信息创建 SDE 数据集。

（2）数据批量导入

功能描述：从一个目录下批量装载数据到 SDE 后台数据库，数据形式是 shp 文件。

（3）数据维护更新

功能描述：提供更新的水利专题地理数据代替原有的数据，更新过程系统应检索以及更新已存在的图元文件，并更新图元文件的元数据信息；若不存在更新的图元文件，则进行批量导入。

（4）数据加载显示

功能描述：显示用户权限范围内的水利专题地理数据的数据集列表，用户可以选择权限范围内的任意数据集进行加载显示。一个数据集以一个层组加载显示，符号以缺省方式初始化。

（5）数据裁剪输出

功能描述：实现对地图上某一区域范围内水利专题地理数据的裁剪输出，可以通过坐标确定裁剪区域，也可以通过在地图上画图确定裁剪范围；根据需要将数据转换成特定的格式进行输出，实现数据的共享。

10）三维实体模型管理

提供水利工程设施三维建模的模型文件及相关信息的批量导入、维护更新、查询功能。

（1）批量导入

功能描述：提供按所属工程、类型划分的三维模型文件选取，系统应进行文件数量和数据规则的检查，符合要求后依次导入模型文件及特征信息，存入三维模型数据库。

（2）维护更新

功能描述：选择更新的模型文件及特征信息，系统应检索并更新已存在的记录，若不存在更新的数据，则进行批量导入。

（3）查询

功能描述：提供已入库三维模型的信息查询和效果图浏览。

11）水利属性数据管理

水利属性数据管理可以帮助用户快速定位到需要维护的记录，实现对基础数据和专题数据中非空间数据的维护与管理功能。系统除提供数据的增删改功能外，还提供数据批量导入、导出、按条件打印、统计等功能。数据维护人员通过对系统进行简单定制，即可快速地维护及管理各类专题数据库。

（1）数据输入

功能描述：为非空间数据提供一套数据录入界面，并设置数据有效性、完整性和一致性检查功能，防止不合理的、非法的数据入库，保证数据库内数据的一致性。

（2）数据修改

功能描述：主要是对已入库的各类属性数据进行修改更新。

（3）数据删除

功能描述：对已入库的各类错误数据和无效数据进行删除，删除时分为物理删除和逻辑删除两种操作。物理删除将错误或无效的数据从数据库中清除,逻辑删除则将当前要删除的数据记录加上无效标志,使其可以作为历史数据的查询条件。

（4）数据查询输出

功能描述:提供管理信息化各类数据的查询操作和显示界面,用于查询数据库中的数据。在查询界面中预先设置常用的查询条件,提高输入查询条件的速度,同时为用户临时确定查询条件（较复杂的条件）提供输入操作窗口。

12）管理数据管理

管理数据包括业务系统的系统数据和元数据,管理数据管理包括数据基本管理、数据版本管理、数据全文检索、数据转换、数据分析等五个功能模块。

（1）数据基本管理

功能描述:实现元数据的录入、修改、更新、删除等编辑操作,实现数据树形结构展现,反映数据内部的体系架构。

（2）数据版本管理

功能描述:记录数据的每次变更,便于追踪及回溯,可方便地查询数据版本变更历史,查看每次变化的具体内容;可恢复到指定版本,便于查错回退,支持录入变更原因（版本日志）、指定新版本状态和版本号。

（3）数据全文检索

功能描述:帮助用户在海量信息库中快速检索并准确定位信息项。

（4）数据转换

功能描述:实现数据不同格式的转换、不同数据格式的导入和导出。向导式批量导入 XLS 格式、XMI 格式的元数据;将元数据批量导出为 XLS 或 XMI 文件,便于及时分发给普通用户。

（5）数据分析

功能描述:数据分析包括血统分析、映射分析及影响分析。血统分析是查看数据从哪里来,即数据的加工过程,了解数据的来龙去脉,如某个指标是否来自详单数据;映射分析指查看 ETL 程序内部的映射关系,了解数据加工过程的细节;影响分析是指预览元数据对全局的影响,有助于执行变更前充分评估及与相关人员事前沟通,如接口文件、库表、程序、报表、指标等对其他数据或程序的影响。

13）系统维护与管理模块

系统维护与管理模块主要有用户管理、日志管理、数据备份恢复等功能,实现对系统各类用户的管理和维护,控制登录用户的权限,记录用户在系统中进行的各项操作,保证系统安全可控,以确保数据库安全。

（1）用户管理

功能描述:实现用户或角色的新增、删除、修改、查询。

（2）日志管理

功能描述:完成系统用户登录、访问、操作等各种工作日志的记录、查询、统计、审查、备份和恢复等工作。

（3）数据备份与恢复

功能描述:数据备份工作在数据备份服务器上完成,根据事先制定好的备份策略,定时自动启动备份进程完成不同的备份任务。每天的备份任务被适当均衡,峰值备份数据量在周六和周日发生。当需要进行数据恢复时,在客户端或者存储节点实施数据恢复。

8.4 数据集成与共享

数据集成是系统集成的首要任务,数据是一切的基础。系统数据来源于多个不同的数据源,各个数据库结构有的是固化数据,有的是异构源的异构数据。只有对这种大量分散、独立的数据库进行规划、平衡、协调和编辑,按照一定的规则组织成一个整体,才能建立完善的数据仓库,使得数据能够在集成的系统中共享。

管理信息化体系数据集成包含内部数据集成及与整个水利信息化、整体信息化的其他业务数据、流域范围内的水利信息数据的集成。

管理信息化体系数据存储与管理系统,从水利数据中心基础数据库中映射所需要的基础业务数据,结合系统产生的业务数据形成专题数据库,对这些数据进行统一存储和集中管理,并为水利数据中心提供业务数据。数据的规范化和标准化是数据集成的基础。

数据集成的目的是形成统一的数据视图。最为重要的一点是数据模型在逻辑上必须是统一的,而在物理上可以分布存储。通过周期性地同步各数据库的数据来实现数据的统一,合理的做法是统一数据视图,即对各个数据库都提供统一的入口点。所有的应用只需通过相同的数据模型访问数据库,而无须关心各个物理数据库的逻辑和物理结构。

有关水利的各个业务部门虽然已经实现了计算机流程化管理,但是各个系统之间又有各自的数据存储和访问方式,彼此独立形成了一个个"信息孤岛",大量的业务数据没有得到充分的利用。为了解决这个问题,结合水利业务数据的特点使用 ETL 实现数据的集成以形成共享资源。

8.4.1 数据集成工具 (ETL)

通过 ETL(extract-transform-load)实现管理信息化体系基础数据库到专题数据库,以及专题数据库到 Hadoop 分布式文件系统的数据交互。转换包含以下三个步骤。

(1) 数据抽取

从源数据系统抽取目的数据系统所需要的数据。从数据源中抽取模式信息,用人工或相关的算法加以分析得到实例数据的抽取策略。抽取模式信息的合法性是保证数据质量的关键。此过程应尽量采用增量式的抽取算法,尽量避免对庞大的数据源进行费时的重复扫描,以保证数据处理的效率。

(2) 数据转换

将从数据源获取的数据按照业务需求,转换成目的数据源要求的形式。根据数据规约对数据集进行匹配,对重复异常的数据进行处理,删除部分重复数据或者将多个数据记录合并为一个完整的数据记录,并对错误、不一致的数据进行清洗和加工。

(3) 数据装载

将转换后的数据装载到目的数据源,能够有选择地转载到一个或者多个目的数据表中,并允许人工干预,提供强大的错误报告、系统日志、数据备份和数据恢复功能;可以进行作业调度,为程序员提供了强大的编程接口,使得数据 ETL 软件与业务软件实现系统层次上的集成共享,获得更好的交互性和扩展性。

1. 基础数据库到专题数据库的数据映射

数据中心基础数据库到专题数据库的数据转换,主要通过数据映射使基础数据库中的数据形成防洪调度专题库的数据视图。从基础数据库映射到专题数据库中的数据并没有物理存储在专题数据库中,只是通过视图映射到基础数据库中存储的数据,基础数据库的数据更新后,映射的视图能及时获取最新的数据。专题数据库的数据模型在逻辑上必须是统一的,而在物理上对应的基础数据可以分布存储。所有的应用只需访问对应的专题数据库,而无须关心数据中心数据库的逻辑和物理结构。

2. 专题数据库到分布式文件系统的 ETL

专题数据库到分布式文件系统的 ETL 主要实现将专题数据库中的历史监测数据,批量导入分布式文件系统中存储,包括水雨情监测数据、工情监测数据、大坝安全监测数据等。

8.4.2　数据访问接口

业务系统、数据管理与维护系统、水利局其他业务系统以及其他的业务系统,通过统一的数据访问接口访问数据库,以实现信息资源的整合与共享。

采用标准的数据访问接口,可以保证应用系统对数据的访问独立于数据库,独立于数据的物理结构和逻辑结构。数据库管理与维护系统也通过数据访问接口访问操作数据库中的数据。

① 数据访问接口提供身份认证功能,使得业务系统或应用可安全地连接到数据资源层。

② 数据管理与维护系统建立连接后,发起数据访问请求,包括数据的增、删、改和查询,提供给数据库管理员对数据库进行操作。

③ 提供日志功能,将用户、操作时间、操作类型、操作表名、成功与否等信息输出到指定文件中。

数据访问接口的设计工作主要包括:接口标识符名称、接口参数项目、接口参数类型、接口参数名称、接口参数次序、接口参数缺省值和接口参数约束规则设计;输出结果集项目名称、输出结果类型、输出项目次序设计。

接口标识符(数据库访问服务中间件的服务名称)是数据库标识系统的重要组成部分,因此必须保持与已建的管理信息化体系专题数据库的其他标识符命名规则一致。

数据接口包括基础数据接口和防洪调度数据接口。

1. 基础数据接口

基础数据接口为访问基础数据库的应用提供数据访问方式,包括水雨情监测数据接口、工情监测数据接口、视频数据接口、水文气象基础数据接口、社会经济数据接口、基础地理数据接口、水利基础地理数据接口、三维数据接口。

2. 防洪调度数据接口

防洪调度专题数据库数据接口见表 8.4.1。

表 8.4.1　防洪调度专题数据库数据接口列表

序号	名称	功　　能	结果集	参数	备注
1		返回指定条件的管理单位或行政区划列表			
2		返回指定条件的行政区划地理统计情况列表			
3		返回指定条件的社会发展主要经济指标			
4		返回指定条件的环境资源统计列表			
5		返回指定条件的土地面积构成列表			
6		返回指定条件的人口状况列表			

续表

序号	名称	功　　能	结果集	参数	备注
7		返回指定条件的国民生产总值和指数列表			
8		返回指定条件的居民生活情况列表			
9		返回指定条件的河流名称列表			
10		返回指定条件的水库基本信息列表			
11		返回指定条件的水库下游水位流量关系曲线			
12		返回指定条件的水库水位库容曲线			
13		返回指定条件的水库水头出力曲线			
14		返回指定条件的水库保证出力			
15		返回指定条件的水库泄流能力曲线			
16		返回指定条件的水库安全鉴定资料			
17		返回指定条件的库(湖)站汛限水位数据			
18		返回指定条件的发电机信息			
19		返回指定条件的发电机效率曲线			
20		返回指定条件的发电机耗水率曲线			
21		返回指定条件的发电机单机发电数据			
22		返回指定条件的泵站信息			
23		返回指定条件的溢流闸门信息			
24		返回指定条件的堤防信息			
25		返回指定条件的流域分区及基本参数数据			
26		返回指定条件的水文测站基本属性列表			
27		返回指定条件的水文测站水文数据			
28		返回指定条件的水库与水文测站关系列表			
29		返回指定条件的水文测站控制水位配置			
30		修改指定条件的水文测站控制水位配置			
31		插入水文测站控制水位配置			
32		返回指定条件的水文测站类型及其代码			
33		返回指定条件的雨量站设计雨量值			
34		返回指定条件的雨量站设计雨量过程数据			
35		返回指定条件的洪水传播时间数据			
36		返回指定条件的测站(控制站)洪水频率分析参数			
37		返回指定条件的水文测站(控制站)设计洪水过程数据			
38		返回指定条件的控制站水位(流量)频率分析成果数据			
39		返回指定条件的库(湖)站防洪指标数据			
40		返回指定条件的河道站防洪指标数据			
41		返回指定条件的河道特征值数据			

序号	名称	功　　能	结果集	参数	备注
42		返回指定条件的河道设计(调查)洪水水位、水面线数据			
43		返回指定条件的实时降水数据			
44		返回指定条件的暴雨加暴数据			
45		返回指定条件的多日降水量统计数据			
46		返回指定条件的旬月降水量统计数据			
47		返回指定条件的流域面平均降水量数据			
48		返回指定条件的场次降雨资料数据			
49		返回指定条件的水文测站实时水情数据			
50		返回指定条件的水库实时水情数据			
51		返回指定条件的水库水情多日均值数据			
52		返回指定条件的河道实时水情数据			
53		返回指定条件的河道水情多日均值数据			
54		返回指定条件的日蒸发量数据			
55		返回指定条件的闸门启闭实时数据			
56		返回指定条件的库区断面资料数据			
57		返回指定条件的河道(水库入库)水情预报成果据			
58		插入河道(水库入库)水情预报成果数据			
59		返回指定条件的河道典型控制断面水位流量关系曲线			
60		返回指定条件的断面地形资料			
61		返回指定条件的马斯京根模型水文站配置数据			
62		修改指定条件的马斯京根模型水文站配置数据			
63		插入的马斯京根模型水文站配置数据			
64		删除指定条件的马斯京根模型水文站配置数据			
65		返回指定条件的河道横断面里程数据			
66		返回指定条件的河道横断面数据			
67		返回指定条件的分区预报成果数据			
68		插入分区预报成果数据			
69		返回指定条件的水库调度图			
70		返回指定条件的水库调度图区域参数			
71		修改指定条件的水库调度图区域参数			
72		插入的水库调度图区域参数			
73		删除指定条件的水库调度图区域参数			
74		返回指定条件的模型调度规程			
75		修改指定条件的模型调度规程			

序号	名称	功　能	结果集	参数	备注
76		插入的模型调度规程			
77		删除指定条件的模型调度规程			
78		返回指定条件的回水模型结果输出数据			
79		插入的回水模型结果输出数据			
80		返回指定条件的调度方案数据			
81		插入的调度方案数据			
82		返回指定条件的调度预报成果数据			
83		插入的调度预报成果数据			
84		返回指定条件的水库(电站)调度水情结果数据			
85		插入的水库(电站)调度水情结果数据			
86		返回指定条件的历史水灾淹没范围数据			
87		修改指定条件的历史水灾淹没范围数据			
88		插入的历史水灾淹没范围数据			
89		删除指定条件的历史水灾淹没范围数据			
90		返回指定条件的历史水灾堤防溃决分布数据			
91		修改指定条件的历史水灾堤防溃决分布数据			
92		插入的历史水灾堤防溃决分布数据			
93		删除指定条件的历史水灾堤防溃决分布数据			
94		返回指定条件的历史水灾特征点淹没水深			
95		修改指定条件的历史水灾特征点淹没水深			
96		插入的历史水灾特征点淹没水深			
97		删除指定条件的历史水灾特征点淹没水深			
98		返回指定条件的历史水灾暴雨积水点分布数据			
99		修改指定条件的历史水灾暴雨积水点分布数据			
100		插入的历史水灾暴雨积水点分布数据			
101		删除指定条件的历史水灾暴雨积水点分布数据			
102		返回指定条件的历史水灾暴雨积水淹没范围数据			
103		修改指定条件的历史水灾暴雨积水淹没范围数据			
104		插入的历史水灾暴雨积水淹没范围数据			
105		删除指定条件的历史水灾暴雨积水淹没范围数据			
106		返回指定条件的历史水灾最大淹没范围数据			
107		修改指定条件的历史水灾最大淹没范围数据			

序号	名称	功　能	结果集	参数	备注
108		插入的历史水灾最大淹没范围数据			
109		删除指定条件的历史水灾最大淹没范围数据			
110		返回指定条件的场次水灾特征点淹没情况数据			
111		插入的场次水灾特征点淹没情况数据			
112		返回指定条件的场次水灾堤防溃决情况数据			
113		插入的场次水灾堤防溃决情况数据			
114		返回指定条件的特征点淹没水深数据			
115		插入的特征点淹没水深数据			
116		返回指定条件的最大流速分布数据			
117		插入的最大流速分布数据			
118		返回指定条件的洪水演进(水深分布)数据			
119		插入的洪水演进(水深分布)数据			
120		返回指定条件的洪水演进(流速场)数据			
121		插入的洪水演进(流速场)数据			
122		返回指定条件的洪水风险图标识列表			
123		修改指定条件的洪水风险图标识数据			
124		插入的洪水风险图标识数据			
125		删除指定条件的洪水风险图标识数据			
126		返回指定条件的实时受灾情况数据			
127		插入的实时受灾情况数据			
128		返回指定条件的实时洪灾影响人口统计数据			
129		插入的实时洪灾影响人口统计数据			
130		返回指定条件的实时工业交通受灾情况数据			
131		插入的实时工业交通受灾情况数据			
132		返回指定条件的场次水灾数据			
133		插入的场次水灾数据			
134		修改指定条件的场次水灾数据			
135		删除指定条件的场次水灾数据			
136		返回指定条件的场次水灾降雨过程记录数据			
137		插入的场次水灾降雨过程记录数据			
138		返回指定条件的场次水灾受灾情况统计数据			
139		插入的场次水灾受灾情况统计数据			
140		返回指定条件的场次水灾影响人口统计数据			
141		插入的场次水灾影响人口统计数据			

序号	名称	功　　能	结果集	参数	备注
142		返回指定条件的场次水灾历史工业交通受灾数据			
143		插入的场次水灾历史工业交通受灾数据			
144		返回指定条件的防汛应急项目建设情况统计数据			
145		插入的防汛应急项目建设情况统计数据			
146		修改指定条件的防汛应急项目建设情况统计数据			
147		删除指定条件的防汛应急项目建设情况统计数据			
148		返回指定条件的防汛物资仓库基本信息数据			
149		插入的防汛物资仓库基本信息数据			
150		修改指定条件的防汛物资仓库基本信息数据			
151		删除指定条件的防汛物资仓库基本信息数据			
152		返回指定条件的抗洪抢险物资消耗统计数据			
153		插入的抗洪抢险物资消耗统计数据			
154		修改指定条件的抗洪抢险物资消耗统计数据			
155		删除指定条件的抗洪抢险物资消耗统计数据			
156		返回指定条件的防汛简报数据			
157		插入的防汛简报数据			
158		修改指定条件的防汛简报数据			
159		删除指定条件的防汛简报数据			

8.4.3　接入数据

数据存储与管理的建设，要充分利用国家、流域机构以及已建的信息系统的共享数据资源，对这些数据资源进行接入利用，具体的接入数据信息见表 8.4.2。

表 8.4.2　接入数据信息表

接入数据	系统名称	用　　途
实时水雨情	防洪调度系统	作为水情预报、洪水演进计算输入
气象信息	防洪调度系统	为气象信息的查询与显示提供数据源
历史灾情数据	防洪调度系统	为图表结合 GIS 的形式进行灾情信息的展示提供数据源
预警响应	防洪调度系统	为水利专题图展示提供数据源
危险区	防洪调度系统	为水利专题图展示提供数据源
历史灾害	防洪调度系统	为水利专题图展示提供数据源
灾害隐患点	防洪调度系统	为水利专题图展示提供数据源
水雨情实时监测	防洪调度系统	作为洪水演进模型的初始输入条件
洪水预报成果	防洪调度系统	为洪水演进计算提供数据源
降雨分布图成果	防洪调度系统	为水利专题图展示提供数据源

8.5　系统功能设计

8.5.1　水库大坝管理与应急响应系统

1. 系统功能概述

系统包括水库大坝日常运行管理模块、水库大坝应急处置系统功能模块、水库大坝安全评定与风险管理功能模块，各模块之间的关系见图 8.5.1。每个功能模块又可分为相应的子模块，系统的详细功能结构见图 8.5.2。

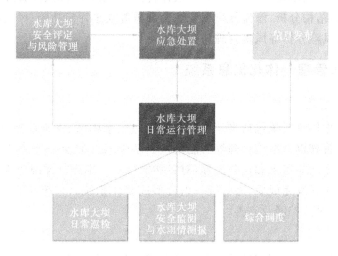

图 8.5.1　系统模块之间的关系

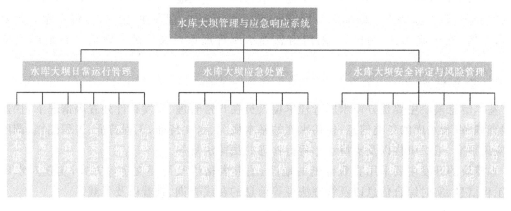

图 8.5.2　系统功能结构

2. 大坝日常运行管理模块功能设计

水库大坝日常运行管理工作主要包括巡视检查、安全监测、水库调度、防汛管理、人员培训、信息传递等活动，核心工作为水库工程的巡视检查、安全监测以及综合调度。因此，模块设计参照水库大坝日常运行管理的工作内容，结合系统总体架构和技术路线展开，具体功能分为基本信息、日常巡检、综合调度、安全监测、水雨情测报及信息发布。

3．水库大坝应急处置系统功能模块设计

针对水库大坝所面对的可能由自然灾害、结构缺陷、误操作、人为破坏及其他因素导致的突发事件，分析国家、行业应急预案和规范框架的基本内容和要求，研究国内其他行业及国外应急响应专业领域的技术理念和实现手段，在已有的国内外成熟的图形处理、指挥调度软件基础上，开发以事件驱动的应急响应标准流程的功能模块，并与日常运行管理的功能模块相关联。模块的具体功能分为应急预案管理、应急资源管理、态势一张图、应急处置、灾情评估以及应急演练等。

4．水库大坝安全评定与风险管理功能模块设计

基于我国的《水库大坝安全评价导则》分项评价内容，以及国际风险管理的理念和方法，本模块功能主要包括：结构分析、渗流分析以及综合分析等安全评定功能；风险标准、溃坝概率分析、溃坝后果分析、风险分析等风险管理功能。

8.5.2　水库管理一体化信息系统

1．系统功能概述

水库管理一体化信息系统包括水库首页、基本信息、水雨情、安全监测、防洪调度、兴利调度、视频监控、综合管理以及系统管理等功能模块。基于系统的统一开发平台和技术框架，根据各功能模块的具体功能需求和业务流程，对各功能模块分别进行详细功能设计、程序开发和测试。当各功能模块开发完成后，进行统一组合形成整体系统。系统功能可根据水库管理业务、用户的需求进行灵活扩展及完善。

2．首页

本模块的开发借助于地理信息系统和图形图像等技术的可视化展示、查询以及分析等特性，结合水库管理的实际业务，实现基于地理信息快速直观地查询、展示水库的地理位置、各建筑物的分布、各类监测点及断面的布设情况，并借助地图的直观性、全局性，将水库的超限报警、水雨情、安全监测、电站信息、闸门信息等水库管理重点关注的实时信息在地图上叠加展示。

3．基本信息

基本信息模块主要是方便水库管理单位人员在日常管理、突发事件处置等情况下，快速地在线查询、查看水库的各类信息，包括水库的基本概况、水文特征、工程特征、工程图档、调度原则、应急预案、组织机构以及支撑水库运行管理的法律法规等。

本模块的开发主要采用直观清晰的地图、图形表格以及简要文字等方式，实现对水库信息、工程信息、实时综合信息以及管理法规等信息的在线查询、查看以及下载。

4．水雨情

本功能模块是建立在水库建设的水雨情自动测报装置的基础上，通过水库水雨情测报采集的水库水文要素（如降雨量、上下游水位、出入库流量、水温等）数据，提供对实时数据的查询、预警，历史观测数据的查询、管理，图表常规分析，统计模型分析等功能，为防洪、抗旱、水资源的充分利用及水库的安全合理运行提供依据。

5．安全监测

水库大坝安全监测依托于水库大坝埋设的大坝安全监测硬件，着力提高系统的自动化及智能化程度,实现观测数据的自动化采集、传输和通信,自动化数据处理、在线检测和在线监控,建立快捷、高效、方便的工程安全监测功能。水库大坝安全监测模块,不但包括观测数据和数据库管理、图表常规分析、统计模型,而且还应具有自动化在线检测、异常数据处理、数据分析等功能,能实时监测枢纽安全运行状况,为解决建筑物安全稳定的关键技术提供尽可能充分的信息、方法、分析评判服务。

巡视检查遵循《土石坝安全监测技术规范》(SL 551—2012)、《混凝土坝安全监测技术规范》(SL 601—2013)的要求,根据水库的实际情况,水库管理单位巡检的主要任务包括确定水库大坝的巡视检查项目、制订巡视检查计划、固定巡视检查人员、执行巡视检查并填写巡检记录等。其中,现场巡检人员须基于制定的巡检路线、检查周期、检查项目执行巡检,并做好巡视检查记录,对于巡检发现的隐患或险情,还应以图片和录像等方式记录。

6. 防洪调度

防洪调度是在保证大坝安全的前提下,根据规划设计的开发目标和兴利主次关系,结合库区迁安和下游河道安全泄量的实际情况,本着局部服从整体、兴利服从防洪的原则对水库进行合理调度运用,以达到综合利用水库资源,充分发挥工程综合效益的目的,是水库管理单位的重要工作。水库调度运用的依据是:根据批准的调度运用计划和运用指标,结合水库工程现状和管理运用的经验,参照近期水文气象预报情况,进行具体的最优调度运用。水库调度管理的主要内容包括:根据实际情况和综合利用部门的要求,编制水库防洪与兴利调度计划;及时掌握、处理、传递水文气象和水库运用信息,进行水文气象预报;根据批准的调度计划和水库主管部门的调度指令进行水库的调度运用,并将调度命令执行情况反馈到上级部门等。

7. 兴利调度

兴利调度是根据水库承担兴利任务的主次及规定的调度原则,在确保工程安全和按规定满足下游防洪要求的前提下,运用水库的调蓄能力,有计划地对入库的天然径流进行蓄泄,最大限度地满足各用水部门的要求。兴利调度主要包括发电调度、供水调度以及灌溉调度等调度方式。调度的主要内容包括拟定各项兴利任务的调度方式,制订相应的调度计划,记录实际调度执行情况等。

8. 视频监控

视频监控模块依托水库大坝管理规章制度及管理体系,利用监控技术与信息技术的优化结合,基于现场测控网络、计算机局域网和互联网三级网络,形成水库大坝运行管理单位与水库主管部门间互联互通的大坝安全保卫体系。

视频监控点是系统的眼睛,无论在日常运行管理,还是在应急响应中都起到至关重要的作用。目前,很多水库大坝都已经安装了视频监控系统,在建筑物及库区布设了监控点,且所使用的摄像头多为普通模拟制式,较少摄像头具备可旋转云台。

随着通信网络、视频采集与压缩等技术的快速发展,视频监控技术逐渐由传统模拟监控向数字硬盘监控转变,并且视频的分辨率不断提高。同时,伴随着3G、4G网络的普及,移动视频监控需求也在日益增大。本模块的目标是将水库各个分散的监控点进行有机整合,并与系统的各功能业务有机集成,在系统中进行统一管理与查看。

9. 综合管理

水库大坝运行管理工作除包括巡视检查、安全监测、水库调度、防汛管理等主要业务外,还包括工程的维修养护、水库管理考核、安全生产管理、工程档案管理以及办公管理等内容。因此,系统开发了综合管理功能模块以规范水库大坝维修养护、水库管理考核等工作,提升水库管理水平。

8.6 系统安全体系

水库大坝管理信息化系统前端通过接口应用采集大量信息(如各种传感器、闸门控制系统、现地业务系统等),系统本身也产生大量的信息(如指令、上报情况等)。信息按照业务流程在不同层级、不同部门间传递。若遭受偶然的或恶意的破坏、更改,系统将无法连续可靠正常地运行,难以发挥安全管理的功能,甚至危及水库大坝的安全,在应急情况下也无法最大限度地保障生命和财产的安全。

水库大坝管理信息化系统基于现代化网络技术,部署多个层级,涉及多个业务单位和部门,数据信息庞杂,用户繁多,需从网络、操作系统、数据存储、信息传输、应用系统等多个方面保障信息安全。

8.6.1 网络安全

系统利用的网络包括本地局域网、跨地区专网、无线网和互联网等多种网络,以下逐一阐述不同网络所采取的安全措施。

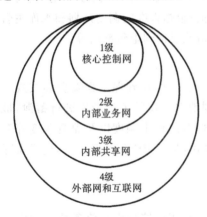

图 8.6.1 本地局域网四个级别的网络区域

(1)本地局域网安全

为保障系统安全,本地局域网划分为四个级别的网络区域,包括1级核心控制网,2级内部业务网,3级内部共享网,4级外部网络和互联网。各级别的网络彼此独立、相互隔离,为使信息在不同级别的网络之间正常传递,相邻级别的网络之间采用应用接口方式交换数据。四个级别的网络区域见图8.6.1。

① 1级核心控制网指用于生产的核心控制系统所使用的网络,例如大坝的泄水闸控系统、船闸控制系统等。

② 2级内部业务网指管理单位用于内部业务管理的网络,如办公自动化、财务系统、监控系统等。

③ 3级内部共享网指管理单位用于共享信息和数据利用的网络,如信息交换、公共论坛等。

④ 4级外部网络和互联网,此部分仅用于与外部网络关联、访问互联网等。

系统主要位于2级内部业务网区域,通过接口获取1级核心控制网区域中控制系统的状态信息,将需要共享的信息和数据通过接口传递到3级内部共享网区域。通过网络分区域隔离,处于4级的外部网络或互联网区域无法看到或访问3级网络;即使发现了3级与4级间的接口,因这些接口被严格定义很容易监测和审计,加上防火墙等防护措施,外部网络或互联网难以通过接口渗透入3级网络,攻入2级和1级的难度更大,有效保障了安全。

(2)跨地区专网安全

系统部署的各层级间往往距离较远,采用的是网络服务商提供的专用网络(如中国电信提供的 MPLS-VPN 专网)。网络服务商专网与其他网络隔离,传输的数据是加密的,即使是网络服务商也无法获知传输数据的内容。专网依托多链路 IP 网络,不存在单点故障,可保证网络带宽和质量,可靠性高、可信度好、安全性好。网络服务商专网采用了路由隔离、地址隔离和信息隐藏手段,提供了抗攻击和标记欺骗的手段,可限制来自网络端的拒绝服务等攻击。

尽管采用网络服务专网的安全性较好,但网络租用费用较昂贵。对不同层级跨地区网络采用基于互联网自建 VPN 隧道的方式,可以达到与网络服务商专网相近的安全性。

基于互联网自建 VPN 网络,首先要让联网的两家单位均具备互联网专线,并且在互联网上具备可访问的固定 IP 地址;其次在两家单位的互联网专线出口架设 VPN 路由器并建立 VPN 隧道,最后在互联网专线出口架设防火墙设备。当某家单位要访问互联网时,数据以明文的方式通过 VPN 路由器发送;当与另一家单位交换数据时,数据经加密,通过 VPN 隧道发送到另一家单位。两家单位之间通过 VPN 隧道传输的所有数据均被加密,即使数据包被截获也无法获知数据内容。由于 VPN 路由器的 IP 地址是暴露在互联网上的,仍存在被攻击的可能性,采用网络防火墙(或开启 VPN 路由器内置的防火墙功能)可有效应对此类攻击。

相对于网络服务专网而言,基于互联网自建 VPN 网络可提供相近的安全性,预期成本往往低于前者的 1/5,但这是以牺牲网络质量为代价的。互联网点对点传输带宽和质量的不可靠性,使基于互联网自建 VPN 网络难以保证固定带宽,网络延迟也时常变化,这对系统运行仍会产生一定的影响。

（3）无线网安全

系统所使用的无线网络包括移动运营商提供的 3G 网络和自建的 WiFi 无线网络,安全措施如下:

① 系统具备利用智能移动终端通过 3G 无线网络接入系统的能力。为保障安全,首先要做好移动终端的接入管理,将终端风险控制在一定范围内,未经管理的移动终端无法接入系统;其次,对数据信道加密,通过 3G 网络建立 VPN,做到双向鉴权、密钥动态分发、密钥及时销毁等。

② 系统在水库大坝现场运行维护单位部署 WiFi 无线网络,便于工作人员使用移动终端执行巡视任务。部署的 WiFi 热点对移动终端做设备认证,只有授权的设备才能接入。接入设备的无线通信采用 WPA2-PSK 或 WAPI 加密方式,加密算法采用 AES(高级加密算法),密钥定时动态更新。

（4）互联网安全

系统的部分模块需要与互联网连接(如公共信息发布模块),此部分软件安装在 3 级内部共享网区域,与 2 级内部业务网区域通过接口互联,在与互联网的接口上加装防火墙,保证此部分软件模块不受来自于互联网的攻击。

8.6.2　操作系统安全

系统采用当今世界上主流的操作系统,包括服务器端使用的 Windows Server 2008,客户端使用的 Windows 7 和 IOS 等。操作系统应用广泛,可能遭受到的攻击较多,成为系统安全中的薄弱环节。目前,从以下环节保障操作系统的安全:

① 使用 NTFS 之类具备权限管理和加密能力的文件系统,提高文件操作的安全水平。

② 停止或关闭不需要使用的服务,减少可能的攻击点。

③ 安装杀毒软件和防火墙软件,防范外部病毒、木马、有害程序的攻击。

④ 安装操作系统、杀毒软件和防火墙软件的补丁,并定期更新,减少操作系统自身的漏洞。

⑤ 设置自动的屏幕保护和屏幕锁定功能,在操作人员离开时自动加载,防止其他人未经授权访问和使用系统。

⑥ 对所有用户做授权管理,用户必须使用口令和/或证书(智能卡)才能访问和使用操作系统,设置较高安全等级的口令策略。

8.6.3 数据安全

数据是水库大坝管理信息化系统的应用基础,系统从数据存储、系统架构和加密技术等多方面确保数据的可用性、完整性和保密性。

系统的核心数据主要存储在数据库系统中。数据库系统上配置独立于操作系统的用户管理和权限管理,只有授权的用户才可以访问数据库,用户对数据表的访问(如查看、修改、维护等)也受权限的严格制约。

系统采用面向服务的 SOA 架构,这意味着大多数客户端软件功能模块并不能直接访问数据库系统,而是通过服务器端的服务软件完成数据访问。SOA 架构使得数据库系统和客户端软件处在不同的网络内,中间仅通过服务软件交换数据,客户端软件在网络上甚至无法探测到数据库系统的存在。这种隔离措施进一步提高了数据的安全性。

为了保证客户端应用的效率,客户端软件会将部分数据缓存在客户端。这部分数据尽管不完整,系统仍采取加密措施以保障数据的安全。系统对本地缓存数据使用 256 位 AES 硬件加密算法来保护数据,此加密选项是强制的,不能被取消,在没有密钥的情况下,数据只是乱码,不能被有效解译和利用。

为避免因工作人员遗失移动终端设备造成数据意外泄漏,在移动终端上设置密码,若多次尝试输入密码失败后,移动终端将自动启动清除机制,完全清除移动终端上的数据。系统也支持通过网络远程触发数据清除功能,以保证数据安全。

8.6.4 信息传输安全

水库大坝管理信息化系统部署在各个层级的单位和部门,需利用网络在不同层级和部门内/间传输各种信息。由于内网是可信的,为保证系统运行效率,信息在某个部门内部传输时一般不加密,而是将重点放在网络安全上。当信息在不同层级和部门间传递时,优先考虑采用 VPN 专网。若不具备 VPN 专网的条件,则对信息传输做加密处理,加密措施如下:

① 设备之间信息传输采用加密机制,如移动终端与 WiFi 无线 AP(接入点)之间采用 128 位 AES 加密方式加密,密钥基于 RADIUS 认证环境动态更新。

② 跨网段设备/应用间运用 VPN 技术,建立 VPN 隧道,基于数字认证机制,对双向信息传输做加密处理。

③ 对于 Web 应用,在不具备建立 VPN 隧道的情况下,应用 SSL/TLS 进行通信加密,保证信息传输安全。

8.6.5 应用系统安全

系统是基于网络的复杂系统,不同层级和不同岗位上多个用户相互协作,共同完成相关工作的。为保证应用系统安全,主要采取以下措施。

① 用户和权限管理。对不同的用户按照层级和角色配置权限,用户需正确输入用户名和口令才能进入应用系统。若在一段时间内多次输入错误口令,用户将被锁定,除非管理员解

锁,否则用户即使再次输入正确口令也将被拒绝登录;部分应用提供锁定功能,当用户在一段时间内无操作,系统将自动为用户锁住屏幕,当用户操作时需再次输入正确的口令。

② 程序资源访问控制。用户登录后,应用系统根据用户的权限,设置客户端软件的界面。一种方法是使界面上仅呈现出该用户可使用的菜单、操作按钮和导航树等;另一种方法是界面上呈现出所有的菜单、操作按钮和导航树等,但只有与该用户权限相符的才可用,其他的均不可用(显示为灰色的菜单项或操作按钮)。

③ 功能性安全。用户在应用系统上操作时,将根据业务流程对操作记录做校验和审核。程序使用规则引擎实现业务流程内控制,保证相关操作是正常、正确的。

④ 运行监控。应用系统对服务器端的服务进行监控,若某些服务停止工作,监控系统会向管理员发出警告,以及时修复,保障应用系统的正常运行。

⑤ 日志与审计。系统内置日志功能,用户在应用系统上的每个有效操作,将被记录在日志中,并加盖时间戳,这些日志保存期较长,且不能被人为修改。在操作期间和操作完成后,具备权限的用户可对日志进行审计,以及时发现安全问题并整改。

8.7　系 统 集 成

8.7.1　系统集成思路

根据系统结构、数据或信息传递的方式分析,水库大坝管理信息化系统软件集成需考虑如下两个方面。

（1）系统结构

由于开发系统涉及多个管理层级的多个业务应用,系统集成时,不仅要考虑到外围系统接口问题,还要考虑到数据交互的问题。综合体现如下:

① 需要与各种类型的外围系统的接口,如水雨情、气象、闸门控制、安防和各类传感器系统等,其中可分为单机版本、局域网 C/S 架构,数据库类型或非数据库类型等。

② 多级管理单位的需要。

③ 每级系统里又分为面向领导层面的、调度执行层面的和现场操作层面的不同用户群。

④ 需要提供数据或应用服务给同级的政府部门。

⑤ 需要提供数据或应用服务给本级的其他应用系统。

（2）数据交互

水库大坝管理信息化系统软件并非一个"信息孤岛",需要与其他数据库或系统共享资源。综合表现如下:

① 数据传递时效性。同步数据(准实时数据)——此类数据需要在不同应用或系统间快速传递,对数据传输的延迟敏感。此类数据的类型有事件、任务、重要消息等,如上级单位发给下级的调度指令性任务,被上级订阅的重要类型的系统消息。异步数据(非实时数据)——此类数据需要在不同应用或系统间传递,但是对数据的传输延迟不敏感。此类数据的类型有知识信息、计算模型结果和地图 Web 服务等。

② 数据类型或协议。由于系统集成目标杂多,且类型不一,因此集成工作需考虑到多方面数据类型和协议,如 XML 、AMF3、HTML、RTMP、FTP 等。

③ 业务数据的处理类型。系统需要从外围或系统的前置应用中,采集大量的实时或准实

时数据；需要嵌入或接入大量的行业知识库、大坝和水库专业计算模型、大坝安全和风险分析模型以及洪水调度和应急模型；在不同的系统层级或不同应用间，存在任务事件的生成、分解、综合、路径控制、接收等事件全生命周期，因此，系统的许多子模块都需要与一个事件驱动引擎协调工作。

8.7.2 系统集成方案

整个系统的集成方案将融合水库大坝原有软件系统和传感器系统，形成一个协同工作的整体，以实现更完美的功能。

（1）应用软件系统集成

系统对原有软件系统集成的方式包括服务集成、共享数据库、Web 应用融合、开发专用接口、调用原有应用或功能几种，具体如下：

① Web 服务集成。系统采用的是面向服务的 SOA 架构，将需调用的原有系统的功能包装成符合标准的 Web 服务，并注册到系统的 Web 服务目录中，方便其他应用/服务调用。这种方式可实现对数据的透明访问，解决对于操作系统和数据存储的依赖性。该技术手段可解决即将面对的不同体系数据管理系统间的数据交流问题。

② 共享数据库。通过建立共享数据库，定义需共享的信息模型，实现不同应用之间的数据共享。共享数据库可使用新建独立的数据库，也可使用现有数据库的只读视图。共享数据库可以依靠数据抽取整合工具从各个业务系统中抽取出数据，再经过数据转换规则后，形成标准的信息编码，存入核心数据库中。其他业务系统通过数据访问服务，按照定义的权限使用共享数据库中的各种数据资源。

③ Web 应用融合。若原有应用是符合标准的 Web 应用，可考虑采用 Web 应用融合的方式，即在现有系统的界面内嵌入原有 Web 应用界面，或采用超链接的方式激活原有 Web 应用界面。该技术可以应用到各子系统与水库大坝管理信息化系统的集成，保障该系统界面的统一性。

④ 开发专用接口。若原有系统提供应用开发的 API，系统在实施部署时，可通过开发专用接口实现对原有系统的信息交换与功能集成。

⑤ 调用原有应用或功能。若原有系统不开放 API，只提供可执行程序及输入输出参数，可采用直接调用原有应用或功能的方式集成。

（2）传感器系统集成

系统解决方案采用中间件 Edge Frontier 产品来智能聚合各类传感器的数据。通过该产品可远程配置的特点和其智能数据聚合解决方案，可以将不同类型的传感器数据进行快捷的集成。传感器系统集成需考虑到常用于水库大坝的传感器类型及其通信数据格式、协议。

① 支持多种通信协议。采用 Edge Frontier 产品作为中间件，可以通过 TCP、UDP、HTTP、Serial Port 等多种通信协议来读取和发送数据，也可以将数据发送给另一个 Edge Frontier 系统，并基于事件和策略来触发处理数据的方法，方便快捷地对数据进行标准化和商业逻辑处理，以实现开发系统无论在何种通信情况下都能运行，而无须重新开发数据接口服务。Edge Frontier 支持的通信协议见图 8.7.1。

② 实现数据智能聚合。利用 Edge Frontier 产品可配置化的平台技术进行数据集成和策略管理，可适应不同传感器设备的水库大坝应用，减少开发成本；支持复杂的数据监控，方便调试配置，使得从多种设备、系统以及应用获取的数据能够进行智能聚合，见图 8.7.2。

图 8.7.1　Edge Frontier 支持的通信协议

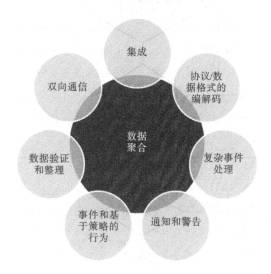

图 8.7.2　智能数据聚合

（3）系统集成接口

鉴于不同的大坝管理单位、区域及流域管理单位已部署有不同用途的水库管理业务系统，并且部分业务系统运行状态良好，可继续提供服务。所以，系统需设计一个通用的接口功能，以适应各管理层级现有不同类型的系统。以陆水示范工程为例，陆水水库大坝运行管理中心现行使用的系统包括大坝安全监测系统、闸门运行监控系统、视频监控系统、政务办公系统等自动化系统。在流域级别，也存在多个与大坝安全与应急响应相关的现有系统，其中可能要进行关联的外围系统有：流域水情测报和洪水预报系统、流域洪水调度系统、各类专业计算模型，如洪水演进模型、洪水调度模型、洪水淹没模型和边坡稳定模型等。

系统需要关心的各类外围系统或功能模块众多，即需要定义多线程的接口系统轮询功能，来满足五花八门的接口要求。但是,为了保证系统的开放性,需要设计一个可配置的、稳定的接口程序。该接口程序的接口轮询流程见图8.7.3。

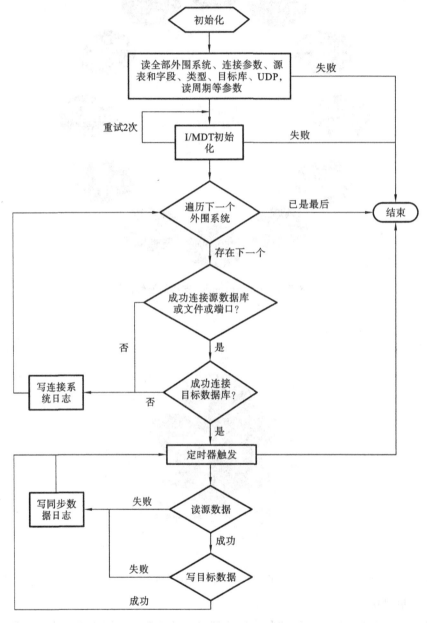

图8.7.3 接口轮询流程

8.8 系统部署方案

8.8.1 分层级部署概述

水库大坝管理与应急响应涉及的管理单位较多,包括水行政主管部门、流域管理机构、地方行政机构、现场管理机构、专业咨询单位等,软件系统功能最终将服务于各相关方,因此,需要根据各层级业务需求,提出合理的软件和系统功能部署的实施方案。

我国的水库大坝采用多层级管理方式,其中水库大坝现场运行单位承担现场日常管理工作,通过大坝安全监测、水雨情测报、人工巡视检查积累了大量的信息和数据,但因缺乏专家指导,难以有效利用这些信息和数据分析水库大坝的安全状态。这种情况在遇到应急事件时显得尤为突出。应急事件发生时,虽然存在上下级衔接和沟通,但是上级管理单位难以全面掌握现场实际情况,不得不前往现场主持工作,导致对事件响应滞后。现场的信息和数据难以传递给相关的专家和领导,无法为高层决策提供必要的技术支持。此外,上下级之间和同级不同单位之间仅存在事件告知,难以实现协同工作。分层级部署主要是为了实现纵向、横向层级之间信息传递和共享,广泛有效地利用信息和数据,以提高多机构沟通和协作的效率,有利于对事件做快速、科学的决策和应对。

我国现行的水行政及防汛抗旱体系包括国家级(第一级)、流域/省市自治区级(第二级)、区域/市县/河流级(第三级)、水库大坝现场运维部门(第四级)等四级。根据以上各个层级对水库大坝管理与应急响应的不同业务需求和关注范围,系统提供分层级部署方案,每个层级可以根据本层级的实际业务需要进行定制部署。考虑到实际情况,国家级暂不在系统部署层级范围,系统支持现场管理机构、区域管理机构、流域管理机构三个管理层级的部署和联动。

8.8.2　分层级业务应用部署

水库大坝管理信息化系统所管理的业务范围较广,包括日常运行管理、应急处置以及安全评定与风险管理等三大功能模块,具体分为日常巡检、综合调度、安全监测、水雨情测报、信息发布、应急指挥调度、安全保卫、安全评价、风险管理等。系统部署的每个层级的主要职责如下:

第二级——流域/省市自治区级,包括各省水利厅、流域管理机构。主要职责是指导水利设施、水域及其岸线的管理与保护,指导重要江河、湖泊及河口、滩涂的治理和开发,指导水利工程建设与运行管理,组织实施具有控制性的或跨州(市)及跨流域的重要水利工程建设与运行管理。

第三级——区域/市县/河流级,包括区域、地方的水利局和水务局等水行政管理机构。主要职责是组织、协调、监督、指导全县防汛抗旱工作(含城市防洪),对骨干河道和重要水利工程实施防汛抗旱调度;负责流域性和区域性的重要水利工程管理。

第四级——水库大坝现场运行维护单位。主要职责是执行水库调度方案;执行水库度汛方案;及时掌握、处理、传递水情和水库运用等信息,与上级主管部门建立水情自动测报信息系统;负责水库大坝安全巡视及稳定观测工作;协助相关部门做好水库安全生产(运行)检查;组织水库工程除险加固、养护修理工作;负责水文观测、监视、监控等设施、设备的日常养护管理工作;负责相关观测及技术资料收集、整编、汇总、分析及归档工作。

针对流域/省市自治区级、区域/市县/河流级、水库大坝现场运维部门等不同层级,系统提供了相应的部署策略,并可以根据具体用户的业务、功能需求定制部署。系统针对不同层级用户的部署具有以下特点。

(1)灵活性

系统可部署在单个或多个水库,也可按照水库管理机构和设置完成自上而下多层级的部署,且可以实现纵向、横向的系统联动;系统采用 SOA 架构,各大功能模块可拆分至底层服务单元,可根据不同层级、不同岗位用户进行需求化部署,做到系统部署可大可小、可繁可简。

(2)开放性

很多水库大坝已经安装、部署了支持单一业务功能需求的自动化系统(如闸门监控、水雨情观测、变形观测等),系统为水库大坝现场已部署的系统(包括传感器、数据库、软件)定制开发接口,可实现现有自动化系统功能、界面、数据等的统一集成。

(3)扩展性

系统一经部署,其功能、配置并非一成不变。系统本身在架构、功能、软件应用、关键技术等方面有持续改进的机制,针对用户在使用过程中提出的新业务需求,可以定制开发相应的功能模块,并集成到已部署的生产系统中。

根据水库大坝管理信息化系统中各层级的不同功能需求特点,T2、T3、T4 各级别对功能的需求描述见表 8.8.1 和表 8.8.2。

表 8.8.1 水库大坝管理与应急响应功能模块部署

模块名称	子模块	功能描述	T2	T3	T4
日常运行管理	日常巡检	现场巡检、记录上传、查看		☑	☑
	大坝安全监测及水雨情	包括大坝安全监测、水雨情等监控		☑	☑
	综合调度	水库群调度	☑	☑	☑
	信息发布	公众信息发布、与大坝安全相关的灾害信息发布、灾害管理等	☑	☑	☑
应急响应	应急处置	应急预案编制、应急调度、应急指挥等	☑	☑	☑
	安全保卫	视频监控		☑	☑
安全评价与风险管理	安全评价	大坝结构安全分析、渗流分析、综合分析		☑	☑
	风险管理	风险因子识别、风险分析	☑	☑	☑

表 8.8.2 第三方软件应用及操作系统

序号	软件应用	部署层级
1	Oracle 数据库	T4、T3、T2
2	视频监控管理	T4
3	建筑物安全监测采集软件(水位、变形、渗流、渗压等)	T4
4	服务器操作系统(Windows Server 系列、UNIX)	T4、T3、T2
5	客户端操作系统(Windows 系列、IOS 系列)	T4、T3、T2

8.8.3 分层级硬件配置

为了保障系统的性能和稳定性,每个层级的管理单位需配备服务器和工作站。服务器分别用于通信、Web 服务、CAD、存储及 GIS 搭建等相关操作。服务器配置要求见表 8.8.3,工作站配置要求见表8.8.4。

表 8.8.3　服务器配置要求

名　　称	性 能 要 求
通信服务器	2 * 4 core Intel Xeon 处理器 16 GB 内存 2 * 500 GB SAS 硬盘驱动器 Microsoft Windows 服务器 2008
Web 服务器	2 * 4 core Intel Xeon 处理器 16 GB 内存 2 * 500 GB SAS 硬盘驱动器 Microsoft Windows 服务器 2008
CAD/Security 服务器	2 * 4 core Intel Xeon 处理器 16 GB 内存 4 * 500 GB SAS 硬盘驱动器 Microsoft Windows 服务器 2008
存储服务器	四路处理器 2 TB 全缓冲 DIMMs(DDR3-10600/8500)内存 最多支持 8 个小尺寸 SAS/SATA/SSD 热插拔硬盘 四端口 1GBE 多功能网卡
GIS 服务器	2 * 4 core Intel Xeon 处理器 32 GB 内存 4 * 500 GB SAS 硬盘驱动器 Microsoft Windows 服务器 2008 GTX980 显卡

表 8.8.4　工作站配置要求

名　　称	性 能 要 求
I/CAD & I/Security 客户端	1 * 4 core Intel Xeon 处理器 4 GB DDR2 1333 内存 2 * Nvidia Q600 显卡,支持 4 个屏幕 2 * 500 GB 硬盘驱动器 3 * 24″监视器,1920 * 1200 分辨率
Web,3D & MVA 客户端	1 * 4 core Intel Xeon 处理器 4 GB DDR2 1333 内存 2 * Nvidia Q600 显卡,支持 4 个屏幕 2 * 500 GB 硬盘驱动器 3 * 24″监视器,1920 * 1200 分辨率

8.8.4　分层级网络环境配置

系统部署需为 I/CAD 和 I/Security 等功能应用提供至少 100 M 带宽的以太局域网,若局域网同时还用于其他网络应用,建议采用 1000 M 带宽的局域网。局域网应按照安全要求将网络划分成多个 VLAN,以实现多个安全等级的网络区域的隔离。

  大多数情况下,服务器和应用终端位于同一个建筑物内。但是大坝现场安全监测设备、视频监控设备、无线 AP 设备等往往距离建筑物有一定的距离。若距离较近(小于 100 m)可选用支持 802.3af 标准以太网,部署 6 类屏蔽线;若距离中等(100~250 m)可选用支持 802.3at 标准以太网,部署 6 类屏蔽线;若距离较长(超过 250 m)则使用光纤以太网。带宽的选择根据连接设备的消耗带宽和数量决定(通常每个监测设备需要 10 M,每个高清摄像头需要 20 M,每个无线 AP 需要 100 M 等)。

  对于移动应用功能(如大坝巡视和应急管理等),在大坝附近部署多个无线 AP,尽可能覆盖大坝附近所有巡视点。移动应用对带宽的需求不高,因此与核心交换部分可采用 100 M。移动终端与无线 AP 之间的网络受环境影响较大,距离较远时或存在障碍物时会有衰减,为保证网络质量,建议采用 300 M 以上的无线 AP。

  对于移动无线连接网络,首选网络为 3G 或 4G 网络。目前情况下建议采用 WCDMA 制式 3G 或 4G 网络,可提供最高 14.4 M 的接入带宽,以后随着技术的发展,建议采用 4G 网络。从安全角度考虑,可采用移动运营商提供的 iVPN 专线或基于互联网建立软件 VPN 隧道。

  对多个层级间的网络,在预算充足的情况下,可选择租用通信运营商提供的 VPN 专线网络(例如中国电信的 MPLS-VPN 专线),否则,考虑建立基于互联网的 VPN 网络。前者网络质量有保障,可按照网络使用需求申请带宽;后者网络质量难以保障,应按照网络使用需求的 2~3 倍申请带宽。建设网络时应同步做好网络安全工作,如安装配置网络防火墙等。

本章参考文献

[1] 吴中如,顾冲时,胡群革,等.综论大坝安全综合评价专家系统[J].水电能源科学,2000,18(2):1-5.

[2] 苏怀智,吴中如,温志萍,等.大坝安全监控知识库系统研究[J].水电能源科学,2000,18(3):7-9.

[3] 岳建平,雷伟刚.基于规则与人工神经网络的大坝安全监控混合知识库研究[J].水利学报,2001,32(5):54-57.

[4] 周波,唐桂彬.大坝安全监测专家系统知识库的研究[J].计算机时代,2011,1:23-25.

[5] 苏怀智,吴中如,温志萍.基于关系数据库的大坝安全综合评价决策支持系统[J].水力发电,2001,1:53-55.

第9章 应用实例

9.1 概　述

信息管理系统可全方位服务于我国水库大坝各个管理层级的用户,包括水行政主管部门、流域机构、水库大坝现场管理单位等,并可根据每个层级用户的实际业务部署相应的业务功能。系统应用对象层级见图9.1.1。系统应用对象定位具有以下特点:

① 符合国内水行政管理体系,支持不同层级用户单位的定制化部署。

② 打破原有的"信息孤岛",实现各种数据、信息在用户群之间的交互、共享。

③ 按照标准的业务流程,建立用户间协调、联动的统一业务平台。

图 9.1.1　系统应用对象层级

为验证系统整体解决方案的可行性、合理性,根据陆水试验枢纽工程的具体业务流程和真实数据、信息,建立了示范系统,该系统涵盖了水库工程管理中心、陆水试验枢纽管理局和长江水利委员会三个管理层级。系统搭建环境包括软件(桌面客户端、数据客户端、定制程序等)、硬件(计算机、服务器、传感器、数据采集终端、通信设备等)、网络(如局域网、万维网、专网)配置等。

9.2　陆水试验枢纽工程概况

陆水试验枢纽工程位于长江中游南岸一级支流——陆水干流山谷出口处,是一座以防洪为主,兼顾灌溉、发电、城市供水、航运、养殖、旅游和水利科学试验任务的大(2)型水库,原设计总库容 7.06 亿 m³,其建设目的是解决或验证三峡工程科研、设计与施工中的重大技术问题。枢纽工程承担着保护下游赤壁市区和 15 万亩农田防洪安全的任务,设计灌溉面积 57 万亩,水电站装机 35.2 MW。主要建筑物采用 100 年一遇洪水设计,2000 年一遇洪水校核,正常蓄水位 55.0 m,设计洪水位 56.5 m,校核洪水位 57.67 m。陆水试验枢纽工程全貌见图 9.2.1。

图 9.2.1 陆水试验枢纽工程全貌

枢纽由主坝、15 座副坝、泄洪建筑物、电站厂房、升船机、南北灌溉渠道、开关站等建筑物组成。主坝位于陆水河主河道,1~3 号副坝位于陆水河右岸,其中 2 号副坝为后期改建泄洪闸,3 号副坝位于原导流明渠;4~13 号副坝位于陆水河左岸,其中 8 号副坝是本枢纽规模最大的一座副坝。枢纽的挡水建筑物由混凝土坝和土坝组成,其中土坝长达 2400 m,占整个挡水前沿的 75%。泄洪建筑物有主坝 5 孔溢流堰、3 号副坝 1 孔溢流堰和 1 孔泄洪底孔、2 号副坝 3 孔平底泄洪闸。电站为坝后式厂房,位于主坝下游。升船机位于主坝坝顶,为简易干运垂直升船机。南北灌溉渠道分别位于 1_A 号和 11 号副坝右侧。陆水试验枢纽工程平面布置图见图 9.2.2。

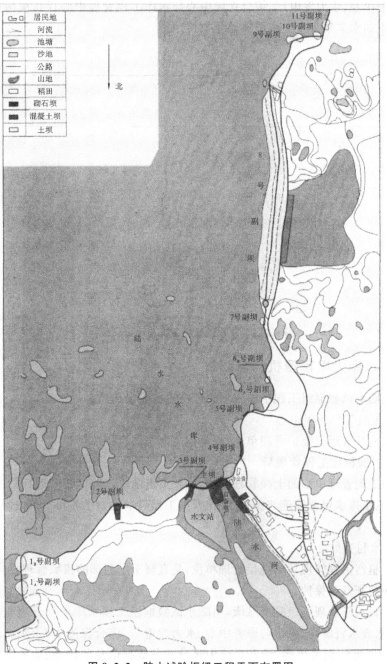

图 9.2.2　陆水试验枢纽工程平面布置图

9.3 陆水试验枢纽工程运行管理现状

陆水试验枢纽工程的运行管理职责主要由陆水试验枢纽管理局(以下简称"陆管局")及其下设机构承担。陆管局设有局机关(7个处室)和3个中心,所属企业陆水试验枢纽工程局下辖水力发电厂、供电处、陆水水利水电工程总公司,控股武汉市陆水自动控制技术有限公司。陆管局组织机构见图9.3.1。陆水枢纽工程管理中心是枢纽现场运行维护单位,水政水资源处、供水与服务中心、水力发电厂、综合保障中心与水库工程管理中心存在横向业务往来。另外,水文局下设的水文站为专业水雨情监测机构。

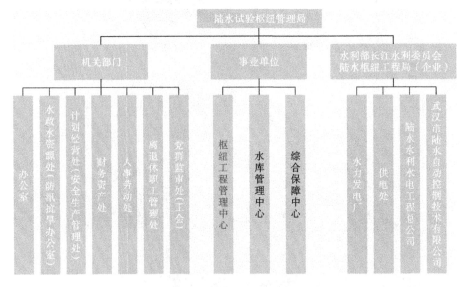

图 9.3.1 陆水试验枢纽管理局组织机构

9.3.1 水库大坝管理机构与职责

直接参与陆水试验枢纽工程水库大坝管理的机构主要包括:

(1)陆水枢纽工程管理中心

水库大坝的日常运行维护管理单位,也是应急响应的执行单位。

(2)陆水试验枢纽工程管理局

陆水枢纽工程管理中心的上级管理单位,主要负责陆水试验枢纽的运行管理与维护、水库防洪抗旱调度、水库水资源管理与保护,承担有关工程科学试验任务和本单位国有资产的运营或监督管理等。

(3)长江水利委员会

陆水试验枢纽工程管理局的直接管理单位,是直属于水利部的流域管理机构,主要从事长江流域水资源的开发与保护。

上述三个机构是从现场级到流域级,与陆水试验枢纽工程水库大坝管理业务直接相关的机构。此外,水政水资源处、供水与服务中心、水力发电厂、综合保障中心、水文站是与水库工程管理中心同层级的相关机构,涉及系统中部分业务数据信息的传递、业务功能的扩展。例如,水政水资源处参与防洪调度、辅助分析决策等活动。

9.3.2　管理信息化现状

陆水试验枢纽工程于 1958 年开始兴建,1988 年工程全面竣工,至今已运行了半个多世纪。枢纽水库大坝的管理经历了从人工到智能化的转变,枢纽管理信息化已建有水雨情测报、大坝安全监测、闸门运行监控、视频监控、政务办公等系统。各系统均是在除险加固过程中由不同的单位开发,均部署在水库现场,各系统独立运行。除水雨情测报系统已接入长江水利委员会水文局水文测报网络之外,其他的系统未与上级主管部门实现联动。

此外,现有系统主要针对专业性强的业务功能开发,较少涉及日常管理的业务内容,且各系统功能主要以信息采集和查询为主,不具备调度、指挥、辅助决策的功能。

为更好地验证水库大坝管理整体解决方案、系统框架、分布功能应用的实用性与可靠性,通过航拍、搜集、自动化采集等手段获取陆水试验枢纽工程的基础地理、基本特性、水雨情、工情等数据信息,调研各层级管理单位的业务功能需求,研究已部署的系统接口,建立了高度集成的统一管理平台,形成了一体化管理系统。

1. 信息化系统介绍

(1) 大坝安全监测

枢纽布设了变形观测、渗流渗压观测及环境量观测等大坝安全监测设施,主要安全监测自动化设施见表 9.3.1。

表 9.3.1　陆水水库大坝安全监测自动化设施统计表

坝　名	监测项目	部　位	设置测点	设置或改造时间
主坝	垂直位移	基础廊道	6	2013 年
		坝顶和基础廊道	4	2009 年
	水平位移	坝顶	14	2013 年
		坝顶和基础廊道	4	2009 年
	渗压	基础廊道	15	1967(2009)年
	渗压	导墙护坦	15	1965(2012)年
	渗流量	基础廊道	1	2009 年
6ₐ 号副坝	渗压	坝顶	4	2009 年
		下游坝坡	3	
8 号副坝	渗压	坝顶	9	2009 年
		下游坝坡	17	2009 年
		上游坝坡	3	2009 年

(2) 视频监控

监视系统由模拟视频监视系统和网络视频监视系统组成,已经布设 79 个监视点。枢纽工程主、副坝连线长约 6 km,工程管理范围与保护范围大,周边居民及流动人员多,视频监视面大,盲点多。

(3) 闸门监控

已有的闸门监视系统能实现主坝、3 号副坝共 7 扇闸门的远程监控,但闸门监控系统仅显示模拟动作画面,无法联动监控摄像机,直观监视闸门现场实际开度情况。

（4）安全生产管理

在日常安全生产管理中主要采取人工现场检查、日常宣传教育、监督管理等传统管理手段，未形成信息化的管理平台。枢纽工程管理范围大，存在管理人员对现场的安全信息不能集中实时获取，现场安全隐患排查不全面，安全生产责任落实不彻底等问题。

（5）办公自动化

随着计算机技术的发展，办公自动化系统已逐渐发展成为现代化的网络办公系统，通过联网使单项办公业务系统成为一个集成办公系统。原有的办公自动化手段主要是建立了FTP文件服务、内网及办公软件，办公业务的处理还停留在文字输入、排版编辑、查询检索等单机应用软件的使用上。

2．现状分析

枢纽在运行管理的各个方面均不同程度地应用了现代信息技术，起步较早，信息技术在某些业务的信息采集、传输、存储、处理、分析和服务的部分环节中得到了应用，且发挥了显著作用。多年来，运行管理人员围绕确保工程运行安全和防汛安全，在工程检查、监测、安全管理、应急管理及工程信息管理等方面做了大量工作。水雨情、工情、灾情、水资源、水质、工程建设管理、规划设计和行政资源等信息也不同程度地实现了自动化采集。

现阶段主要存在的问题是自动化程度低、各子系统独立运行、信息共享机制不健全、数据资源利用效率较低等。具体而言，安全监测系统存在着自动化监测设备来源于多个厂家、数据来自多个子系统、兼容性较低的问题；视频监控系统由于模拟视频监视与网络视频通信协议不统一、传输方式不一样，存在两个系统监视画面不能整合的问题；闸门监控系统网络出于安全考虑，与管理网络处于物理隔离，导致其监控数据仅运行在工控计算机内，数据无法实时上传，未做到有效集成。

综上所述，系统维护和设备更新投入不足，难以保障日益增加的应用需求；水库运行与管理覆盖多个业务，导致软件种类繁多，软件复杂，运行维护任务重，需多人同时操作；各个软件之间数据不能共享，不能互联互通，存在信息孤岛，不能及时进行信息整理、分析，不利于对信息进行集约化管理；运行管理单位尚未设置专门信息化工作职能部门和配备信息化专业技术人员，严重制约着信息化工作的管理运行。

因此，需要在已建业务系统的基础上，建设管理一体化信息系统，完善数据的采集和处理功能，搭建统一的业务管理平台，从而提高水库运行管理水平，为科学决策提供技术支撑。

9.4　示范系统需求分析

9.4.1　业务功能需求分析

陆水枢纽水库大坝管理的业务活动覆盖了系统架构中设定的第二至第四层级。根据现场调研，了解示范工程各管理层级中涉及水库大坝安全管理与应急响应的业务，具体如下。

水库工程管理中心（含水政水资源处对应业务功能），业务涵盖了从日常安全监测、安全保卫、运行维护到应急处置，同时需要获取水库大坝安全评价的基础信息作为评判水库大坝安全状态的依据，基于风险的日常管理也是第四管理层级的重要业务内容。

陆水试验枢纽工程管理局，是第四管理层级的直接管理单位，主要负责对第四管理层级业务活动的监管，同时在特殊情况下担负应急指挥、指令上传下达的责任，对安全监测的具体信息需求量较第四管理层级小很多,在很多业务活动中是第四管理层级的决策者,并承担协调者的角色。

长江水利委员会,是目前演示系统的最高层级,该层级较少参与第三管理层级和第四管理层级的日常管理活动,在某些特殊情况下,承担水库大坝应急调度指挥责任。此层级需要为水库大坝的安全状态提供评价结果,作为水库大坝运行管理的技术依据,并提供相应的技术咨询服务。此外,此层级还需要承担部分公众信息发布的职责,将必要的水库大坝安全信息在允许的条件下向社会发布。

上述业务需求分析是结合示范工程(陆水枢纽)的实际情况拟定的业务映射关系。对不同的水库工程,需要在详细调研相关管理层级业务流程的基础上具体分析。

9.4.2　基础数据需求分析

示范工程演示系统建设过程中使用陆水枢纽的真实数据、信息,基础数据需求主要分为以下几大类:

① 基础矢量数据;

② 影像数据;

③ 工程数据;

④ 传感器数据;

⑤ 摄像头数据;

⑥ 应急数据;

⑦ 三维模型数据;

⑧ 流域纵断面数据;

⑨ 巡检数据;

⑩ 组织机构及人员数据;

⑪ 运动视频;

⑫ 预案数据;

⑬ 知识库数据;

⑭ 模型库/方法库数据。

每个大类的数据按照对应的业务功能划分为若干个小类型,具体数据内容、规格、格式等详细需求见表 9.4.1。

表 9.4.1　示范系统基础数据需求清单

数据分类	子　类	数据规格	数据格式
基础矢量数据	建筑物	几何类型:面 属性:名称,高度,类型	shp,mif,dxf,dwg oracle spatial 等
	人口和经济点	几何类型:点 属性:人口,经济价值	
	街道中心线	几何类型:线 属性:名称	
	道路/高速路	几何类型:线 属性:名称,类型	

数据分类	子 类	数 据 规 格	数 据 格 式
基础矢量数据	铁路	几何类型:线	
	危害点	几何类型:点 属性:名称,类型,描述	
	危害区域	几何类型:面 属性:名称,类型,描述	
	水面	几何类型:面 属性:名称	
	流域边界	几何类型:面 属性:名称	
	行政区域	几何类型:面 属性:名称	
	地址标注	几何类型:点 属性:名称	
	水文站	几何类型:点/线/面 属性:名称	
	水利工程	几何类型:点/线/面 属性:名称	
	10 年洪水淹没区域 50 年洪水淹没区域 100 年洪水淹没区域	属性:名称	
	实时云图	实时图片或演示样例图片	jpg, png
	实时降雨图	实时图片或演示样例图片	
影像数据	大坝、流域、库区的 高分辨率影像		georeferenced tif/tiff
工程数据	二维坐标	coordinate for location on map	shp, mif, dxf, dwg 等
	三维坐标	pixel coordinate in DEM 3D mode	text
	属性	ID 名称 地址 类型 最大库容 工作状态 安全评定 危害等级 大坝高度 大坝长度 坝顶高程 坝顶宽度	text

续表

数据分类	子　类	数　据　规　格	数　据　格　式
工程数据	大坝工程描述		text
	水库工程特性	建筑工程的描述	text
	水库洪水调度	说明文档、流程	text
	水库大坝的专题图	传感器布置图	dxf、dwg、bmp、jpg 等
		消防布控图	
		门禁布控图	
		航运图	
		灌溉图	
		旅游图	
		供水图	
传感器数据	传感器点	经纬度坐标 大坝三维模型中的像素坐标 属性：编号、传感器名称、传感器类型、 所属大坝编号	shp、mif、dxf、 dwg、text 等
	监测观测项	编号 名称 设施名称 设备名称 观测值单位 采集类型 采集周期	text
传感器数据	监测观测站	站点编号 监测观测项编号 所属传感器编号 站点名称 实时值个数（维度） 最大值 最小值 告警阈值 超限阈值	text
摄像头数据	摄像头分布点	二维经纬度坐标 编号 名称 所属大坝编号 地址描述 视频流协议 主机地址 视频流名称 视频流类型	shp、mif、dxf、dwg 等
	摄像头视野范围	几何类型：面	

数据分类	子　类	数据规格	数据格式
应急数据	兴趣点	学校、医院、银行、教堂、警察站、消防站、重要建筑	shp，mif，dxf，dwg 等
	应急物资仓库	几何类型：点 属性：名称、地址、物资单、联系电话	
	救援单位	几何类型：点	
	疏散区域	几何类型：面	
	疏散路线	几何类型：线	
	疏散避难点	几何类型：点	
	疏散避难区域	几何类型：面	
	交通控制点	几何类型：点	
三维模型数据	大坝三维模型		3DS，DAE，KMZ
	库区流域的 DEM		rrd，tif
流域纵断面数据	纵向断面图	流域纵向断面图上包括河床高程、水面高程、大坝位置、坝顶高程、正常水位、限制水位、洪水控制的最高水位等	dxf，dwg
	水位站	流域纵断面上的 X 轴上标示水位站位置，水位站数据包括当前水位值、历史水位值	
巡检数据	大坝巡检点和巡检路线	二维的经纬度数据 几何类型：点 属性：名称、编号、类型等	shp，mif，dxf，dwg 等
	巡检内容和规范、标准	巡检内容、规范、标准等的说明文档	text
组织结构及人员数据		各个层级（T1、T2、T3、T4）的用户名称、单位名称等	text
运动视频	飞行路线	几何类型：线	
	运动视频	运动视频例子	
预案数据		各种应急预案的说明文档、处置流程规范等	text
知识库		有关大坝、安全监测、水库运行、应急管理等方面的知识文档	text
模型库方法库		有关安全评价、风险评估、洪水演进、洪水调度等方面的分析模型、计算方法的说明文档	text

9.5　示范工程演示系统架构设计

从纵向上看,陆水示范系统覆盖 T2、T3、T4 三个层级,分别为长江水利委员会(模拟)、陆水试验枢纽工程管理局和水库工程管理中心。三个层级间采用垂直的消息总线相互联系,见图 9.5.1。

单个层级的主体架构分三层,包括数据层、服务层和表现层,可与本地各种传感器系统对接,利用内部消息总线实现各功能模块的信息交换,通过多层级消息总线与上下级系统联系,见图 9.5.2。

单个层级的主体架构主要包含以下几方面内容。

(1) 数据层

数据层主要是利用关系型数据库技术建立的本地数据库,如基础库、知识库、方法库、评价库等;视频库由于数据量庞大,往往以文件库的方式存储;传感器库主要存储各种传感器的历史数据。由于各种传感器历史数据的关联性小、数据量大、检索速度要求高,因而采用列式数据库存储数据。

(2) 服务层

服务层底端为一些简单服务,这些服务往往只实现基础的数据存取功能,如地图服务、数据服务、传感器服务、视频服务、知识服务、方法服务、评价服务等。服务层中间是内部消息总线,包括了消息引擎和规则引擎,在这里各种服务按照业务流程和逻辑,经消息引擎和规则引擎的过滤和聚合,转化为高端的实现基本业务的服务,如大坝运行管理服务、大坝安全评价服务、大坝安全监测服务、大坝风险评估服务、公众信息发布服务等。

(3) 表现层

表现层包括 CS 应用客户端、BS 应用客户端、移动应用客户端和浏览器等。BS 应用客户端为系统最主要的模式;由于性能、安全和历史等原因,部分客户端功能模块仍采用 CS 应用客户端(如 I/CAD、I/Security 等),但对新增功能而言,均采用访问服务层中服务的方式实现;在移动终端上使用移动应用客户端,是通过无线网络调用服务层中的服务,类似于 BS 应用客户端;对公众而言仅使用浏览器、Flash 插件等方式访问服务层的 Web 网站或服务。

在 T4 层级上存在各类传感器系统,系统利用服务层中的传感器服务(Edge Frontier 中间件)用多种方法以只读方式获取本地传感器数据,包括读取传感器数据、调用监测软件 API、直接访问传感器和人工读数录入等方式(见图 9.5.3)。各种方式的特点如下:

① 读取传感器数据方式是最佳的实时数据获取方式,可以获取到经过监测系统整理和确认的实时数据。

② 调用监测软件 API 方式效率较高,但要求监测软件开发接口 API,当系统迥异时,调用接口存在一定的技术难度。

③ 直接访问传感器获取数据的方式兼容性差,需专门开发数据读取、整理和确认程序,一般不推荐使用。

④ 人工读数录入方式是针对系统中未实现全自动化或因种种原因不能接入的传感器,系统提供手工录入数据接口。

多层级联系方式为服务层的内部消息总线与垂直的多层级消息总线对接,按照消息引擎和规则引擎决定消息是否同步广播到上一个层级或下一个层级,这些消息类型包括任务、事

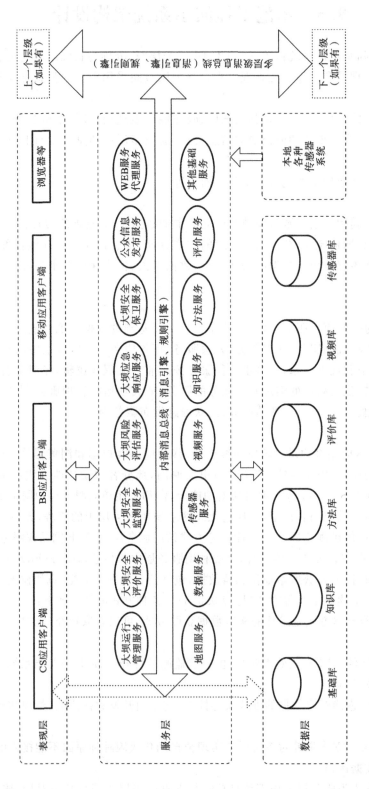

图 9.5.1 示范工程的三个层级

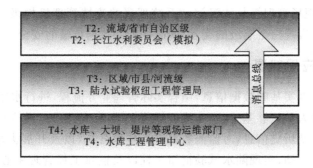

图 9.5.2　示范工程演示系统单个层级架构

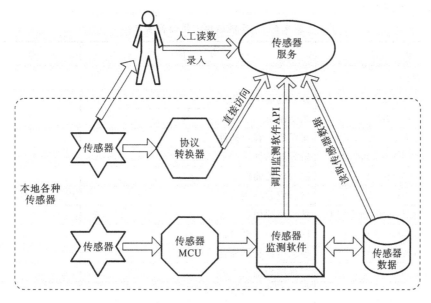

图 9.5.3　获取本地各种传感器数据的方式

件、报警、位置、传感器实时数据等。内部消息总线从多层级消息总线监听到消息,按照消息引擎和规则引擎配置决定如何处理消息,包括过滤、转发和放弃等。

9.6　示范工程演示系统部署

　　基于系统的开发测试及真实环境下的业务应用,水库大坝管理与应急响应系统在陆水大坝现场与武汉开发演示中心进行示范工程演示系统部署。其中,武汉演示中心的部署主要用于开发、测试及整体架构介绍,所部属的演示系统从上到下分为三个层级——流域管理机构级、区域管理机构级、水库大坝现场管理机构,分别实现了长江水利委员会、陆水试验枢纽工程管理局以及水库工程管理中心的系统业务功能流程及层级间的交互。陆水大坝现场的部署主要是基于现场实际业务应用,验证水库大坝管理与应急响应系统整体方案的合理性、可靠性,并为系统的后续改进提供依据。大坝现场的系统部署考虑了陆水水库现有自动化系统的实际情况,将安全监测、闸门监控、水雨情自动化系统以及视频监控等与演示系统进行集成。现场部署的系统包括两个层级——区域级和水库大坝现场管理级,分别实现陆水试验枢纽工程管理局以及水库工程管理中心的系统业务功能流程及层级间的交互。另外,陆水演示系统部署的区域级、水库大坝现场管理级与武汉演示系统部署的流域管理机构级之间通过 VPN 方式连接,构成一个整体,实现三个层级的交互,同时保证了数据传输的安全。

9.6.1 业务应用部署

依托陆水水库的真实基础数据信息,结合实际管理业务流程,进行水库大坝管理系统应用部署。水库大坝管理人员能够基于二/三维可视化场景,直观查看巡视检查、安全监测、水雨情以及视频监控等实时及历史信息,对监测数据进行整编分析,以及开展大坝安全评估、风险分析和突发事件处置等活动;实现陆水试验枢纽工程以及枢纽工程管理中心的系统业务功能流程及层级间的交互,并可通过 VPN 进行远程调用。系统软件应用部署清单见表 9.6.1。示范工程系统部署见图 9.6.1。

表 9.6.1 系统软件应用部署清单

	软　件	功　能	备　注
1	桌面端软件		
	I/Calltaker - NL	处理电话接警信息	
	I/Dispatcher - NL	调度派遣	
	I/Security Framework Client	安保框架客户插件	
	I/AlarmPlus Desktop - NL	报警器插件	
	I/Sight Desktop - NL	视频监控插件	
	I/Mobile - CC	移动应急响应	用于车载移动应急响应
	GeoMedia Professional - CC	基础地理信息平台	
	GeoMedia Grid - CC	地理网格数据分析	
	GeoMedia Image Pro - CC	地理影像管理插件	
	GeoMedia 3D	三维地理信息平台	
	I/Map Editor	I/CAD 地图数据处理	
	GM MVA Pro - CC	运动视频分析	
	TerraShare Image	影像数据管理	
	TerraShare Client	影像数据客户端	
2	服务器端软件		
	I/Executive - NL	后台执行服务	
	I/Tracker	GPS 跟踪服务端	
	I/Security Frame Server	安保框架服务器端	
	I/NetViewer - 5 Users	应急事件上报网络版	
	I/Consequence	应急演练	
	I/Asset	应急物资管理	
	I/Sight Server	视频监控服务器端	
	I/MDT	移动应急响应服务器	用于车载移动应急响应
	GeoMedia Webmap - Large	Web 地图发布	
	GeoMedia SDI Pro - Large	空间数据发布平台	用二次开发替代
	GeoMedia SDI Portal	空间数据发布服务	用二次开发替代
	TerraShare ADI	影像数据自动更新	目前无须自动更新数据
	TerraShare Server	影像数据管理服务器	

续表

	软　件	功　能	备　注
	TerraShare Web	影像数据管理网关	
3	中间服务组件		
	EdgeFrontier	传感器数据抽取传递	
	VSOM	视频服务	
	ERDAS	自动图像比对解译	
4	业务功能定制软件		
	日常巡检	日常巡检管理、移动巡检等	
	安全监测	大坝安全监测数据采集、在线监测、统计查询、整编分析管理	
	水雨情	水情信息、雨情信息管理	
	综合调度	辅助水库群调度管理	
	信息发布软件	基于 GIS 的信息发布	
	应急处置	应急资源管理、应急指挥调度、应急演练	
	安全保卫	基于 GIS 的视频监控	
	安全评估	大坝结构分析、渗流分析	
	风险管理	风险评估与管理	
5	接口软件		
	智能摄头接口	智能影像识别接口	
	民用摄头接口	民用摄头接口	

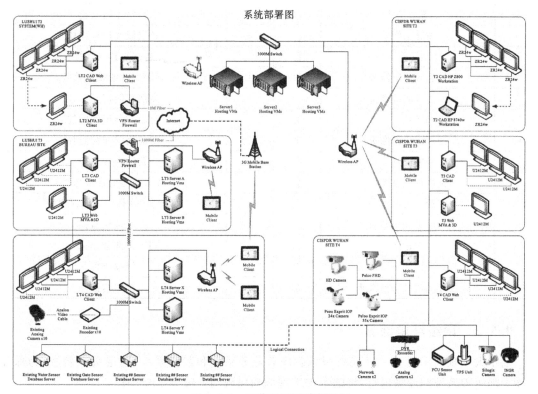

图 9.6.1　示范工程系统部署图

9.6.2　硬件环境部署

按水库大坝管理系统整体方案以及陆水与武汉示范中心的实际情况,各业务应用需搭载相应的各类服务器、工作站、传感器、移动终端、视频采集终端等硬件设备。系统硬件部署清单见表9.6.2。

表 9.6.2　系统硬件部署清单

序号	硬　　　件	单位	数量	功　　　能
陆水现场系统				
1	数据库服务器	台	2	数据库
2	应用服务器	台	5	服务器端应用
3	网络交换机	台	2	交换机、防火墙和无线 AP
4	无线 AP	台	1	现场无线布设
5	多屏工作站	台	5	各层级客户端操作
6	移动智能平板	台	2	各层级移动巡检
7	民用网络摄像头	个	1	普通网络视频监控
武汉示范中心系统				
1	数据库服务器	台	2	数据库
2	应用服务器	台	5	服务器端应用
3	网络交换机	台	2	交换机、防火墙和无线 AP
4	VPN 防火墙	台	1	与陆水管理局远程安全连接
5	无线 AP	台	2	武汉无线布设
6	多屏工作站	台	5	各层级客户端操作
7	移动智能平板	台	3	各层级移动巡检
8	长焦智能摄像头	台	1	远距离智能视频监控
9	高清智能摄像头	套	1	高清智能视频监控
10	PTZ 摄像头	套	1	自动控制视频监控
11	民用网络摄像头	个	2	普通网络视频监控
12	民用模拟摄像头	个	2	普通视频监控
13	民用视频录像机	套	1	普通视频监控录像机
14	移动式监测设备	套	1	移动监测雨量、土壤含水量
15	TPS 激光全站仪	套	1	大坝位移监控
16	工作站	台	1	TPS 监测数据采集
17	全向吸顶数字摄像头	个	1	视频监控
18	红外无线数字摄像头	个	1	视频监控

9.6.3　网络环境部署

陆水大坝现场采用 100 M 局域网承载现有业务系统和监测系统,网络负荷较重,为保障水库大坝管理系统的顺畅运行,将陆水大坝现场的局域网升级为 1000 M。

对于移动应用功能(如大坝巡视和应急管理等),在大坝附近部署 2 个 300 M 带宽无线

AP,尽可能覆盖大坝附近所有巡检点。移动应用对带宽的需求并不高,因此与核心交换部分采用 100 M 即可。

　　陆水大坝现场与武汉演示中心的网络采用基于互联网的 VPN 网络连接,其中陆水现场以 100 M 接入互联网,但为与武汉连接预留 10 M 带宽。武汉租用 10 M 互联网专线,安装了天融信 VPN 路由器,与陆水建立了 10 M 带宽的 VPN 隧道,该路由器具备内置的防火墙模块。在武汉与陆水端均配置了防火墙功能以保障网络安全。

9.7　示范系统试运行

　　示范系统部署完毕后,进入试运行阶段。主要工作有:

　　① 记录各业务应用试运行情况。对业务应用的使用情况进行文件调查和走访调查,汇总反馈情况,分析可能存在的问题,并及时提供解决办法。

　　② 监控平台运行情况。根据平台监控组件提供的信息,分析平台运行中可能存在的问题,并及时提供解决办法。

　　③ 分析平台日志。根据日志组件提供的信息,分析平台运行中可能存在的问题,并及时提供解决办法。

　　④ 编写试运行总结报告。

9.8　系统应用效果

9.8.1　水库大坝管理及应急响应系统

　　系统支持三大类业务应用,分别为水库大坝日常运行管理、水库大坝应急处置和水库大坝安全评定与风险管理,各业务应用的详细功能如下。

　　1. 水库大坝日常运行管理模块

　　日常巡检:支持自定义巡检模板;支持移动巡检,可实时上传巡检记录,支持图片、视频等多媒体格式;具备巡检计划制订、直观巡检路线查看、巡检任务提醒以及巡检报告查看、审核等功能;GPS 定位与条形码技术并用来跟踪巡检任务执行情况,确保按时、到位巡检。日常巡检界面见图 9.8.1。

　　综合调度:支持单个水库调度及水库群联合调度;具备调度方案自动生成、模拟调度计算、多调度方案比选以及提供运用二/三维仿真技术动态直观展示调度结果等功能。综合调度界面见图 9.8.2,调度方案编制界面见图 9.8.3。

　　安全监测:支持多种监测仪器的接入采集,以及不同厂家的监测数据的整合、汇聚;提供基于电子地图以及三维水库大坝模型进行可视化的实时在线监测、展示功能;具备对监测数据进行异常数据处理、时序分析、相关分析等离线分析功能。大坝安全监测界面见图 9.8.4～图 9.8.7。

　　水雨情测报:支持水雨情信息在线实时监测、历史统计查询以及过程线分析;支持各类标准日报、月报以及年报表的制作;提供水位、雨量、流量超限预警及短信提醒;支持国家标准水文数据库表结构和标识符。

　　信息发布:支持基于公共地图的,面向公众的水库大坝水雨情信息以及应急事件预警信息

图 9.8.1　日常巡检界面

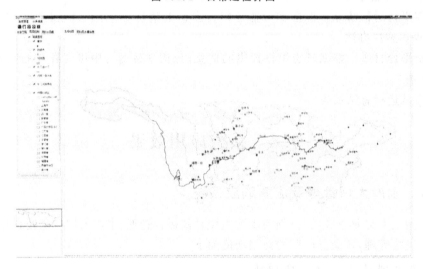

图 9.8.2　综合调度界面

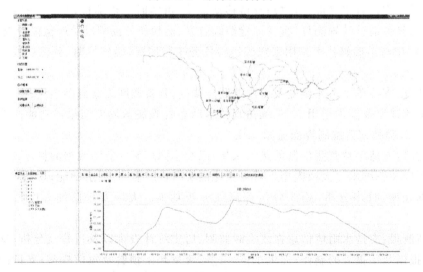

图 9.8.3　调度方案编制界面

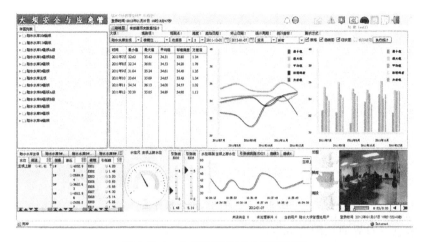

图 9.8.4 大坝可视化安全监测界面

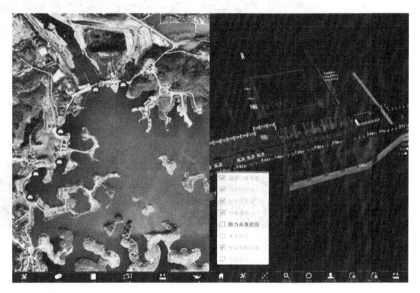

图 9.8.5 移动终端二/三维安全监测界面

图 9.8.6 三维可视化数据监测界面

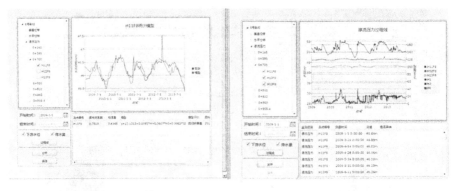

图 9.8.7 监测数据分析界面

等的发布。信息发布界面见图 9.8.8。

图 9.8.8 公共信息发布界面

2. 水库大坝应急处置模块

应急处置：支持包括水库大坝管理单位、区域管理机构、流域管理机构等多层级、多个部门以及下游人民群众等协作应急响应功能；支持基于应急事件的事前、事中、事后全过程应急响应机制。应急响应界面见图 9.8.9～图 9.8.11。

通过有线、无线和 3G/4G 等多种通信方式，可将应急事件本身状况及其发展趋势、人员及物资调配以及群众安全及疏散状况等事态因素展示在基于 GIS 的协同作业平台上。

系统应急处置模块也支持应急物资、队伍的统一调度与实时 GPS 跟踪以及应急消息的共享，并支持日常基于模拟事件的应急演练。

3. 水库大坝安全评定与风险管理模块

安全评定：支持大坝的结构分析，包括沉降分析、横向裂缝分析、水平位移分析等变形分析以及稳定分析；支持对大坝的渗流分析，包括浸润线分析、坝体渗透坡降分析、坝基渗透坡降分析以及有限元渗流分析等。大坝有限元渗流分析见图 9.8.12。

风险管理：支持以风险度量为理念的事前管理机制，实现基于风险的全过程管理；具备风险标准建立、溃坝概率分析、溃坝后果分析、风险分析等功能。风险管理界面见图 9.8.13 和图 9.8.14。

图 9.8.9　应急事件管理界面

图 9.8.10　基于 GIS 的应急协同作业平台界面

9.8.2　水库大坝管理一体化信息系统

（1）首页

系统首页通过一张地图的形式展示水库相关监测设备的数据和统计信息，以可视化、形象化的方式将水库的重要综合信息进行集中展示，见图 9.8.15～图 9.8.17。

图 9.8.11　应急指挥调度界面

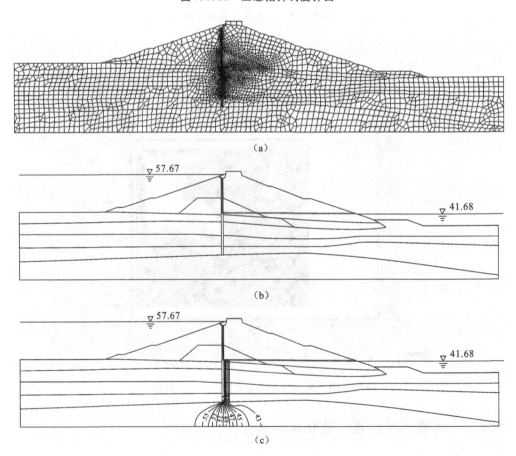

图 9.8.12　大坝有限元渗流分析

(a) 有限元网格；(b) 自由面；(c) 等水头线分布

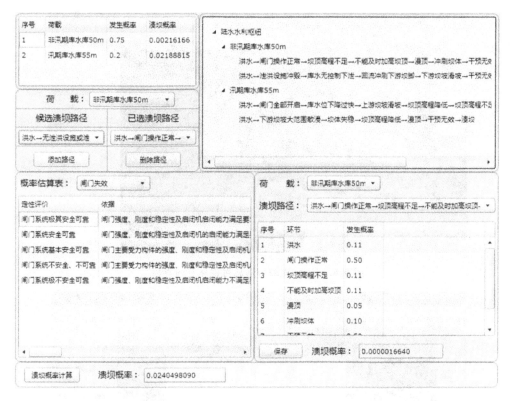

图 9.8.13　溃坝概率分析界面

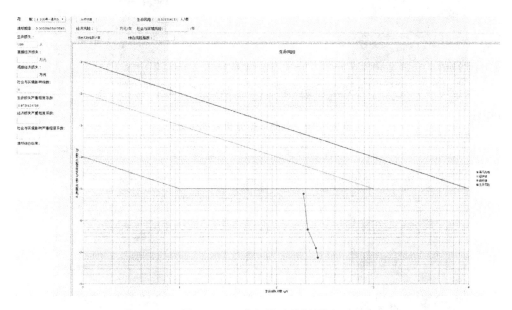

图 9.8.14　大坝风险分析界面

（2）基本信息

系统的基本信息模块可满足管理人员快速地在线查询、查看水库的各类基础信息，包括水库的基本概况、水文特征、工程特征、工程图档、调度原则、应急预案、组织机构以及支撑水库运行管理的管理法规等。基本信息的相关查询界面见图 9.8.18～图 9.8.20。

图 9.8.15 水库综合信息可视化查询界面

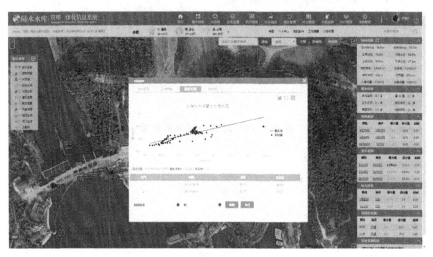

图 9.8.16 监测数据分析可视化查询

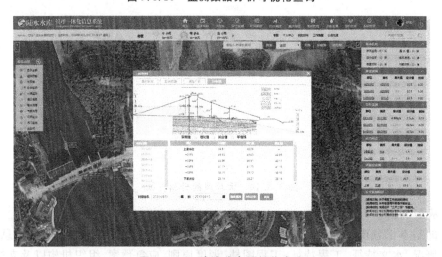

图 9.8.17 渗流分布可视化查询

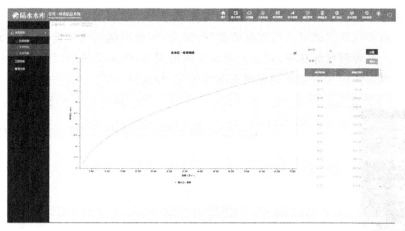

图 9.8.18　水库库容曲线查询界面

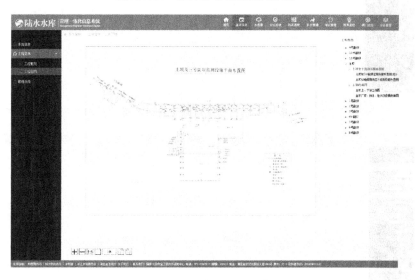

图 9.8.19　工程图纸在线查看界面

图 9.8.20　水库风景查看界面

（3）水雨情

系统的水雨情模块提供对实时数据的监视、预警，历史数据的统计查询，图表常规分析，统计模型分析以及报表制作等功能，具备专业水文预报模型，为防洪抗旱以及水库的安全合理运行提供依据。水雨情相关信息查询界面见图9.8.21和图9.8.22。

图 9.8.21　水雨情测值查询界面

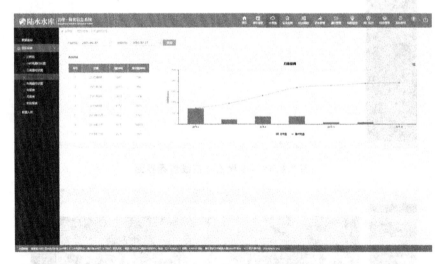

图 9.8.22　水雨情过程线查询界面

（4）安全监测

本模块实时掌握大坝安全监测现状和变化过程，对数据提供智能化判断，提供浸润线、等值线、分布图等分析手段，建立回归分析、有限元分析等模型为数据分析提供专业支持，结合理论值及历史变化过程对测值进行预测、预报和预警。提供的智能化数据分析与报告生成功能，可实现巡视检查问题上报审批，并与移动巡检无缝对接。建立的预警预报体系，可及时、快速、准确地掌握大坝安全运行状态。安全监测相关界面见图9.8.23～图9.8.27。

（5）防洪调度

本模块结合洪水预报模型，提供有效的防洪调度方案，协助管理单位进行科学调度决策，并针对水库的防洪管理业务需求，从防汛值班管理、防汛物资管理、应急事件处理等方面支撑

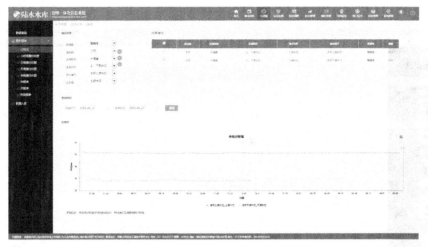

图 9.8.23 安全监测过程线查询界面

图 9.8.24 巡检报告可视化查询界面

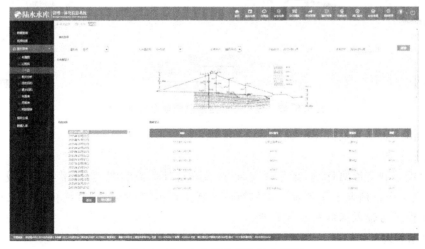

图 9.8.25 安全监测渗流分布界面

图 9.8.26　逐步回归分析界面

图 9.8.27　真实三维全景监测信息展示界面

水库安全度汛。防洪调度方案界面见图 9.8.28。

（6）灌区管理

本模块用于制订灌溉计划，跟踪计划执行，按需统计灌溉实绩，实现了可视化设备监控、检修维护，建立了设备请购上报流程。本模块可实现灌区的高效调度，其提供的来水预报、优化配水等技术模型可辅助灌区科学化管理。

（7）电站管理

本模块可全面形象地展示电站整体运行状况，了解机组、开关站等主要设备的工作状态，并提供运行参数和统计报表，实现交接班、操作流程化管理，有助于建立安全生产制度。

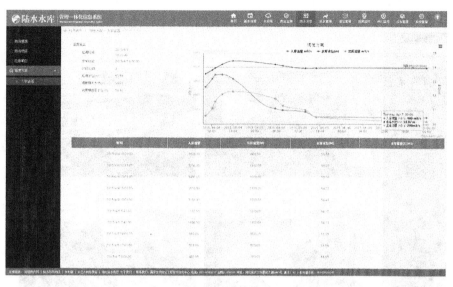

图 9.8.28　防洪调度方案界面

（8）闸门监控

本模块可提供可视化的闸门实时状态监视，实现闸门令的管理、审批以及闸门运行记录的管理信息化。可视化闸门状态实时监视界面见图 9.8.29。

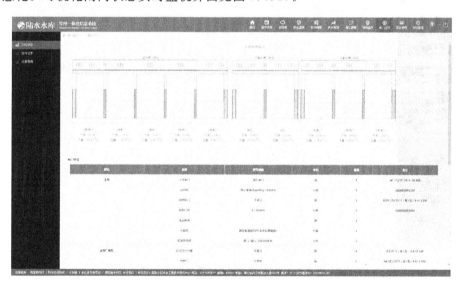

图 9.8.29　可视化闸门状态实时监视界面

（9）视频监控

本模块集成视频监控相关软件及硬件设备，实现了水库视频监控及历史视频资料的检索查看。无插件式视频监控界面见图 9.8.30。

（10）综合管理

本模块提供水库日常运行管理中的维修养护、管理考核、单元化管理等功能，同时整合了办公自动化系统中流程管理、档案管理等模块，可全面满足水库综合管理的信息化需要。水库精细化单元管理界面见图 9.8.31。

图 9.8.30 无插件式视频监控界面

图 9.8.31 水库精细化单元管理界面

9.9 系统技术创新

9.9.1 面向服务的架构

在水库大坝管理系统中,往往涉及多个层级的系统,每个层级的系统与周边众多的系统间存在较强的联系,需要重点考虑如何在格网式系统之间实现功能和数据的相互调用。在不同系统间进行有效集成,无论采用的集成方式如何,均要求每个接口或模块间保持接口界面清晰且可复用,功能模块内聚性高、依赖性弱。

　　为解决上述问题,软件开发人员试图采用各种方式建立跨系统功能和数据接口,但可以解决的问题有限,同时又出现新的技术问题:第一,接口运行效率不高;第二,由于系统构建方式、语言等不同导致对接口技术要求高、编写接口工作量巨大;第三,当某个系统发生改变时,系统接口须随着一同改变,这种变化会逐渐扩散到各个系统,可能导致多个系统不得不进行相应修改,甚至损害系统的整体性和稳定性。为了使系统更具有灵活、可配置的特性,且规避功能、数据接口带来的负面影响,系统全面采用面向服务的架构(SOA)[1]。面向服务的架构是一个组件模型,将应用程序的不同功能单元(称为服务)通过这些服务之间定义良好的接口和契约联系起来。接口是采用中立的方式进行定义的,独立于实现服务的硬件平台、操作系统和编程语言。这使得构建在系统中的各种服务可以以一种统一通用的方式进行交互。

　　具有中立的接口定义(没有强制绑定到特定的实现上)的特征称为服务之间的松耦合。松耦合系统的好处有两点,一是灵活性强,二是适应性强。当组成整个应用程序的每个服务的内部结构和实现逐渐地发生改变时,系统能够继续存在。相反,紧耦合意味着应用程序的不同组件之间的接口与其功能和结构是紧密相连的,因而当需要对部分或整个应用程序进行某种形式的更改时,系统就显得非常脆弱。

　　松耦合系统来源于业务应用程序,应根据业务的需求变得更加灵活,以适应不断变化的环境,比如经常改变的政策、业务级别、业务重点、合作伙伴关系、行业地位以及其他与业务有关的因素,这些因素甚至会影响业务的性质。能够灵活地适应环境变化的业务为按需业务,在按需业务中,一旦需要,就可以对完成或执行任务的方式进行必要的更改。

1. SOA 架构的技术特点

（1）标准化接口

SOA 架构的实现依赖于 XML 和 Web 服务两个重要标准。Web 服务使应用功能得以通过标准化接口提供,并可基于标准化传输方式,采用标准化协议进行调用。采用 XML,开发人员无须了解特定的数据表示格式,便能够在这些应用间交换数据。

（2）松耦合性

通过接口避免了修改一个服务的代码对其他服务的影响,开发者能够大量地迁移或取代单个服务而不影响总的应用程序。

（3）位置透明性

位置透明性是指 SOA 系统中的所有服务对于调用来说都是位置透明的,也就是说每个服务的调用者只需要知道调用的是某个服务,但并不需要知道所调用服务的具体物理位置。

（4）服务可重用性

服务的可重用性设计可显著地降低成本。为了实现可重用性,服务只工作在特定处理过程的上下文中,独立于底层实现和客户需求的变更。

　　从 SOA 架构的几个重要特征可以看出,其具备了标准化、可操作、可组装的特性,提供了一个通用、可操作和有弹性的行业标准架构,可以在软件基础架构中建立一系列支持商业模型的可重复利用的服务。这些服务由不同应用系统的组件构成,能够帮助企业实现适应商业流程变化的需求。SOA 架构在开发、维护和使用中,遵循以下基本技术原则:

　　① 构件化,可重复使用,具有可组合性和交互操作性。

　　② 符合标准(通用的或行业的)。

　　③ 可实现服务的识别和分类、提供和发布、监控和跟踪。

2．子系统之间数据交换技术

各个级别系统间或子系统间的数据交换，采用 Web 服务来实现[2]。Web 服务是描述一些操作（利用标准化的 XML 消息传递机制通过网络访问这些操作）的接口。Web 服务是用标准的、规范的 XML 概念描述的，称为 Web 服务的服务描述。这一描述囊括了与服务交互所需要的全部细节，包括消息格式（详细描述操作）、传输协议和位置。该接口隐藏了实现服务的细节，允许独立于硬件或软件平台和编写服务所用的编程语言使用服务。这允许并支持基于 Web 服务的应用程序成为松散耦合、面向组件和跨平台实现。Web 服务可履行一项特定的任务或一组任务。Web 服务可以单独或同其他 Web 服务一起用于实现复杂的聚集或商业交易。

1）Web 服务模型

Web 服务体系结构基于三种角色（服务提供者、服务注册中心和服务请求者）之间的交互。交互涉及发布、查找和绑定操作。这些角色和操作一起作用于 Web 服务构件——Web 服务软件模块及其描述。在典型情况下，服务提供者托管可通过网络访问的软件模块（Web 服务的一个实现）。服务提供者定义 Web 服务的描述并把其发布到服务请求者或服务注册中心。服务请求者使用查找操作从本地或服务注册中心检索服务描述，然后使用服务描述与服务提供者进行绑定并调用 Web 服务实现或交互。服务提供者和服务请求者角色是逻辑结构，某些服务针对不同的对象可同时呈现服务提供者和服务请求者两种角色。Web 服务角色、操作和构件之间的关系见图 9.9.1。系统提供的 Web 服务目录见表 9.9.1。

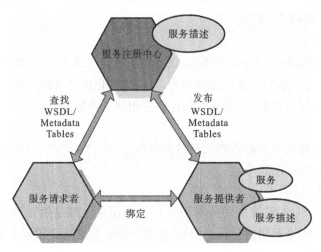

图 9.9.1　Web 服务角色、操作和构件之间的关系

表 9.9.1　系统提供的 Web 服务目录

类　别	Web 服务名称	Web 服务方法	目　　的
危险	危险查询	根据条件获取危险列表	
		获取未读危险记录数	
工作状态	工作状态	设置状态	为本单位或其他单位设置系统的工作状态：正常/预警/应急/恢复
		获取状态	

续表

类 别	Web 服务名称	Web 服务方法	目 的
任务	任务操作	创建任务	
		分配任务	
		接受任务	
		完成任务	
		获取任务	
		关闭任务	
		返回源数据	
		更新任务风险等级	
视频	视频	通过 ID 获取流	传递摄像头 ID,然后得到该流的地址
		流 PTZ 控制	对视频摄像头进行控制
传感器	真实数据查询	通过类型获取真实数据	
		通过 ID 获取真实数据	
		获取真实数据以进行审核	
规则	规则	获取规则	从 Rules Engine 里取出全部规则, 并标明哪些规则目前是激活状态的
地图	WMTS	WMTS	为 Web 和 IPAD 提供地图服务
知识	知识	通过关键字搜索知识库	根据关键字查找符合条件 的知识库中的页面或附件的信息
		从特定网络地址获取内容	根据知识库页面地址取回该页面的文本内容
		从特定网络地址获取附件	根据知识库附件地址取回该附件的二进制内容
方法	方法	调用	调用现有系统的一些方法
消息	消息	创建消息	
		查询消息	
CAD 事件	CAD 事件	创建 CAD 事件	
		更新 CAD 事件	
CAD 单位	CAD 单位	更新 CAD 单位	更新单位的 GPS 位置和状态属性
		CAD 单位登录	CAD 客户端登录
CAD 警报	CAD 警报	创建 CAD 警报	
		更新 CAD 警报	
		结束 CAD 警报	
CAD 消息	CAD 消息	创建 CAD 消息	
文件下载	文件下载	下载 3D 模型	为 IPAD 下载 3D 模型用
IPAD 支持	IPAD 支持	上载视频	上载 IPAD 上拍摄的视频,写入登记数据表, 并 FTP 上传多媒体内容文件本身
		上载照片	上载 IPAD 上拍摄的照片,写入登记数据表, 并 FTP 上传多媒体内容文件本身

类　别	Web 服务名称	Web 服务方法	目　　的
验证	验证	检查	根据传入的角色,判断是否 可以调用某个服务的某个方法
AHP	AHP 算法	通过 AHP 算法计算	AHP 算法
	安全鉴定	返回安全鉴定树	通过父节点 ID
		返回大坝列表	用于左侧窗口部件的大坝列表
		保存安全鉴定树	用于保存新的权重和分数
		添加安全鉴定年度	增加一个新的安全鉴定年度
		返回安全鉴定	用于风险识别页面
评语	评语	返回评语	通过输入分值和评价项,返回评语
风险评估	FEMA 风险评估	通过大坝 ID 返回 FEMA 信息	得到 FEMA 信息
		通过大坝 ID 保存 FEMA 信息	保存 FEMA 信息
		返回大坝列表	用于左侧窗口部件的大坝列表
风险	风险	获取元数据	
		获取风险等级列表	
		获取风险状态列表	
		获取风险类型列表	
		获取风险进度列表	
		创建风险	
		更新风险	
		按条件查询风险列表	
		获取父单位	
巡检	巡检操作	更新巡检	
		获取巡检	
		获取安全评价	巡检后进行安全评价, 此方法用于获取安全评价树
		更新安全评价	巡检后进行安全评价, 此方法用于更新安全评价树
		获取巡检产生的多媒体	从 GCP 和 CP 中获取巡检产生的多媒体, 图片或者视频
		获取大坝信息	
		获取断面信息	
预案	预案操作	获取预案项目	
		获取预案内容	
		获取预案树	

2）Web **服务体系结构中的角色**

（1）服务提供者

从企业的角度看，这是服务的所有者。从体系结构的角度看，这是托管访问服务的平台。

（2）服务请求者

从企业的角度看，这是要求满足特定功能的企业。从体系结构的角度看，这是寻找并调用服务，或启动与服务交互的应用程序。服务请求者角色可以由浏览器来担当，由人或无用户界面的程序（例如另外一个 Web 服务）来控制。

（3）服务注册中心

服务注册中心是可搜索的服务描述注册中心，服务提供者在此发布服务描述。在静态绑定开发或动态绑定执行期间，服务请求者查找服务并获得服务的绑定信息（在服务描述中）。对于静态绑定的服务请求者，服务注册中心是体系结构中的可选角色，因为服务提供者可以把服务描述直接发送给服务请求者。同样，服务请求者可以从服务注册中心以外的其他来源得到服务描述，例如本地文件、FTP 站点、Web 站点、广告和服务发现（advertisement and discovery of services，ADS）或发现 Web 服务（discovery of web services，DISCO）。

3）Web **服务体系结构中的操作**

对于利用 Web 服务的应用程序，必须发生以下三个行为：发布服务描述、查询或查找服务描述以及根据服务描述绑定或调用服务。这些行为可以单次或反复出现。具体操作为：

（1）发布

为了使服务可访问，需要发布服务描述以使服务请求者可以查找。发布服务描述的位置可以根据应用程序的要求不同而变化。

（2）查找

在查找操作中，服务请求者直接检索服务描述或在服务注册中心中查询所要求的服务类型。服务请求者可能会在两个不同的生命周期阶段中涉及查找操作：一是在设计时为了程序开发而检索服务的接口描述，二是在运行时为了调用而检索服务的绑定和位置描述。

（3）绑定

在绑定操作中，服务请求者使用服务描述中的绑定细节来定位、联系和调用服务，从而在运行时调用或启动与服务的交互。

4）Web **服务的构件**

Web 服务体系结构解释了如何实例化元素和如何以一种可以互操作的方式实现这些操作。

（1）服务

Web 服务是一个由服务描述来描述的接口，服务描述的实现就是该服务。服务是一个软件模块，部署在由服务提供者提供的可以通过网络访问的平台上。服务存在就是要被服务请求者调用或者同服务请求者交互。当服务的实现中利用到其他 Web 服务时，服务也可以作为请求者。

（2）服务描述

服务描述包含服务的接口和实现的细节。其中包括服务的数据类型、操作、绑定信息和网络位置，还可能包括可以方便服务请求者发现和利用的分类及其他元数据。服务描述可以发布给服务请求者或服务注册中心。

5）Web 服务开发生命周期

Web 服务开发生命周期包括了设计和部署以及在运行时对服务注册中心、服务提供者和服务请求者每一个角色的要求。每个角色对开发生命周期的每一元素都有特定要求。

Web 服务开发生命周期有以下四个阶段：

（1）构建

生命周期的构建阶段包括开发和测试 Web 服务实现、定义服务接口描述和定义服务实现描述。可以通过创建新的 Web 服务把现有的应用程序变成 Web 服务，或由其他 Web 服务和应用程序组成新的 Web 服务来提供 Web 服务的实现。

（2）部署

部署阶段包括向服务请求者或服务注册中心发布服务接口和服务实现的定义，以及把 Web 服务的可执行文件部署到执行环境（典型情况下，为 Web 应用程序服务器）中。

（3）运行

在运行阶段，可以调用 Web 服务。在此，Web 服务完全部署、可操作并且服务提供者可以通过网络访问服务，服务请求者可以进行查找和绑定操作。

（4）管理

管理阶段是持续的管理和经营 Web 服务应用程序，包括解决 Web 服务的安全性、可用性、性能、服务质量和业务流程问题。

9.9.2 多层级架构的系统部署

当前水库大坝采用多层级管理方式，水库大坝管理单位承担现场日常管理工作，收集了大量的信息和数据，但是因缺乏专家指导，难以有效利用这些信息和数据。这种情况在遇到应急事件时显得尤为突出。应急事件发生时，虽然存在上下级衔接和沟通，但是上级难以全面掌握现场实际情况，不得不前往现场主持工作，导致对事件响应滞后。现场的信息和数据难以传递到更高层的专家和领导，无法为高层决策提供必要的技术支持。此外，上下级之间和同级的不同单位之间仅存在事件告知，难以实现协同工作。多层级架构的应急响应主要是为了实现纵向、横向层级之间的信息传递和共享，广泛有效地利用信息和数据，以提高多机构沟通和协作的效率，有利于对事件做快速、科学的决策和应对。

在解决方案部署并响应任何潜在或实际的威胁前，对应的子系统应已经转为应急响应模式并通知决策者。该通知可通过 IT 子系统、声音或数据完成。

在管辖范围内，子系统部署可用资源来管理和解决子系统内部发生的应急事件，可以选择使用或不使用预案。父级资源包括关联的子级资源。对于最低级别的子系统，人员处于在岗或待命状态。

每个层次子系统中的 GIS 地图应用于：

① 显示应急事件严重性的状态和潜在的威胁，包括损失估计和破坏预测；

② 所有的传感器测量和/或监测，以及警报超限值；

③ 视频补充状态评估的信息；

④ 资源分配。

父级子系统解决问题的管理决策包含子级子系统将要执行的任务，这种指示包含可用资源的相关信息。

当子级子系统收到它的直接父级的任务分配信息时，要求如下：

① 子级子系统应能理解并正确解译父级发出任务的具体需求和含义；

② 对应的子级事件可由分配的任务或使命产生,可产生多个衍生的或相关的事件,经过必要的态势评估和会议讨论后,决定全面支持调整或关闭生成的子级事件；

③ 在当前的子级系统中,生成的任务或使命将会分配到有效资源。执行任务的这些资源可能是另外的和当前子系统相关的子级系统。

上面提到的两个迭代序列可在子系统间从上至下传递,以执行由树状结构中的高层次产生的任务或使命。事件树应该以事件产生的顺序来合理解决问题。该机制需要完成以下任务:不同层级子系统间任务解译;自上而下对可用资源的管理;关联事件树结构。

1. 多层级架构安全应急管理包含的要素

(1)事件

水库大坝管理事件是指可能或突然发生的,会造成重大生命、经济损失和严重社会环境危害,危及公共安全的紧急事件,一般包括:

① 自然灾害类。如洪水、飓风、地质灾害等。

② 工程事故类。建筑物结构缺陷、地质作用导致的溃坝或重大险情;工程建设、工程运行调度中的操作或管理不当导致的事故坝或重大险情;影响生产生活、生态环境的水库水污染事件等。

③ 社会安全事件类。如战争、恐怖袭击、人为破坏等。

④ 其他不可预见的突发事件。

事件的属性信息包括:事件类型、事发位置和影响范围、事件等级、事件预案、事件预警级别等。

(2)应急组织机构及成员单位

水库大坝应急组织机构是按照应急管理的全过程(突发事件的预防与应急准备、监测与预警、应急处置与救援、事后恢复与重建等应对活动)设立的应急领导机构、指挥机构、日常工作机构,应明确相关成员单位、组织机构、人员、职责和权限。

水库大坝管理与应急响应的响应层级体系包括:

① 第一级。国家级水行政及防汛抗旱管理机构,包括国家防总和水利部。

② 第二级。流域/省市自治区级,包括各省水利厅、流域管理机构。

③ 第三级。区域/市县/河流级,包括区域、地方的水利局、水务局等水行政管理机构。

④ 第四级。水库、大坝、堤岸等现场运行维护部门或单位。

应急组织机构及成员单位属性信息包括:单位的职责、辖区、其下级所辖单位等。

(3)任务

任务是指在应对水库大坝突发事件过程中,各级应急组织机构和成员单位需完成的交派工作。任务是根据各应急组织机构及其成员单位的职责和权限进行交派的。

事件和应急机构及单位通过任务产生关联关系,各级机构和单位对不同类型和级别的事件,都有相对应的处置任务。

任务的属性包括事件和单位的关联关系、任务描述、物资、装备、设备等。

应急组织机构及其成员单位在应急管理过程中存在任务制定和任务执行两种职能。职能分类如下:

① 决策单位。决策单位对事件进行风险和后果研判,同时制订处置方案并向其所辖的执行单位分配事件处置任务。

② 执行单位。执行单位接受上级决策单位的事件处置任务,根据接收到的事件处置信息,对任务进行分解,并执行一系列处置动作。

各单位对突发事件的处理动作分为:事件上报、任务下达、事件处置或任务执行。

(4) 事件、应急机构及成员单位和任务之间关系的概念模型

事件、应急机构及成员单位和任务之间关系的概念模型见图 9.9.2。

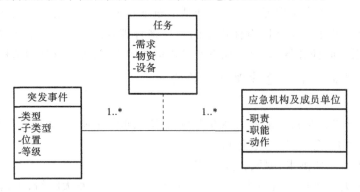

图 9.9.2 事件、应急机构及成员单位和任务之间关系的概念模型

2. 系统概念模型概述

按照事件发生的机制,如果事件发生的趋势是可以预测或者有事前预警的,那么就存在事件的预警准备和处置过程,而对于不可预测的突发事件,则不存在前期的预警和事件准备过程,而是直接进入应急处置决策和执行的过程。

对于可预测预警的事件,如果进行了预警处置干预后事件最终没有发生,那么事件的应急预警处置过程完成,并恢复日常工作状态;若事件不可避免地发生了,则直接进入应急处置决策和执行过程。

对于不可预测的突发事件,需要在运行维护模式中进行完善的事前准备工作,以便在紧急状态下为应急决策和处置提供辅助决策和处置依据。

目前,系统暂不考虑第一层级的应急响应,按照本阶段系统设计思路,当事件发生后,在第二、第三、第四层级进行处置。

1) 事件在第四级机构进行处置

① 事件影响范围较小,第四级机构具有事件的处置决策权限,不需要由其上级机构进行决策。

② 第四级各单位根据职能分别有决策与执行的职能。应急指挥决策者按照预案对事件进行处置决策和任务分派,单位各部门根据决策结果和所分派的任务进行应急处置和任务执行。

③ 在这个事件处理流程中,各个职能单位与应急指挥部之间存在信息上报工作。

2) 事件在第四级和第三级机构进行处置

根据事件的影响范围和发生机制,事件的应急处置流程分为:

(1) 从下往上的流程

① 事件在第四级触发,但是事件的等级和后果影响超出了第四级的处置能力,第四级机构将事件上报给第三级机构进行决策,同时接受并执行第三级机构所分派的事件处置任务。此时,第四级机构是执行单位。

② 事件在第三级机构的处置权限和能力范围内,不需要其上级机构参与决策。第三级机构对事件进行处置决策和任务分配,并向事发单位和其下级(第四级)其他机构进行事件处置的任务分派。第三级机构为决策单位。

③ 其他的第四级机构接受上级(第三级)所分派的任务,并对任务进行执行,为执行单位。

(2) 由上而下的流程

① 事件在第三级触发,第三级机构对事件进行决策分析,且不需要其上级(第二级)参与决策。第三级机构对事件进行处置决策和任务分配,并向其下级(第四级)机构进行事件处置的任务分派。第三级机构为决策单位。

② 第四级机构接受上级(第三级)所分派的任务,并对任务进行执行,为执行单位。

3) 事件在第四级、第三级和第二级机构进行处置

根据事件的影响范围和发生机制,事件的处置涉及第二级机构时,事件影响范围大,涉及流域或省市自治区级。此时,事件的应急决策单位和指令下达单位主要是第二级机构。

(1) 从下往上的流程

① 事件在第四级触发,事件的级别和后果影响严重。事件上报至第三级机构,并经第三级机构上报至第二级机构。

② 事件在第三级触发,第三级机构将事件上报至第二级机构。

③ 第二机构对事件进行评估分析,进行处置决策并向第三级机构下达处置指令和任务。

④ 第三级根据上级下达的指令和任务,执行任务,进行事件处置,向第四级下达事件处置任务。

⑤ 第四级进行事件处置。

⑥ 第三级、第四级机构为执行单位。

(2) 由上而下的流程

① 事件在第二级触发,第二级机构对事件进行决策分析。第二级机构对事件进行处置决策和任务分配,并向其下级(第三级)机构进行事件处置的任务分派。第二级机构为决策单位。

② 第三级机构接受上级(第二级)所分派的任务,执行任务,进行事件处置,向第四级下达事件处置任务。

③ 第四级进行事件处置。

④ 第三级、第四级机构为执行单位。

3. 事件驱动数据流

在分级解决方案的示例图表中,高层子系统可以是很多低层子系统的父级,指示或命令由高层发出,并自上而下传递至低层子系统。低层子系统能解译接收到的各种命令,并产生不同类型的事件。这些事件能被当前子系统修改或更新,随后可向更低级别的子系统发送。每个子系统都需要中间件用以跟踪和/或报道当前事件的活动状态。中间件注册和监控 CAD 事件活动见图 9.9.3。

(1) 事件要求及数据驱动

事件 ID 包含以下属性:

① 结构分层信息;

② 确认事件从哪里产生(由哪个子系统产生)。

例如,分层子系统 ID 为 bb-rrr-dddd,表示子系统 dddd 在第 4 级,它的父级管理系统 rrr 在第 3 级,它的祖父级子系统 bb 在第 2 级。因此该子系统可以作为所有内部产生的 CAD 事

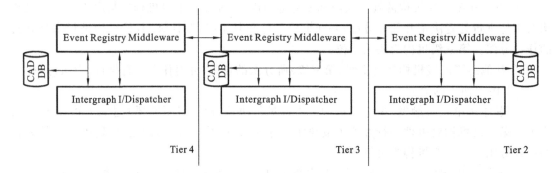

图 9.9.3 中间件注册和监控 CAD 事件活动

件前缀。

　　某事件必须知道它的父级事件。一般来说,事件无法跨越不同的子系统,因为每个事件都有自己的类型和子类型定义,各个子系统的事件类型和子类型各不相同。子级系统应能解译所有来自父级的事件类型(可能包含子类型),可以通过中间件执行从高到低的消息响应。

　　如图 9.9.4 所示,可在同一个子系统内追踪事件,包括事件更新、修改、关闭(处理编码)以及任何其他和原始事件相关的事件。因为事件和父级事件的 ID 关联,注册的中间件总是能够在同一子系统内追踪事件。

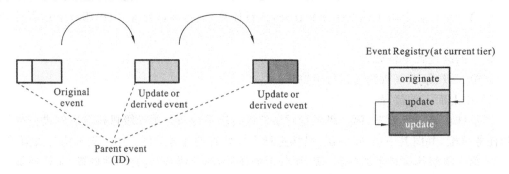

图 9.9.4 同一个子系统的衍生事件

　　如果衍生事件关闭,中间件将会响应并同时关闭起源事件。若事件来自于其他子系统,当前子系统的中间件应通知对方父级子系统的中间件。当前子系统的子级事件全部关闭时,对于来自高层的事件,中间件必须通知对方中间件。

　　图 9.9.5 显示了事件如何上报到父级层。新的事件产生于父级子系统(保持初始的事件 ID 为父级 ID),此时,需要产生两个程序:高层注册的事件中间件同时需要注册初始事件 ID (字段记录来自低层)和新的事件 ID(当前子系统)。

　　高层注册的事件中间件必须告知系统网络服务事件从哪里产生,便于通知事件的更新。

　　假设因为某些原因衍生的其他事件,例如某事件的更新,那么在注册表中就会产生基于第一次事件更新的纵向事件以表明新的情况。然而,在低级别层,注册的事件中间件可能无法发现这一情况,因为它没有足够的权限来理解上层发生的状况。因此,事件向更高层子系统上报后,低层的注册事件中间件仅仅知道继承的新事件 ID。

　　图 9.9.6 表示衍生的上报事件是从高级子系统响应而来的,被分成低级别的两个不同子系统的多个事件来执行。更多的衍生事件来自继承者。注意观察注册中间件在两个层级子系统中所看到的内容。图 9.9.7 展示了三个子系统间的关系。

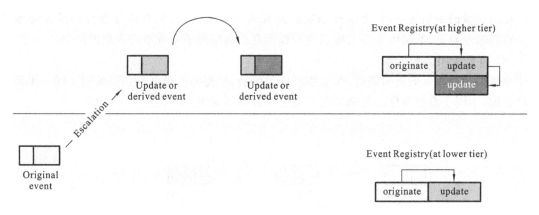

图 9.9.5　事件上报到高层子系统过程

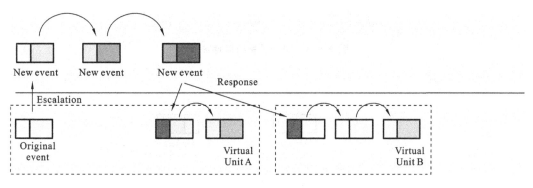

图 9.9.6　一个父级子系统到不同子级系统的响应

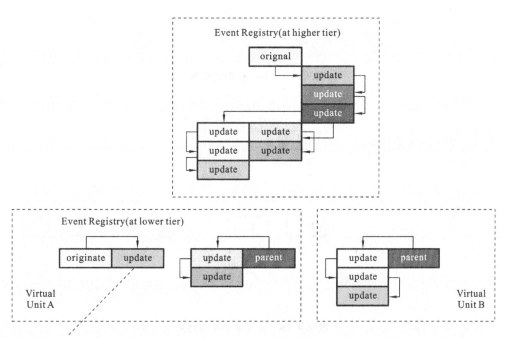

图 9.9.7　三个子系统间的关系

在高层级的子系统中,整个事件的发展路径是可视化的,但只有部分事件路径被标示出来。背后的逻辑是,低层级子系统可能没有权限查看高层级子系统事件发展的路径。

(2)事件关闭

事件关闭向相反的方向进行,在父级事件关闭前,所有的子级事件必须关闭。同一子系统事件关闭、不同子系统事件关闭和多层子系统事件关闭见图 9.9.8~图 9.9.10。

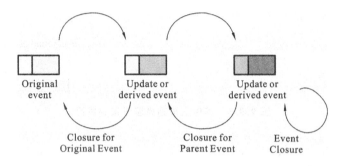

图 9.9.8 同一子系统事件关闭

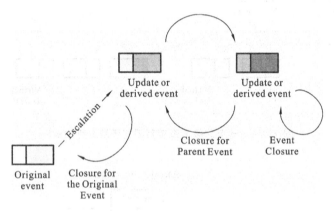

图 9.9.9 不同子系统事件关闭

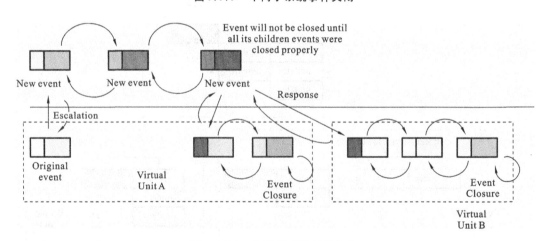

图 9.9.10 多层子系统事件关闭

9.9.3 基于业务规则的设备、数据和系统集成

对于跨多个层级、多个专业、融合多种设备和数据的庞大而复杂的系统而言,如何将如此

多的要素整合在一起是需要面对的巨大挑战。传统基于数据和(或)接口的集成方式虽能解决部分问题,但无法适应如此复杂的系统集成。系统采用基于业务规则的设备、数据和系统集成方式则将具备解决上述问题的基础。

1. 系统软件主要模块组成

系统软件主要模块从后台到前端可按逻辑划分为三层:逻辑组件层、控制层和表现层,见图 9.9.11。逻辑组件层将底层简单功能抽象化为组件并进一步包装成原子化的服务;控制层将组件层原子化的服务按照业务规则重组和聚合,形成便于人们理解的业务服务;表现层的各种应用功能通过调用控制层的服务实现具体的业务功能并以图形化来表达。

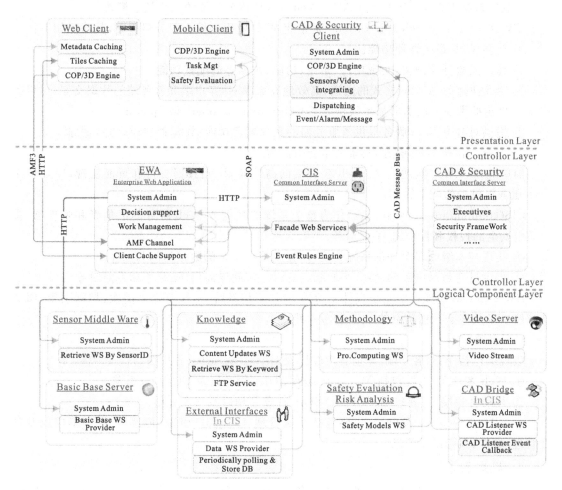

图 9.9.11　系统软件主要模块结构

(1) 逻辑组件层

逻辑组件层为控制层提供组件式的基础 Web 服务。包括:

① 传感器中间件数据服务——提供访问大坝水位、变形等监测数据服务。

② 基础图形服务——提供基础地图、专题图等图形服务,也提供瓦片地图服务。

③ 知识库服务——提供各类知识库检索和知识内容服务。

④ 外部系统数据服务——提供外部系统,如水雨情、气象等系统的数据访问服务。

⑤ 方法库服务——提供各类专业计算、分析方法的调用服务。

⑥ 安全评价/风险分析——提供不同类型的安全评价模型,以及风险分析计算模型上的计算服务。

⑦ 视频服务——提供远程访问不同层级的不同系统模块间的视频访问和控制服务。

⑧ CAD事件/消息服务——提供服务和回调函数机制用以连接CAD系统的消息总线,建立新消息或监听消息。

需要说明的是,功能为逻辑功能模块组的一部分,但是可以在部署安装时,与CIS一起提供事件规则引擎,完成系统各类消息的传输、分解和聚合等功能。

(2) 控制层

控制层包括EWA、CIS以及CAD&Security,是整个系统的三个核心模块。

EWA(enterprise web application)是企业Web应用的核心服务器程序,其功能如下:

① 提供Web系统管理功能。

② 提供元数据控制类,实现用户、角色、功能、数据等的配置功能。

③ 建立快速的AMF3格式的通道,高效地完成Web客户端和服务端的数据交互,可以为Web客户端提供统一的图形显示数据服务COP(common operation picture)。

④ 提供对各个Web服务提供者服务器的系统配置功能,如配置知识库的元数据。

⑤ 依赖于各种Web服务,具备决策分析能力。

简单地说,EWA实现的是:Web客户端的高效通道、元数据支持和页面实现,以及各个Web服务提供者的配置管理。

CIS(common interface service)作为整个系统的数据或Web服务的汇集者和管理器,提供系统安全的授权和控制的Web服务。

① 实现与本级的多个外部系统的接口,完成接口系统的数据访问和保存。

② 提供具有目录服务的全部Web服务的统一访问界面(目录服务和界面服务)。

EWA和CIS组成一个基于事件驱动的ESB架构系统[3],涉及三个层次:规则引擎、服务消息路由以及基于消息路由的ESB服务总线。

(3) 表现层

表现层包括Web客户端、移动客户端以及CAD&Security客户端。

① Web客户端,主要包括Metadata缓存、Tiles缓存以及COP/3D引擎。

② 移动客户端,主要包括COP/3D引擎、任务管理以及安全评估。

③ CAD&Security客户端,主要包括系统管理、COP/3D引擎、传感器/视频集成以及派遣管理(事件、预警以及消息)。

2. 规则引擎

水库大坝管理与应急响应的业务复杂多变,需要对变化的输入条件做出不同的业务决策。通过穷举业务决策,编写成流程化可执行的代码,虽能实现该功能,但同时失去了调整规则的灵活性。当业务决策发生改变时,系统将无法应对。规则引擎可解决上述问题。

规则引擎是将业务决策的规则从应用程序的代码中分离出来,使用预定义的规则库保存编制的业务决策规则,在接收数据输入时,由规则引擎按照业务决策规则决定如何执行程序。规则引擎能够应对异常复杂的业务决策规则,提高流程化自动执行效率,并能随着业务规则的变化及时应变,降低系统更新维护的成本。

(1) 规则引擎组成

规则引擎主要由三个部分组成:规则库(rules)、推理引擎(inference engine)和工作内存

（working memory），见图 9.9.12。

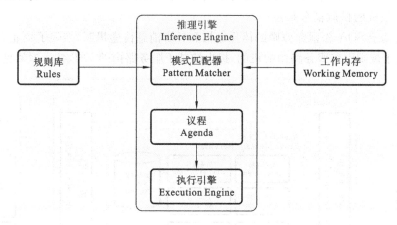

图 9.9.12 规则引擎的组成

被访问的规则存在于规则库中，被推理引擎进行匹配的事实存在于工作内存中。推理引擎包括三部分：模式匹配器、议程和执行引擎。推理引擎通过模式匹配器决定哪些规则满足事实或目标。当很多规则满足事实或目标时就产生冲突，议程通过冲突决策策略决定这些冲突规则的优先级，执行引擎负责执行议程中的规则和其他动作。

（2）消息路由

消息路由结合了规则引擎和 ESB 的技术特点，系统可以采用基于消息内容的路由，见图 9.9.13。

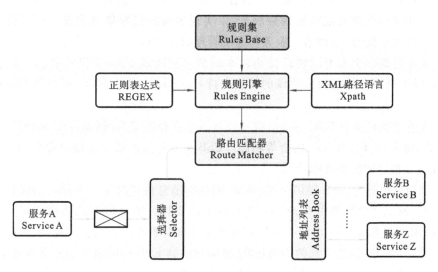

图 9.9.13 消息路由示意图

服务 A 发出的消息经消息路由判断发送到服务 B 或服务 C，其执行过程需要四种信息支持：内容路由匹配器、目的地列表、消息内容选择器和规则集。内容路由匹配器基于规则引擎对规则文件进行解释和执行，规则引擎可指定多种规则语言对消息内容属性进行查找，系统可采用通用的 XML 路径语言或正则表达式；目的地列表用于明确可能的路由方向信息；消息内容选择器用于定位消息体中有效内容的位置；规则集用于描述消息内容与路由方向之间的逻辑关系，通常以一定格式的文本文件加以描述。

规则引擎技术使基于服务内容的路由方式更灵活和高效,独立的集成业务逻辑能很好地满足面向服务集成的松散耦合特点。

ESB 采用基于 SOA 松耦合原则的体系结构和异步消息传递机制,增强了企业应用集成的灵活性。结合基于规则引擎服务路由的机制,提出的基于服务路由的 ESB 技术框架见图 9.9.14。

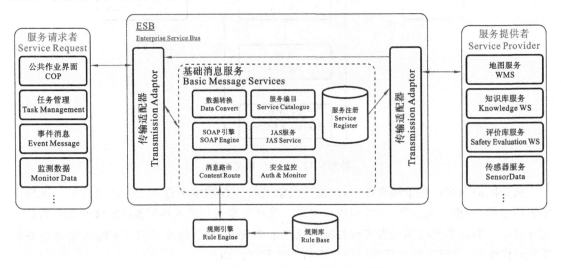

图 9.9.14　基于服务路由的 ESB 技术框架

基于服务路由的 ESB 技术框架,包括了 Web 服务、数据库应用、企业系统、J2EE 和 .NET 等在内的各种企业应用,既可以是服务请求者又可以是服务提供者。例如流域级应用可以提供视频服务,也可以调用其他级的视频服务,以实现多级的视频集成服务。ESB 技术框架中传输适配器、服务适配器、基础消息服务与系统管理的作用如下。

① 传输适配器将应用不同协议传递过来的消息转换成 ESB 能识别的统一信息表示方式,为 ESB 提供对多种数据通信协议的转换支持,如 SOAP、File、FTP、SMTP、Http、SQL 和 JCA 等。

② 服务适配器可实现 ESB 与系统应用或数据等资源的交互,例如解析 SOAP 消息,完成服务的封装、绑定、定位、WSDL 解析等功能。ESB 经服务适配器可实现对业务相关应用的服务调用,并将获得返回的处理响应消息。

③ 基础消息服务为 ESB 提供可靠、异步、安全的消息传递功能。其核心功能是内容路由及数据转换。SOAP 引擎提供对 SOAP 消息传输的支持。消息传递的队列方式用于管理和处理并发请求。服务编目使得 ESB 可以根据业务需求对服务进行组合。此外,基础消息服务还提供安全监控服务,保证消息的正确过滤,保障传输到 ESB 中的消息是安全和可靠的。

④ 系统管理对整个 ESB 进行监管,以提高服务的可靠性,保证整个 ESB 稳定、高效地运行。其中,策略管理用来监控和管理服务的状态,对获取服务的规则进行动态管理;配置管理包括 ESB 的配置、邮件配置、JMS 配置等,添加图形化的界面,方便用户操作;服务治理用来对服务进行动态添加和注销,实现服务生命周期管理。

（3）规则引擎系统

规则引擎系统是一个至关重要的子系统,因为它决定了解决方案是否对终端客户有用。解决方案中包含了三种规则引擎,见图 9.9.15。

子系统中的规则引擎的部分功能属性定义如下:

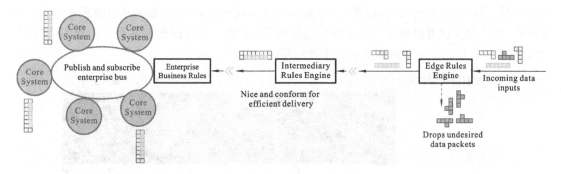

图 9.9.15　规则引擎

①基于所配置的规则与策略,向终端用户提供有意义的关注事项。

②提供筛选功能以排除那些干扰事项。如果系统提供的大多是错误警报,那么就是一个无用的系统。

升级和响应消息的规则引擎设置了消息传输的规则。其重要属性包括:优先级、缓冲、严重性。

企业服务总线提供了一个数据通道,使数据或信息可以在各层系统间交换。传感器规则引擎存在于各层的每个系统中。所有传感器数据在通过传感器堆集系统后都汇集到规则引擎上。规则引擎将处理这些传感器数据,并当输入数据满足本地系统设置的条件时向系统发出警告。

9.9.4　协同作业平台

协同作业平台(common operation picture,COP)指在统一的界面内显示三维基础地图、专题地图、大坝水库设备设施、传感器、移动资源、事件、视频摄像头、警报、消息、水雨情等信息[4]。协同作业平台(COP)操作界面见图 9.9.16。协同作业平台可以根据不同的级别,在安

图 9.9.16　协同作业平台(COP)操作界面

全评价基本情况、巡视情况、监控模式、预案和应急处理模式上切换；如果从二维模式切换到三维模式，三维模式也可以显示一些重要的空间数据，形成三维协同作业平台。三维 COP 操作界面见图 9.9.17。三维协同作业平台主要应用于：

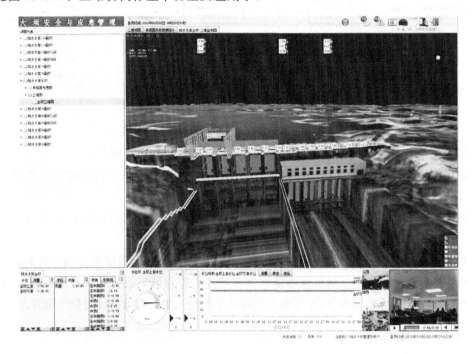

图 9.9.17　三维 COP 操作界面

① 在协同作业平台上显示出各种监测与人工数据、警告、事件、人员等，让调度人员可以方便地掌握单个大坝或大坝群的各类信息，结合已定义好的应急预案和判断规则，判断当前系统或下级系统在何时进入预警状态。

② 应急——涉及应急预案、调度方案、态势标绘和调度派遣等方面。平台可依据不同的事件或应急预案类型，选择不同的处理方式，以发布或接收调度指令，派遣队伍，接收现场队伍的响应消息。此外，还可以在协同作业平台图上实现应急态势标绘。

9.9.5　全业务报告自动生成

根据安全监测等技术规范要求，水库大坝管理单位应及时对监测资料进行整理、整编和分析，编写整编分析报告。资料整理与整编的主要内容包括每次监测完成后，及时检查各监测项目原始监测数据的准确性、可靠性和完整性，进行各监测物理量的计算，绘制监测物理量的过程线，检查变化趋势；每次巡检完成时，随即整理巡视检查记录，并按时序进行整理编排。资料分析是在资料整理的基础上，采用过程线、分布图、相关图及测值比较等方法进行分析和检查，并在此基础上进行定性、定量以及综合性的分析，对工作状态做出评价。监测资料的整编分析报告的基本内容包括工程概况、仪器安装埋设、监测和巡视工作情况说明及主要成果、资料分析内容和主要结论。

根据规范相关要求[5-7]，编写监测资料整编分析报告要求相关人员具备较丰富的专业知识和管理经验，如此才能编写质量较高的报告。而现在的许多水库大坝管理单位，尤其是中小型水库大坝管理单位的相关人才配备尚不完善，不能立即对监测资料进行合理整编分析并形成较为科学的资料分析和管理报告。经过大量调研,如果能开发出自动根据监测成果生成科学的资料分析和运行管理报告的功能,将能切实解决水库大坝管理人员的实际需求。

整编报告生成功能根据水库的具体特点,配置了不同整编报告模板,如周、月、季、年及任意时间段的资料分析、汛期检查和运行管理等报告模板。水库大坝管理人员只要选取需要的报告模板,并输入相应的时间,即可预览报告内容,并保存和下载。

该功能可将水库涉及的水库基本信息、水雨情、安全监测(包括巡视检查)、防洪、兴利调度、日常运行管理等所有的数据,根据需要自动从数据库中抽取至报告内,按照规程规范的要求,生成各类的报告,例如安全监测整编报告、分析报告、运行管理报告、综合报告等。报告包括分布图、数据表、特征值、巡检记录、监测成果、主要结论等,为管理人员提供决策依据。该功能可大大提高工作效率,减轻劳动强度,提高报告质量。报告生成基本流程见图 9.9.18。

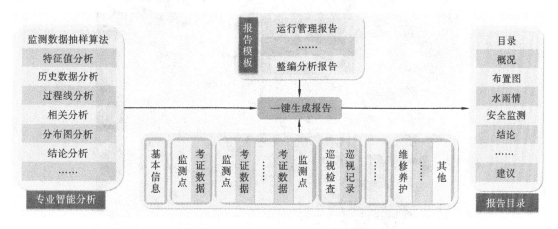

图 9.9.18　报告生成基本流程

9.9.6　移动终端在水库大坝管理中的应用

大坝现场工作人员进行日常巡视时,往往要前往多个地点,巡查多种水工建筑物、设备等,每到一处需检查核对的项目繁杂。传统手工记录方式效率低,出错率高,难以适应现代管理的需求。随着技术的发展,智能手机和智能平板等移动终端的性能大幅提升,功能完备,便于携带,具备无线传输能力,能够胜任日常巡视、查询和分析等基本任务。

大坝现场工作人员携带移动终端到现场,利用移动应用软件,进行大坝的日常巡视检查、临时检查工作,在移动终端上直接录入巡视成果,并通过网络实时传输到服务器上。大坝现场管理机构可以通过网络直接分配工作任务或派遣队伍,任务执行者随时接受工作任务并立即按指令执行,简化了工作流程,提高了工作效率。

水库大坝管理各层级的管理人员配备移动终端后,在任何时候均可通过网络查询水库大坝管理和应急响应的各种信息和数据,并可调用服务器端的分析功能,从而增强管理的便捷性和应急响应的及时性。基于移动终端的巡检场景见图 9.9.19。

移动终端上使用的是 C/S 架构,移动终端和后台的主应用服务器间的主要通信方式为Web Service。

1）移动终端的主要功能

① 实现基本 GIS 功能,以多点触摸方式完成矢量/光栅图形的放大、缩小、平移、定位、属性查看、空间分析等基本功能。

图 9.9.19　基于移动终端的巡检场景

② 支持 SDI 或 OGC 标准的 WMTS 服务,可显示基本背景地图;在无网络支持时,可使用本地缓存。

③ 支持显示详图,如建筑物平面、剖面,监测设施布置,电气设备等工程图档。

④ 支持自定义巡检检查点模板。

⑤ 录制现场视频流,上传后供后方人员查看。

⑥ 现场添加文字备注、照相、录像,以 Web 服务方式上载给后方人员查看。

⑦ 后方人员可自动接收通知(应用后台运行或信息推送)。

⑧ 准实时显示各种实时数据及报警信息。

⑨ 定时接收工作任务(包含巡视任务和调度操作)信息。

⑩ 支持条形码读取,以确保巡视到位。

⑪ 能够显示事件警报。

⑫ 可以显示大坝的 3D 模型,并在 3D 模型上操作。

2) 移动终端的应用模式

离线终端主要用来处理三种类型的任务,分别为巡视任务、操作任务和临时事件。详细过程如下。

（1）巡视任务

使用 3G/4G 或 WiFi 连接移动终端到主 Web 服务器。

① 根据不同登录用户、不同巡视类型、不同地理范围，下载或同步各类数据，包括：

● 数据类：瓦片、地图、3D 模型和场景；任务、事件、操作指令等。

● 元数据类：元数据、授权、巡检模板等。

● 实时数据类：自动监测系统数据。

● 知识信息：根据当前的新任务下载知识库中标题包含有任务主关键字的相关文字信息和图纸。

● 位置信息：根据不同登录用户和不同巡视类型，提示巡视点的地理位置。

② 如果巡视点在室外，且被 GPS 和无线网络覆盖，则记录该移动终端的位置点；在无法使用 GPS 定位的巡视点，建议敷设条形码，通过移动终端扫描条形码，利用软件识别。

③ 识别条形码后，从数据库取出该条形码对应的地理位置点，记录巡视地理位置点到行动路线中，根据该地理位置点，自动过滤并显示该点比对的测点项和其他目测项。在条形码损毁或无法识别的情况下，可以在系统配置时，取消该巡视点的条形码功能，采用用户点击确认方式来确定用户到达指定巡视点。

④ 任意的一个测点或某类任务，均可以通过预置的关键字，调用知识库提供的关键字检索 Web 服务，前提是此时有网络可以连接至主应用服务器。如不可以，则采用预先下载的模式。

⑤ 对于已记录数值的测点，均可以调用该测点的全部历史记录，以折线图方式反映测值变化趋势。

⑥ 测点的结果录入主要采用选择方式来完成，用户也可输入数值量，数值量支持滑动条输入，可输入文字辅助说明；同时，可以选择为该点照相或录像。照片和视频文件均关联到该任务的某项测点数据上，供上传或管理分析用。

⑦ 用户在完成了某任务的巡视项后，可以调用专家评价功能，针对本次巡视结果，结合已下载的自动监测数据和比对数据，通过灰色模糊组合方式进行任务评价。通过评价，可以判断巡视时是否出现了人为错误，或是通过复核来判断水库大坝是否出现异常。评价系统的评价结果为正常、基本正常、轻度异常、重度异常、恶性异常。

⑧ 在有通信通道时，可通过调用 Web Service 上传本次任务结果（包括评价结果）到主应用服务器，设置本任务的状态为"完成"。

（2）调度操作任务

终端并不完成实际的设备操作，仅接收调度方案，提示操作人员按步骤来完成调度方案的每步操作。在每步操作时，可提供相关知识查询，并且记录每步操作完成情况，步骤如下：

① 使用 3G 或 WiFi 连接移动终端到主 Web 服务器。

② 与巡视任务一样，下载数据到移动客户端。

③ 在操作任务过程中，可根据调度任务里涉及的设备 ID，确定地理位置点，并将操作任务关联到相关地理位置点之上。

④ 操作人员到达操作现场，开始操作，移动终端提示要执行的操作。用户可从在线或离线的知识库检索相关知识。

⑤ 如果操作出现异常，移动终端提示下一个执行操作的地点和具体步骤。操作人员赶往

下一个操作现场,并按照步骤④执行。

⑥ 操作完成后记录操作时间、操作人员以及操作结果。

⑦ 及时同步操作任务到后台主应用系统中。

(3)临时事件任务

临时事件任务基本与调度操作任务的过程一致,不同之处是,临时事件任务的来源可能是由调度中心发出的安防系统事件、应急事件等。临时事件一般也带有地理位置点。

9.9.7　系统应用创新

(1)将水利行业信息化建设拓宽至行为作业管理层面

当前大多已开发、部署的管理信息化系统局限于信息采集管理、基础决策辅助等业务层面,该系统打破局限,将其拓宽至行为作业管理层面。在信息采集管理基础上,系统通过内置功能完成数据分析、判别评价、任务派遣、现场回馈,实现作业管理和事件处置的标准化流程。面向行为作业的系统以分布式结构为基础,合理组织运用权限管理、消息传递、位置跟踪、移动通信等技术。相对现有静态信息化系统,该系统更加关注与人相关的业务活动,具有极强的动态特性,在先进的技术手段保障下,充分融入水库大坝管理的各个环节。

(2)将事件驱动的应急管理理念引入水库大坝管理领域

应急管理在发达国家公共安全领域得到了广泛应用,在国内其他行业也有成功案例,是能够高效处理复杂环境下突发事件的先进管理理论。该系统借鉴国外大坝应急管理实践及国内其他行业的应用经验,在国内首次将应急响应引入到水库大坝管理领域,并加入监测预警、启动准备、应急预案、应急调度、灾后恢复的正向循环流程,形成了一个有机的大坝安全防御体系,能够提前发现缺陷,事件发生后可快速处置,有效提升了突发事件应急响应和处置效率。

(3)面向水库大坝管理主要业务领域的系统设计思想

针对行业内系统开发机构各自为政、系统业务目标单一、系统间功能重复等问题,该系统从面向水库大坝管理主要业务领域的视角出发,首次提出全面整合该领域所有功能需求的设计思路。系统设计覆盖了大坝运行管理、监测、保卫、安全评价、风险评估、应急指挥与调度等业务,兼顾国内梯级流域管理链条,充分尊重公众知情权,且将兼容已有设备和系统纳入考虑范围。高屋建瓴的设计视角和丰满的功能设计,能够有效克制重复性建设,改善行业现状。

9.9.8　系统应用总结

系统通过引进国内外水库大坝管理与应急响应的先进理念、方法,结合中国水库大坝管理模式和具体业务流程,总结了水库大坝管理与应急响应的标准业务流程,采用多种图形图像、空间信息数据管理、动态视频管理、服务器软件、桌面客户端软件等流行的商业IT、数字、空间信息技术,整合海量的数据并进行图形图像化展示,用计算机语言、图形元素诠释文档化、人工操作的业务流程,实现了各级管理、协作、安全评价、响应处置等功能,并以陆水枢纽为具体工程背景,建立了示范工程系统,实现了系统在真实工程中的初步应用。

该系统的开发填补了我国在水库大坝管理及应急响应处置领域管理软件系统开发的空白,有助于提高水库大坝管理及应急响应处置的效率及水平,对保障国家重要基础设施安全,保护人民生命财产安全,维护正常的社会秩序具有重要的意义。项目取得的主要成果如下:

系统地总结和整合了水库大坝运行管理工作,提出了水库大坝日常运行管理标准作业流程;研究了国内外水库大坝管理与应急响应的标准业务流程、管理机构部署形式、相关方的协调联动机制、信息资源分布传输模式、辅助技术应用等;基于我国水库大坝管理政策法规和管理现状,分析管理机构的实际业务需求,提出了主要面向水库大坝管理与应急响应两大业务领域的系统整体架构。

研究国内水库大坝管理机构的设置及其在水库大坝管理与应急响应活动中的职能定位。针对系统部署的三个管理层级——流域级、区域级、水库大坝级,梳理出每个层级的具体业务功能需求,提出了层级间数据和信息共享模式以及多个层级的联动机制。针对各层级的不同功能需求、业务范围和关注点,提出了系统在各管理层级中的部署方案,使该软件系统功能适用于各相关方。

引进国内外成熟的图形图像处理、应急响应与指挥调度软件应用,包括桌面端软件、服务器软件、中间服务组件等,完成了基于 GIS 技术的整体系统架构搭建。研究开发系统三大功能模块,包括日常运行管理、应急处置以及安全评价与风险管理。每个功能模块划分为多个子系统功能应用,分别对应不同的业务需求,各子系统按照指定的数据传输规则、业务流程规则、层级响应规则进行交互,形成在统一可视化平台上工作的辅助管理、决策系统。

初步形成了适合我国国情,能够服务于水库大坝管理与应急响应业务需求的系统。系统以 GIS 技术为基础平台,面向大坝管理、应急响应两大业务领域,覆盖流域管理机构级、区域管理机构级、水库大坝现场管理单位三个管理层级,包括日常运行管理、应急处置以及安全评价与风险管理三大功能模块,为各级水管单位的水库大坝管理与应急响应现代化提供技术支撑和决策支持,有力促进了我国水利行业现代化管理的建设。

依托陆水枢纽工程的真实基础数据信息,结合枢纽工程水库大坝管理与应急响应的实际业务流程,建立了示范工程系统。选取武汉开发中心和陆水大坝现场部署系统的硬件环境、软件应用、网络环境,模拟与系统对应流域级以下的多个层级的数据信息交互、业务程序执行和协同工作;为陆水枢纽水库大坝已部署的自动化系统(安全监测、水雨情、闸门监控、视频监控)开发了数据、服务接口,将现场各类真实的业务数据集成到系统中,通过系统来验证整体系统解决方案的合理性、可靠性。

本章参考文献

[1] 凌晓东. SOA 综述[J]. 计算机应用与软件,2007,24(10):122-124.

[2] 岳昆,王晓玲,周傲英. Web 服务核心支撑技术:研究综述[J]. 软件学报,2004,15(3):428-442.

[3] 曾文英,赵跃龙,齐德昱. ESB 原理、构架、实现及应用[J]. 计算机工程与应用,2008,44(25):225-228.

[4] 游雄,万刚. 战场可视化与数字地图[J]. 地理信息世界,2004,2(3):19-24.

[5] 中华人民共和国水利部. 土石坝安全监测技术规范:SL 551—2012[S]. 北京:中国水利水电出版社,2012.

[6] 中华人民共和国水利部. 混凝土坝安全监测技术规范:SL 601—2013[S]. 北京:中国水利水电出版社,2013.

[7] 中华人民共和国水利部. 水文资料整编规范:SL 247—2012[S]. 北京:中国水利水电出版社,2012.

国家大坝安全工程技术
研究中心简介

  国家大坝安全工程技术研究中心(简称"国家大坝中心")成立于2009年12月,是科技部批准成立的我国大坝安全领域唯一的国家级工程技术创新平台。国家大坝中心以长江勘测规划设计研究院和长江水利委员会长江科学院在水库大坝安全领域的科技人才队伍、科技资源和基础设施优势为依托,以"技术创新、工程化、产业化"为指导方针,围绕筑坝安全技术、大坝安全诊断与评价技术、除险加固与维护技术和水利信息化技术,建立开放的、行业资源共享的技术研发平台,工程化、产业化转化平台及高端科技人才培养基地,为大坝全生命周期的安全提供全方位的技术服务,引领我国大坝安全行业技术进步。

  国家大坝安全工程技术研究中心网址:http://ndsrc.cjwsjy.com.cn/